建筑工程项目
管理与质量检测研究

赵　立　陈志伟　马登阳　主编

吉林科学技术出版社

图书在版编目（CIP）数据

建筑工程项目管理与质量检测研究 / 赵立，陈志伟，马登阳主编. -- 长春 : 吉林科学技术出版社，2021.6（2023.4重印）
ISBN 978-7-5578-8397-3

Ⅰ. ①建… Ⅱ. ①赵… ②陈… Ⅲ. ①建筑工程－工程项目管理②建筑工程－工程质量－质量检验 Ⅳ. ① TU712.1 ② TU71

中国版本图书馆 CIP 数据核字 (2021) 第 133840 号

建筑工程项目管理与质量检测研究
JIANZHU GONGCHENG XIANGMU GUANLI YU ZHILIANG JIANCE YANJIU

主　　编　赵　立　陈志伟　马登阳
出 版 人　宛　霞
责任编辑　穆思蒙
封面设计　李　宝
制　　版　宝莲洪图
幅面尺寸　185mm×260mm
开　　本　16
字　　数　350 千字
印　　张　15.875
版　　次　2021 年 6 月第 1 版
印　　次　2023 年 4 月第 2 次印刷

出　　版　吉林科学技术出版社
发　　行　吉林科学技术出版社
地　　址　长春净月高新区福祉大路 5788 号出版大厦 A 座
邮　　编　130118
发行部电话 / 传真　0431—81629529　81629530　81629531
81629532　81629533　81629534
储运部电话　0431—86059116
编辑部电话　0431—81629520
印　　刷　北京宝莲鸿图科技有限公司

书　　号　ISBN 978-7-5578-8397-3
定　　价　65.00 元

编者及工作单位

主　编

赵　立　水发民生产业投资集团有限公司

陈志伟　河南建元工程质量检测有限公司

马登阳　濮阳龙源电力集团有限公司

副主编

黄　健　宁波和邦检测研究有限公司

李红星　河南省泰旭建筑工程有限公司

连红光　驻马店市建筑公司

刘召经　沂水县城乡建设综合服务中心

刘中海　驻马店市不动产服务中心

戚忠星　河南抗天水利工程有限公司

王一帆　驻马店市经纬工程建设监理有限公司

武林杰　河南能源化工集团新疆投资控股有限公司

邢万钦　南阳市建设工程质量监督站

姚建杭　嘉兴市建设工程质量检测有限公司

周　鹏　河南省泰旭建筑工程有限公司

肖　佩　山东东岳联合工程咨询有限公司

赵新文　青岛建友工程检测有限公司

前　言

近年来，我国人口增多，居住需求增加，促进建筑行业的发展，同时，建筑工程作为国民经济发展的根基，其工程质量很重要，在建筑工程行业，企业为了获得更高的经济效益往往不重视建筑工程质量，对于质量隐患存在疏漏。这给人们的人身财产安全和社会稳定埋下巨大的安全隐患。要想提升工程质量，建筑工程管理的水平和质量的提升是十分必要的。

为了进一步适应建筑行业发展变化的需要和培养建筑本科综合应用型的人才，本书首次将建筑工程质量管理、质量检测与安全管理三部分内容结合，并把理论知识与实训课程进行有机结合。力求将管理学的基本原理、项目管理的基本理论与工程项目的特殊性相结合，以建筑工程项目的管理为着力点，详细介绍了建设工程项目管理的方法及要求等，并与我国现行建设项目管理的有关法律、法规及规范、标准相结合，贴近建设工程现场项目管理的各项工作。在内容上，本书注重深度与广度之间的关系，具有可操作性强、深浅适度、通俗易懂等特点。希望能给读者提供参考性意见，促进我国建筑工程更进一步发展。

目　录

第一章　绪论

第一节　建筑工程行业现状概述

城市建筑是构成城市的一个重要部分，而建筑不仅仅是一个供人们住宿休息，娱乐消遣的人工作品，同时它在很大程度上与我们的经济、文化和生活相关联。城市建筑以其独特的方式传承文化，散播着生活的韵味，不断地渗透进人们的日常生活中，为人们营造一个和谐安宁的精神家园。目前，国家处于建设阶段，建筑行业的发展来势迅猛，遍及全国各个区域，建筑风格新颖多样，尤其是一些公共建筑，以其独特的造型和结构显示出城市特有的个性与风采，也因此成了城市的地标性建筑物，形成了该地区经济与文化的独特魅力。

一、我国建筑行业概述

建筑行业包括的范围广，建筑企业数量众多，但集中度不高。在我国众多的建筑企业中，仅上市公司就达三四十家，小型企业尤其是承包队更是数不胜数，仅就这一点来说，行业内现有企业之间的竞争就足够激烈，但由于规模不同，企业之间竞争的项目或者环节也不同。研究认为大型上市公司主要竞争于房地产建设、基础设施建设等大型项目的承包，小型企业主要竞争于建筑装饰装潢等子行业或者大型项目的分包项目等。

1. 我国建筑业行业市场概况分析

伴随着我国经济建设的快速发展和固定资产投资的大规模增长，建筑行业在国民经济中的支柱地位越来越明显。按 2005 年的数据分析，在国民经济 20 个行业中，建筑业排名第五，占我国国内生产总值 5.4% 的份额。从历史数据看，建筑业增加值从 1978 年的 138.2 亿元发展到 2013 年 38 995 亿元，成为国民经济重要的支柱产业。除了 20 世纪 90 年代初有短期的波动外，建筑行业的增加值在国内生产总值中一直保持着 5%~6% 的份额，支柱产业的地位十分稳定。此外，建筑行业每年还为国家创造 300 亿美元左右的外汇收入，是我国对外贸易和经济合作的一支重要力量。未来建筑行业发展热点将集中在以下几个方面。

（1）绿色建筑正成为政府推进环保节能的重要武器

在国务院印发《国务院关于加快发展节能环保产业的意见》，绿色建筑着墨不少。2014年绿色建筑成为各级政府推进环保节能的重要武器。在国务院印发《国务院关于加快发展节能环保产业的意见》中提到“2015年，新增绿色建筑面积10亿平方米以上，城镇新建建筑中二星级及以上绿色建筑比例超过20%；建设绿色生态城（区）。提高新建建筑节能标准，推动政府投资建筑、保障性住房及大型公共建筑率先执行绿色建筑标准，新建建筑全面实行供热按户计量；推进既有居住建筑供热计量和节能改造；实施供热管网改造2万公里；在各级机关和教科文卫系统创建节约型公共机构2000家，完成公共机构办公建筑节能改造6 000万平方米，带动绿色建筑建设改造投资和相关产业发展。大力发展绿色建材，推广应用散装水泥、预拌混凝土、预拌砂浆，推动建筑工业化。积极推进太阳能发电等新能源和可再生能源建筑规模化应用，扩大新能源产业国内市场需求。”这些目标，不仅是对建筑企业的一种激励，更是一种责任，建筑企业应更加积极加大对绿色建筑的设计、研发和建设力度。

（2）节能建筑是建筑行业的重要课题

建筑业约消耗了全球40%的原材料、40%的能量（消耗了美国电力能源的65.2%），建筑业排放约占大气污染排放量的40%，建设用地达到土地供应的20%。随着世界各国对可持续发展的重视，联合国对碳排放的硬性要求，低碳时代建筑业面临严重危机。目前，我国建筑行业能耗高、能效低，建筑用能造成的严重污染是建筑业可持续发展面临的一个重大课题。我国现有城乡建筑面积400多亿平方米，其中，95%左右是高耗能建筑。此外，建筑垃圾也是建筑行业难以清除的顽疾。工业和信息化部（全称：中华人民共和国工业和信息化部）2010年的综合调查显示，我国每年产生的建筑垃圾达到了15亿吨以上，建筑垃圾占垃圾总量50%以上。初步统计测算，城市建成区用地的30%用于住宅建设，城市水资源的32%在住宅中消耗，建筑能耗占全国总能耗27.5%左右，住宅建设耗用的钢材占全国用钢量的20%，水泥用量占全国总用量的17.6%。与发达国家相比，我国住宅施工周期长，能源消耗、原材料消耗、土地资源消耗高。根据万公司科的相关测算，实施“工业化住宅”后，建筑垃圾减少83%，材料损耗减少60%，可回收材料66%，建筑节能50%以上。建筑工程是人类改造大自然的重要方式，但也要学会与大自然更和谐地相处。建筑企业需要积极主动地贯彻可持续发展理念，项目管理过程实行精细化管理，提升自然资源利用率、减少材料浪费，并进行标准化推广；研发减少污染与排放、应用与环境更和谐的新技术与新材料。采用先进信息化技术系统，如BIM技术，提高项目精细化管理水平。尽量将承包绿色建筑、节能建筑、生态建筑等绿色项目打造为企业品牌等方式，将可持续发展打造成为企业的竞争优势。

（3）业务全球化推动我国建筑行业走向世界

虽然我国加入WTO已有10余年时间，但我国建筑业依然没有完全放开，资质就是一条过不去的坎。虽然日本清水、瑞典斯堪雅等外资建筑业巨头在国内拥有代表处或公司，小规模开展业务，但以与国内公司合作项目居多。目前，这些外资建筑企业对我国建筑企业并不构成威胁，但随着建筑业的进一步开放，难保外资建筑企业巨头不会凭借资本、技术、信息、装备等优势，通过融投资与承建的联动，参与部分大型项目的竞争，抢占高端市场份额。在其他国际工程承包市场，国际大型承包商纷纷通过兼并重组瓜分和抢占市场。从 1978 年国家建委和外经贸部递交报告建议我国建筑业“走出去”之后，30 余年来，我国建筑企业已经在国际工程承包市场占领一席之地。“走出去”成绩不少，但失利也不少，中铁建沙特亏损 41 亿美元，中海外波兰遭遇 25 亿美元索赔，利比亚战乱使我国承包商损失近 200 亿美元……受欧美主权危机的影响，当地建筑业低迷，发达国家承包商将转战非洲、亚洲等中低端海外市场，挤压我国海外承包商生存空间；中东、北非地区动荡可能继续存在并有蔓延趋势，对我国海外工程市场安全造成威胁；个别地区地方民族主义、贸易保护主义等思想抬头，海外承包商面临严峻挑战。外部挑战虽多，但关键是中国建筑企业需练好内功，加强管理、技术的创新，加强法律、金融、外贸、保险等人才的培养，打造全球供应链，开展广泛的全球合作，并且员工聘用国际化，才能有效提升企业竞争力。

（4）全产业链综合服务化为我国建筑企业提供机遇

随着国内国际市场的进一步接轨，工程建设市场正在发生巨大变化。国际工程项目日趋大型化，高技术含量、高复杂性的项目日益增多，风险也加大，业主对建设工程服务需求的综合性和集成性要求越来越高，同时希望转移风险。传统的承包模式正逐步被工程总承包、国际投资、项目融资、国际信贷等相结合的综合性合作方式所取代，EPC 总承包和 BOT 等承包方式越来越多。业主要求承包商提供全方位解决方案，从项目的前期策划、项目融资、规划设计，到设备采购、施工建设、运营管理等几乎所有环节，都希望承包商能给予一揽子解决方案，工程总承包模式将成为未来建筑业发展的趋势。

未来建筑企业必须拥有全生命周期理念，基于传统施工业务，纵向整合价值链资源，前端介入项目融投资，后端介入施工后的项目运营，贯穿项目的全生命周期。这不仅来自业主的压力，也是未来建筑业发展的需要。不少企业已开辟成立了“特许经营”部门并成为新的利润来源。对于企业自身而言，一方面，可以增强产品与服务的协同效应，开拓更大的市场与利润空间；另一方面，由于后期项目运营可获得稳定的现金流收入，可以有效削弱建筑业周期波动产生的影响。

（5）工业产业化是我国建筑业市场开拓的新的投资领域

当前我国建筑业处在工业化过程中，手工作业、粗放经营与信息社会的少数高新技术应用同时并存。当发达国家在如火如荼地进行建筑工业化时，1995 年建设部（2008 年改为住房和城乡建设部）发布《建筑工业化发展纲要》，但多年来，我国建筑业一直发挥人口红利的优势，沿袭传统的建造方式。随着建筑业规模的持续扩大，既有的建造方式效率提升不高，整体技术进步缓慢，浪费问题严重，走建筑工业产业化的道路是转变经济发展方式、发展循环经济、建设资源节约型社会的必然要求。

建筑工业化是通过现代化的制造、运输、安装和科学管理的大工业的生产方式来代替传统建筑业中分散的、低水平的、低效率的手工业现场生产方式，尤其适用于住宅建筑工业化。建筑工业化将是未来建筑业发展的趋势，建筑企业必须以科技创新为依托，以工业化的住宅结构体系和部品体系为基础，以标准化设计为龙头，运用科学的组织和现代化的管理，将住宅生产全过程中的设计、开发、施工、部品生产、管理和服务等环节集成为一个完整的产业系统。建筑工业化中尤其注重信息化技术的应用，实现施工组织信息化、工作流程科学化、技术管理规范化，有效地实现精细化管理并提高建筑质量。

2. 我国建筑业市场现状分析

根据宇博智业市场研究中心发布的《2010~2015 年中国建筑业市场发展趋势与投资前景分析报告》显示，建筑业是国民经济的重要物质生产部门，它与整个国家经济的发展、人民生活的改善有着密切的关系。2001 年以来，中国宏观经济步入新一轮景气周期，与建筑业密切相关的全社会固定资产投资总额增速持续在 15% 以上的高位运行，使得建筑业总产值及利润总额增速也在 20% 的高位波动。随着建筑业的快速发展，经过多年的市场整顿、制度建设及有效监管，我国建筑市场正在进入健康的发展轨道，可谓亮点频闪。

2013 年，我国建筑业总产值为 159313 亿元，同比增长 16.1%；全国建筑业房屋建筑施工面积为 113 亿平方米，同比增长 14.6%。2014 年，中国建筑行业利润最高的“中国建筑”前三季财务报告显示增长强劲，营业收入 5 660 亿元，利润达到 169 亿元，我们熟悉的中建三局、中建八局保持着收入、利润同幅度增长，而其他建筑类上市公司的业绩也同样保持增长。

尽管我国建筑行业竞争激烈，但也形成了一些行业龙头企业。从企业来看，中国建筑股份有限公司无疑是行业龙头企业，不管是在国内还是在海外市场，该公司的竞争优势是国内其他企业无法企及的。按总承包收入排名前十的建筑企业有：中国建筑股份有限公司、上海建工集团（总）公司、上海城建集团公司、广厦建设集团有限责任公司、浙江省建设投资集团有限公司、湖南省建筑工程集团总公司、成都建筑工程集团总公司、中天建设集团有限公司、四川华西集团有限公司、广州建筑股份有限公司。

未来 50 年，中国城市化率将提高到 76% 以上，城市对整个国民经济的贡献率将达到 95% 以上。都市圈、城市群、城市带和中心城市的发展预示了中国城市化进程的高速起飞，也预示了建筑业更广阔的市场即将到来。

二、我国建筑企业的问题

十八届三中全会通过了全面深化改革若干重大问题的决定，确定了今后深化改革的总体目标和架构。当前，我国经济社会发展模式、环境条件都发生了深刻变化，特别是新型工业化、城镇化进入了提质加速阶段，建筑业发展已到了重要的转型期、突破期和攻坚期，必须进行一次根本性的改革和创新，以提高产业发展的质量和效益，增强市场竞争力和产业优势。

我国建筑业目前存在以下五大方面的深层次矛盾和问题：1.行业可持续发展能力严重不足，建筑业发展很大程度上仍依赖高速增长的固定资产投资，发展模式粗放、生产方式落后、管理手段落后；建造过程中资源耗费多、碳排放量大，企业始终在低层面上发展。不少企业看似规模不小，产值逐年提升，但企业的技术创新不足、管理实力很弱，表现出企业的规模扩张与企业管理实力、人员素质严重脱节。

2.市场各方主体行为不规范

建设单位违反法定建设程序、规避招标、虚假招标、任意压缩工期、恶意压价、不严格执行工程建设强制性标准规范等情况较为普遍；建筑企业出卖、出借资质，围标、串标、转包、违法分包情况依然突出；建设工程各方主体责任不落实，有些施工企业质量安全生产投入不足，工程质量安全事故时有发生。

3.建筑企业技术开发资金投入普遍偏少，特别是中小企业基本没有投入

据不完全统计，我国企业用于技术研究与开发的投资仅占营业额的0.3%~0.5%，而发达国家一般为3%，高的接近10%，差距很大。在技术贡献率方面，我国建筑业仅为25%~35%，而发达国家已达到70%左右，差距比较明显。

4.建筑企业技术工人严重匮乏

目前，我国建筑业从业者多达4 100万人，其中，农民工占相当大的比重，但有素质、有技能的操作人员比例很低，而且呈逐年下降趋势。另外，随着近年来不少企业效益呈现滑坡状态，施工生产环境恶劣、福利待遇差，人员外流情况加剧，人工成本大幅上升，竞争势必更加激烈。

5.我国建筑企业与国外相比存在较大差距，处于劣势地位

我国建筑企业与国外相比，无论是资产规模、营业收入、劳动生产率，还是获利能力，都处于追赶状态。2012年，我国对外承包工程新签合同额仅占全球建筑市场份额的很小部分，这与我国4100万人的庞大建筑队伍明显不成比例。

综上所述，以体制改革、科技创新为先导，加快完成以集约化为方向的产业发展方式转变、以工业化为标志的建筑施工方式变革、以精细化为特征的企业管理方式创新三大转型任务，努力营造公平竞争的市场环境，是当前全行业转型升级的重要内容，也是今后一个时期建筑业转型发展的方向与使命。

在很长一段时间里，我国建筑业转型要重点加快“四个转变”：一是由传统行业向高科技行业转变。用科技进步和信息技术改造传统建筑业，提高建筑工业化应用水平，提升企业竞争力；二是由单一产业向复合型产业转变。把建筑业与房地产业、建材业等上、下游产业结合起来，通过拉伸产业链，提高利润率和抗风险能力；三是由粗放型管理向精细化管理转变。改变传统落后管理方式，通过实行规范化、标准化、精细化、特色化管理，实现资源整合、管理升级；四是由单一市场向多元化市场转变。把省内和省外市场、国内和国外市场结合起来，把“引进来”和“走出去”战略结合起来，拓展市场空间。

第二节 建筑工程质量管理

一、建筑工程质量管理概述

建筑工程质量简称工程质量。工程质量是指工程满足业主需要的，符合国家法律、法规、技术规范标准、设计文件及合同规定的特性综合。

20 世纪 70 年代末，中国建筑业开始推行全面质量管理（TQC）。TQC 是 20 世纪 60 年代美、日等国在统计质量管理（也称统计质量控制）的基础上发展起来的。TQC 以管理质量为核心，要求企业全体人员对生产全过程中影响产品质量的诸因素进行全面管理，变事后检查为事前预防，通过计划（Plan）- 实施（Do）- 检查（Check）- 处理（Action）的不断循环，即 PDCA 循环，不断克服生产和工作中的各个薄弱环节出现的困难，从而保证工程质量的不断提高。全面质量管理的要点是：①全面，即广义的质量概念，除建筑产品本身的质量以外，还应综合考察工程量、工期、成本等，四者结合，构成建筑工程质量的全面概念。②全过程的管理，即从研究、设计、试制、鉴定、生产设备、外购材料以及产品销售等环节都进行质量管理。③全员管理，即企业全体人员在各自的岗位上参与质量管理，以自己的工作质量保证产品质量。④全面性管理，即包括计划、组织、技术、财务和统计各项管理工作直至使用阶段的维修、保养，形成一个完整有效的质量管理体系。

建筑工程质量关系建筑物的寿命和使用功能，对近期和长远的经济效益都有重大影响，美国质量管理专家朱兰博士曾说："20 世纪是生产力的世纪，21 世纪是质量的世纪。"朱兰博士精辟地阐释了在 21 世纪由于科学技术迅速发展，建筑产品品种越来越多，随着建筑新产品的不断涌现，消费者的自我保护观念不断加强，质量竞争成为企业之间竞争的一种重要手段。因此，质量问题应该作为建筑工程项目进行过程的关键因素引起施工企业重视。

建筑工程质量的特性主要表现在以下五个方面：

1. 适用性

适用性是指建筑产品的功能，指工程满足使用目的的各种性能。

2. 耐久性

耐久性是指建筑产品的寿命，指工程在规定的条件下，满足规定功能要求使用的年限，也就是工程竣工后的合理使用寿命周期。

3. 安全性

工程建成后在使用过程中保证结构安全、保证人身和环境免受危害的程度。

4. 经济性

工程从规划、勘察、设计、施工到整个产品使用寿命周期内的成本和消耗的费用。

5. 与环境的协调性

工程与其周围生态环境协调，与所在地区经济环境协调以及与周围已建工程相协调，以适应可持续发展的要求。

以上五个方面的质量特性彼此之间是相互依存的，总体而言，每个特性都必须达到基本要求，缺一不可。但是对于不同门类的工程，如工业建筑、公共建筑、住宅建筑等可根据其所处的特定地域环境、技术经济条件而有所差异。

随着我国建筑业的发展，施工的工程项目也越来越多。建筑项目施工条件较为复杂，现场情况多变，作业时间紧迫，且项目建成后，要求有较长的使用寿命。因此，在做建筑工程的质量管理的同时，要仔细分析影响因素，制定可行的工程质量管理措施，突出质量管理的重点，在建筑工程各个阶段完善工程质量管理措施，使质量管理切合实际。要落实制定的措施，以使质量管理在施工中显现更大的作用。

二、我国建筑工程质量管理现状

目前，我国正处于发展中国家行列，在进入发达国家之前，各类建筑工程项目也在与日俱增，由此产生的建筑工程质量管理问题也日渐严重，具体问题如下所述。

1. 建筑工程设计控制不严

在建筑工程设计时，设计者的质量意识差。在设计上敷衍，不分析设计的内容是否与工程现场实际相符，只是参考以往同类项目的设计经验进行设计，因此，设计的内容许多地方在现场施工中是行不通的，与现场实际情况出入很大。在作业过程中，操作人员不能与图纸设计人员就现场的实际情况进行有效地沟通，施工与设计双方在项目进行过程中缺乏必要的交流，致使出现许多质量问题。另外，对于项目的设计变更，项目有关方面也未按照要求进行仔细地审核。往往是施工提出设计意见，设计方不经考察就进行更改，在设计更改的过程中，并没有征求监理与甲方的看法。因此，虽然设计变更后施工可以进行，但是建筑物的使用功能或许会发生改变，与业主要求的功能可能不一致，从而影响了其使用。

2. 质量责任制不健全

项目质量管理是一项复杂的工作，要求所有项目参与人员一起努力，才能实现目标。而目前有的建筑施工管理人员，只重视工程进度，不重视工程质量，员工的质量责任不明确，不利于工程质量管理。

3. 质量管理人员素质参差不齐

许多施工队伍人员不稳定，相互之间素质相差较大。部分人员业务不过硬，对建筑专业知识理解不深，还有的质量管理人员没有相应的从业资格证书，以致不能有效地进行质量管理。

4. 材料控制不严

在建筑材料采购中，材料采购人员为了自身的利益，往往与材料供应厂商相互串通，以次充好，收取材料供应厂商的好处费，在材料进场时不认真检测，对进场后需要二次试验的材料也不进行试验，导致存有破损、缺陷的材料在房建工程上使用。

5. 无适合的施工指导书

施工指导书是指导建筑工程施工的文件，是建筑工程科学合理施工的有力保证。但有的施工单位编制的施工作业计划不够详细，在工程施工过程中实际施工情况多与方案不符，使施工作业计划失去了指导的意义。施工者由于没有好的指导与约束，操作很不规范，施工现场材料散乱放置，非常混乱，不利于质量管理。

6. 监理监督不力

我国监理单位人员水平不一，相关监理制度不够健全，在监理过程中难以充分发挥应有的作用。为了尽快完工，有的施工队伍边设计边施工，不讲施工程序，只求早完工。这种错误做法与施工的规定相违背，监理对此也漠然视之。

第三节　建筑工程安全管理

一、建筑工程安全管理概述

建筑工程安全生产管理是指建设行政主管部门、建筑安全监督管理机构、建筑施工企业及有关单位对建筑安全生产过程中的安全工作进行计划、组织、指挥、控制、监督、调节和改进等一系列致力于满足生产安全的管理活动。

建筑业是一个危险性高、安全事故频发的行业，在生产过程中，存在许多不可控制的影响因素。建筑工程施工工地因施工人员复杂、工程工期紧、作业环境差、施工过程危险源多、作业人员的安全意识偏低等，安全事故时有发生，如高空坠落、坠物伤人、触电、土方坍塌、机械倾覆等，造成人员伤亡，给施工企业造成不同程度的经济和财产损失。近年来，虽然建筑业的安全管理逐渐走向成熟与完善，但建筑领域伤亡事故多发的状况尚未解决。建筑安全施工不但关系到工人的生命安全、财产安全，同时，也关系到建筑企业未来发展的空间，所以，安全施工的意义重大。

建筑施工安全性评价把施工现场看作是一个由若干要素组成的系统，而每个要素的变化若存在异常和危险都会引发事故，进而危及整个系统的安全；每个要素存在的异常和危险得到调整和控制，又都会使系统的安全基础得以巩固。从整体上评价施工现场的安全状况，体现了系统论的基本要求，施工安全无小事，凡是涉及建筑施工人员切身安全和利益的事情，再小的安全问题，也要竭尽全力去解决。党的十六届三中全会上强调：“各级党委和政府要牢牢树立‘责任重于泰山’的观念，坚持把人民群众的生命安全放在第一位，进一步完善和落实安全生产的各项政策措施，努力提高安全生产水平”，所以，坚持施工安全无小事，就是要坚持把广大建筑施工人员的根本安全和利益，作为建筑主管机构工作的出发点和归宿。当前，安全生产已成为构建社会主义和谐社会的重要内容之一，建筑业作为国民经济的支柱产业，其安全生产问题一直困扰着业界人士和广大学者。建筑企业安全管理的重心在施工现场，由于长期以来施工现场的安全管理以传统的“经验型”的事后管理为主，难以有效地对施工过程的危险源实施较为全面的预控，这也是建筑施工安全事故频繁发生的主要原因。

二、我国建筑工程安全管理现状

多年来，我国在建筑安全方面做了大量工作，取得了显著的成绩。特别是制定了许多安全技术标准、规范和规程，有效地预防和控制了安全事故的发生。安全生产形势总体上稳定好转，但安全形势依然严峻，随着建筑规模的成倍扩大，相应的安全技术与管理资源增长速度远远赶不上承接工程规模的增长速度，安全水平一直较低。事故数量和伤亡人数仍然比较大；较大及以上事故数量和伤亡人数出现反弹，2010 年全国房屋建筑及市政工程生产安全较大及以上事故共 29 起，2011 年 25 起，2012 年 29 起；近年来，重大恶性事故频发，如 2011 年 10 月 8 日，由大连阿尔滨集团有限公司承接辽宁省大连市旅顺口区蓝湾三期工程工地在进行地下车库顶板混凝土浇筑作业时发生模板脚手架支撑体系整体坍塌事故。地区不平衡的情况仍然存在，部分地区的事故数量和伤亡人数同比上升。安全管理水平低下成为阻碍国家建设和社会发展的重要因素。

我国建筑安全领域主要存在的问题有以下几个方面：

1. 从业人员安全意识淡薄

（1）我国从事建筑行业的人员大多数为农民工，这些农民工文化水平偏低，安全知识和应急处置能力比较欠缺，安全意识相对淡薄，自我防护能力也比较差，在长期的生活中形成了很多违章习惯，短时间很难改正，他们很容易受到意外事故伤害。

（2）安全培训不到位。根据建筑行业相关规定，新进场、转场等员工应进行安全教育，考核合格后方允许上岗，目前，工地安全教育多流于形式，基本未培训或培训时间太短，导致培训效果差。特别是对农民工的培训，由于他们的流动性大、更换岗位频繁，进行有效的安全培训难度较高。

2. 企业对安全工作重视不够

（1）一些单位、企业领导没有将安全人才培养纳入企业发展计划，缺乏对安全工作紧迫性的认识，造成建筑行业的安全管理人员数量普遍不足。安全管理是一个新兴行业，安全管理人员非常紧缺，每年安全管理专业的毕业生是有限的，市场上很多安全管理人员是从其他行业或部门转行半路出家，学历相差悬殊，部分安全管理人员仅经过简单和基本的安全知识培训就上岗，缺乏必要的安全专业知识和管理知识，很难发现安全技术方案和措施中存在的问题，还有部分安全管理人员身兼数职，起不到应有的安全监督管理作用。

（2）安全检查流于形式，很多建筑施工企业没有制订适合项目的安全检查计划，组织安全检查也是走过场，没有认真做好自查自纠工作，纯粹应付上级的检查，而监理单位也只将安全监理作为质量控制工作内容的一个分项，在安全工作上投入精力少，该检查时不检查，该旁站时不旁站，使得安全监理不能有效地发挥作用。

（3）安全投入不足，长期以来，很多企业一直认为安全只会耗费成本，不会带来任何效益，在建设工程过程中尽量节约和减少安全开支。在建筑工程施工期间未给高处作业设立可靠的安全平台和防护栏杆、危险区进行隔离等；未对安全防护设施进行定期地维修、检验、测试；未对从事有毒有害作业岗位的人员进行职业性体检，未对已发生的职业损害和职业病患者给予治疗和赔偿；未安排日常的安全知识和技术培训，开展安全知识竞赛，建立安全档案台账等。

3. 政府监督管理力度不够，安全监管信息化水平不高

目前，政府对建筑行业安全生产行为的监督管理仍较薄弱，主要表现在：监督手段运用不够多样化，检查流程基本是下发文件、召开会议听取汇报、安全生产检查、总结，缺少日常有效的监督管理和相应措施，监管体系不完善；监督检查的不够深入，执法人员很少深入施工现场，明察多，暗访少；跟踪督查不到位，在一定程度上存在着“查过了就行”的现象，特别是对一些重点工程的建设，人手不够，难以做到严格按程序实施有效的全过程、全方位监督；工程监管中存在轻查处、轻处理的现象，失之于宽，失之于软，致使不少违法发包、挪用安全费用等行为没有得到及时纠正和处理，使相应企业及个人逍遥法外。建筑行业安全监管信息化水平不高。当前，建筑工程信息化应用还仅仅局限于工程信息的登记、检索和查询，未能完全实现数据整合、分析和动态监管，缺乏统一的建筑工程信息化标准规范，信息化监管未能覆盖工程建设全过程，信息化的应用主要集中在工程项目的前端和末端管理，例如，招投标环节、工程报监环节和工程竣工档案管理环节等，而对于在施工过程中的实体质量监管，各方责任主体及检测机构的行为监管方面却涉及甚少。

第四节　建筑工程施工检测

一、建筑工程施工检测概述

建筑工程的质量是保证建筑物有效使用的基本条件，保证建筑物主体工程结构的质量是结构可靠性控制的中心问题。长期以来，这一问题并不为人们真正重视，更错误地认为提高效益、确保利润是主要任务，质量控制是具体措施，而无“理论”意义。殊不知，理

论是实践经验的总结和提炼，建筑工程学科的发展正是在成功的经验和失败的教训中积累发展起来的，往往失败的教训对学科有极大的推动作用。

建筑工程质量控制、质量检验和可靠性鉴定，涉及能否保证建筑物安全、正常使用、耐久程度等问题，同时，还受其施工过程、地质条件、使用环境状况以及工程造价等多种因素影响，所以，它是一项综合性很强的技术工作，难度较大。

目前，我国经济建设的发展已由计划经济转向社会主义市场经济，而社会主义市场经济必须建立并完善质量监督体系。工程质量检测工作是工程质量监督管理的重要内容，也是做好工程质量工作的技术保证，随着中国建设事业的飞速发展，各级领导和广大建设者增强了做好工程质量检测工作的责任感和紧迫感，把检测视为建设工程质监、安监、检测三大体系之一。

建设部（2008 年改为住房和城乡建设部）于 1985 年 10 月 21 日印发《建筑工程质量检测工作规定》和 1996 年 4 月 15 日印发《住房和城乡建设部关于加强工程质量检测工作的若干意见》的通知，从此，我国的建设工程质量检测工作走上了正轨。

《建筑工程质量检测工作规定》中规定，建筑工程质量检测工作是建筑工程质量监督的重要手段。建筑工程质量检测机构在城乡建设主管部门的领导和标准化管理部门的指导下，开展检测工作。建筑工程质量检测机构是对建筑工程和建筑构件、制品以及建筑现场所用的有关材料、设备质量进行检测的法定单位，其所出具的检测报告具法律效力。国家级检测机构出具的检测报告，在国内为最终裁定，在国外具有代表国家的性质，企业内部的试验室作为企业内部的质量保证机构，承担本企业承建工程质量的检测任务。在建设部（2008 年改为住房和城乡建设部）的领导下，各级检测单位加强了自身建设和内部管理，在人员素质、仪器设备、环境条件、工作制度和检测工作等方面都有了根本的提高，有力地保证了检测工作的公正性、科学性和权威性。

二、我国建筑工程施工检测现状

建筑工程质量检测行业在我国的发展已有 30 多年的时间了，随着社会整体发展的推动，建筑工程质量检测行业发展的规模和速度都有了突破性的进展，包括发展规模日益增大、检测内容上也越加丰富多样，在市场经济中也展现了其活跃性。

1. 建筑工程质量检测行业具有政策依赖性

在我国，建筑工程质量检测行业是具有政策行政的一类行业。从建筑工程质量检测行业的发展来看，主要是依据国家有关建筑工程质量的相关管理规范，在检测行业发展的历程中，政策的指引一直都是十分重要的。无论是对于何种检测机构，检测机构的资格认证以及检测行业的资质管理都是国家行政管理的重要内容，也是政府进行建筑行业管理的重要手段。目前，建筑工程质量检测行业的市场规模也是受到政府政策影响的，可以说建筑工程质量检测行业的市场并不是完全开放化的，而是具有很强的政策性质的一个行业。

2. 建筑工程质量检测行业呈现地域性发展态势

我国各地政府都有权根据当地发展实际制定与地方发展相适应的管理政策，因此，各地的建筑行业主管部门在检测机构的注册资质上都有显著的差别，这就决定了不同的地域之间检测机构的显著差别性。检测机构的服务也是以当地的建筑工程质量检测为主要业务，外地的检测机构在进入该地的市场时存在较大难度，也受到严格的限制。

3. 建筑工程质量检测行业的类型化发展

据不完全统计，当前国内拥有建筑工程质量检测机构超过 5 000 家，这其中包括建筑企业自身建立的试验室，包括行政监督管理机构建立的检测机构，还包括各地的科研院所建立的检测组织和力量等。在所有的建筑工程质量检测组织机构中，行政监督管理机构建立的检测机构最为突出，这主要是由于监督管理机构是以政府政策支持发展的具体政策、财政和技术力量上的强大支持，这类行政性质的检测机构也是目前在整个建筑工程质量检测中最主要的检测力量。该类行政性质的检测机构虽然具有多方面的发展优势，但是由于长期处于政府的支持和保护下，在工作效率上会相对较低，在技术的研究和创新上也略显不足。但由于占有绝对的优势地位，检测机构的工作人员服务意识淡薄以及态度上也存在不友好现象，在市场环境下来看，行政性质的建筑工程质量检测机构存在竞争力差的问题。

相比行政类的检测机构，科研院所的检测力量也具有独特性，科研院所在事业单位改革的背景下加大了对检测水平和技术的投入，很多的科研院所下的建筑工程质量检测机构都成了其主要的业务部门，在发展市场的推动下也有一些科研院所的检测机构走上了独立法人的发展模式。由于具有原来事业单位的政策和资金支持，同时具有强大的科研科学技术力量支持，这类建筑工程质量检测机构的发展具有迅猛的发展势头。

4. 我国建筑工程质量检测行业当前的技术要求较低

我国建筑工程质量检测行业当前的技术要求较低，这与检测行业长期受到行政类检测机构垄断有很大的关系。在政府主导下，市场化的检测行业发展就会变慢，同时，由于缺少市场的调整，检测机构在管理上也会存在一些缺陷和问题。以占有主导性的行政类检测机构为例，他们就很少会投入力量进行检测设备、检测技术的更新，这就会导致我国建筑工程质量检测行业发展停滞不前，在检测力量进入市场的标准上也会降低门槛。

5. 建筑工程质量检测行业体制较为单一

由于我国建筑工程质量检测行业具有浓厚的政府行政因素，使得建筑工程质量检测行业往往与国有企业、事业单位紧密挂钩，很多的社会力量和外资力量往往无法进入到行业中。而我国当前建筑工程质量检测行业在体制上较为单一，这也是制约我国建筑工程质量检测行业跨越发展的重要因素之一，也是市场经济改革以及进入国际化市场亟待突破的重要问题。

第二章　常用建筑材料检验与评定

第一节　建设工程质量检测见证制度

一、概述

取样是按有关技术标准、规范的规定，从检验（测）对象中抽取试验样品的过程；送样是指取样后将试样从现场移交给有检测资格的单位承检的全过程。取样和送样是工程质量检测的首要环节，其真实性和代表性直接影响检测数据的公正性。为保证试件能代表母体的质量状况和取样的真实，直至出具只对试件（来样）负责的检测报告，保证建设工程质量检测工作的科学性、公正性和准确性，以确保建设工程质量，在建设工程质量检测中实行见证取样和送样制度，即在建设单位或监理单位人员的见证下，由施工人员在现场取样，送至试验室进行试验。

二、见证取样送样的范围和程序

1. 见证取样送样的范围

对建设工程中结构用钢筋及焊接试件、混凝土试块、砌筑砂浆试块、水泥、墙体材料、集料及防水材料等项目，实行见证取样送样制度。各区、县建设主管部门和建设单位也可根据具体情况确定须见证取样的试验项目。

2. 见证取样送样的程序

（1）建设单位应向工程受检质监站和工程检测单位递交“见证单位和见证人员授权书”。授权书应写明本工程现场委托的见证单位和见证人员姓名，以便质检机构和检测单位检查核对。

（2）施工企业取样人员在现场进行原材料取样和试样制作时，见证人员必须在旁见证。

（3）见证人员应对试样进行监护，并和施工企业取样人员一起将试样送至检测单位或采取有效的封样措施送样。

（4）检测单位在接受委托检验任务时，须有送检单位填写委托单，见证人员应在检验委托上签名。

（5）检测单位应在检验报告单备注栏中注明见证单位和见证人员姓名，发生试样不合格情况，首先要通知工程质监站和见证单位。

三、见证人员的要求和职责

1. 见证人员的基本要求

（1）必须具备见证人员资格。

①见证人员应是本工程建设单位或监理单位人员。

②必须具备初级以上技术职称或具有建筑施工专业知识。③经培训考核合格，取得“见证人员证书”。

（2）必须具有建设单位见证人书面授权书。

（3）必须向质监站或检测单位递交见证人书面授权书。

（4）见证人员的基本情况由（自治区、直辖市）检测中心备案，每隔五年换一次证。

2. 见证人员的职责

（1）取样时，见证人员必须在现场进行见证。

（2）见证人员必须对试样进行监护。

（3）见证人员必须和施工人员一起将试样送至检测单位。

（4）有专用送样工具的工地，见证人员必须亲自封样。

（5）见证人员必须在检验委托单上签字，并出示“见证人员证书”。

（6）见证人员对试样的代表性和真实性负有法律责任。

四、见证取样送样的管理

建设行政主管部门是建设工程质量检测见证取样工作的主管部门。如宿州市建设工程质量见证取样工作由宿州市建委组织管理和发证，由宿州市工程质量检测中心具体实施和考核。

各监测机构试验室在承接送检试样时，应核验见证人员证书。对无证人员签名的检验委托一律拒收；未注明见证单位和见证人员姓名及编号的检验报告无效，不得作为质量保证资料和竣工验收资料，由质监站指定法定检测单位重新检测，其检测费用由责任方承担。

建设、施工、监理和检测单位凡以任何形式弄虚作假或者玩忽职守，将按相关法规、规章严肃查处，情节严重者，依法追究刑事责任。

五、见证送样的专用工具

为了便于见证人员在取样现场对所取样品进行封存，防止串换，减少见证人员和伴送样品的麻烦，确保见证取样送样工作的顺利进行，下面介绍三种简易实用的送样工具。这些工具结构简洁耐用，加工制作容易，便于人工搬运和各种交通工具运输。

1.A 型送样桶

（1）用途

①适用 150 mm × 150 mm × 150 mm 的混凝土试块封装，可装 3 件（约 24 kg）；

②若用薄钢板网封闭空格部分，适用 70.7 mm × 70.7 mm × 70.7 mm 砂浆试样封装，可装 24 件（约 18kg）；

③如内框尺寸改为 210 mm × 210 mm，可装 100 mm × 100 mm × 100 mm 混凝土试块 16 件（约 40 kg）。

（2）外形尺寸

外形尺寸为 174 mm × 174 mm × 520 mm。

2.B 型送样桶

（1）用途

适用 175 mm(185mm）× 150 mm 的混凝土抗渗试块封装，可装 3 件（约 30 kg），也适用于钢筋试样封装。

（2）外形尺寸

外形尺寸为（237 mm × 550 mm）。

3.C 型送样桶

（1）适用 240 mm × 115 mm × 90 mm 的烧结多孔砖试样封装，可装 4 件（约 12 kg）；

（2）适用 240 mm × 115 mm × 53 mm 的普通砖试样封装，可装 8 件（约 20 kg）；

（3）可装砂、石约 40 kg，水泥约 30 kg，或可装土样约 40 个。

第二节 水泥

一、水泥概述

水泥是由石灰质原料、黏土质原料与少量校正原料，破碎后按比例配合、磨细并调配成为合适的生料，经高温煅烧至部分熔融制成熟料，再加入适量的调凝剂（石膏）、混合材料共同磨细而成的一种既能在空气中硬化又能在水中硬化的无机水硬性胶凝材料。

1. 水泥的种类

水泥按其矿物组成可分为硅酸盐水泥、铝酸盐水泥、硫铝酸盐水泥、少熟料水泥、无熟料水泥。

水泥按其用途和性能可分为通用水泥、专用水泥和特性水泥。

通用水泥主要是指硅酸盐水泥、普通硅酸盐水泥、矿渣硅酸盐水泥、火山灰质硅酸盐水泥、粉煤灰硅酸盐水泥和复合硅酸盐水泥。

专用水泥是专门用途的水泥，主要有砌筑水泥、油井水泥、道路水泥、耐酸水泥、耐碱水泥。

特性水泥是某种性能比较突出的水泥，主要有低热矿渣硅酸盐水泥、膨胀硫铝酸盐水泥、磷铝酸盐水泥和磷酸盐水泥等。

（1）硅酸盐水泥

凡由硅酸盐水泥熟料、0~5% 的石灰石或粒化高炉矿渣、适量石膏磨细制成的水硬性胶凝材料，称为硅酸盐水泥，即国外的波特兰水泥，分为不掺混合材料 P·I 和掺不超过 5% 混合材料 P·Ⅱ。

（2）普通硅酸盐水泥

凡由硅酸盐水泥熟料和 6%~15% 混合料、适量石膏磨细制成的水硬性胶凝材料，即为普通硅酸盐水泥，简称普通水泥，代号为 P·O。

（3）矿渣硅酸盐水泥

凡由硅酸盐水泥熟料和粒化高炉矿渣、适量石膏磨细制成的水硬性胶凝材料，即为矿渣硅酸盐水泥，简称矿渣水泥，代号为 P·S。

（4）火山灰质硅酸盐水泥

凡由硅酸盐水泥熟料和火山灰质混合料、适量石膏磨细制成的水硬性胶凝材料，即为火山灰质硅酸盐水泥，简称火山灰质水泥，代号为 P·P。

（5）粉煤灰硅酸盐水泥

凡由硅酸盐水泥熟料和粉煤灰、适量石膏磨细制成的水硬性胶凝材料，即为矿渣硅酸盐水泥，简称粉煤灰水泥，代号为 P·F。

（6）复合硅酸盐水泥

凡由硅酸盐水泥熟料、两种或两种以上规定的混合材料、适量石膏磨细制成的水硬性胶凝材料，称为复合硅酸盐水泥，简称复合水泥，代号为 P·C。

2. 通用水泥的技术要求

（1）不溶物

Ⅰ型硅酸盐水泥中不溶物不得大于 0.75%。Ⅱ型硅酸盐水泥中不溶物不得大于 1.50%。

（2）烧失量

Ⅱ型硅酸盐水泥中烧失量不得大于 3.0%。Ⅱ型硅酸盐水泥中烧失量不得大于 3.5%。普通水泥中烧失量不得大于 5.0%。

（3）氧化镁

水泥中氧化镁的含量不宜超过 5.0%。如果水泥经压蒸安定性试验合格，则水泥中氧化镁的含量允许放宽到 6.0%。

（4）三氧化硫

硅酸盐水泥、普通水泥、火山灰质水泥、粉煤灰水泥和复合水泥中三氧化硫的含量不得超过 3.5%；矿渣水泥中三氧化硫的含量不得超过 4.0%。

（5）细度

硅酸盐水泥以比表面积表示，不小于 300 m^2/kg；普通水泥、矿渣水泥、火山灰质水泥、粉煤灰水泥和复合水泥以筛余表示，80 μm 方孔筛筛余不大于 10% 或 45 μm 方孔筛筛余不大于 30%。

（6）凝结时间

硅酸盐水泥初凝不小于 45 min，终凝不大于 390 min；普通水泥、矿渣水泥、火山灰质水泥、粉煤灰水泥和复合水泥初凝不小于 45 min，终凝不大于 600 min。

（7）安定性

用沸煮法检测必须合格。

（8）强度

水泥强度等级按规定龄期的抗压强度和抗折强度来划分。

（9）废品与不合格品

废品：氧化镁、三氧化硫、初凝时间、安定性任意一项不符合标准规定。

不合格品：细度、终凝时间、不溶物和烧失量中任一项不符合标准规定或混合材料掺假量超过最低限度和强度低于商品强度等级的指标。水泥包装标志中水泥品种、强度等级、生产者名称和出厂编号不全。

二、水泥的取样方法

1. 取样送样规则

首先，要掌握所购买的水泥的生产厂是否具有产品生产许可证。

水泥委托检验样必须以每一个出厂水泥编号为一个取样单位，不得有两个以上的出厂编号混合取样。

水泥试样必须在同一编号不同部位处等量采集，取样点至少在 20 点以上，经混合均匀后用防潮容器包装，重量不少于 12 kg。

委托单位必须逐项填写检验委托单，如水泥生产厂名、商标、水泥品种、强度等级、出厂编号或出厂日期、工程名称、全套物理检验项目等。用于装饰的水泥应进行安定性检验。

水泥出厂日期超过三个月应在使用前做复检。

进口水泥一律按上述要求进行。

2. 取样单位及样品总量

水泥出厂前需按标准规定进行编号，每一编号为一取样单位。施工现场取样，应以同一水泥厂、同品种、同强度等级、同期到达的同一编号水泥为一个取样单位。取样应有代表性，可连续取，也可从 20 个以上不同部位取等量样品，总量至少 12 kg。

3. 编号与取样

水泥出厂前按同品种、同强度等级编号和取样。袋装水泥和散装水泥应分别进行编号和取样。每一编号为一取样单位。水泥出厂编号按水泥厂年生产能力规定，即：

（1）120 万 t 以上，不超过 1200t 为一编号；

（2）60 万 t 以上至 120 万 t，不超过 1000t 为一编号；

（3）30 万 t 以上至 60 万 t，不超过 600t 为一编号；

（4）10 万 t 以上至 30 万 t，不超过 400t 为一编号；

（5）10 万 t 以下，不超过 200t 为一编号。

取样方法按《水泥取样方法》（GB/T 12573-2008）的规定进行。当散装水泥运输工具的容量超过该厂规定出厂编号吨数时，允许该编号的数量超过取样规定吨数。

4. 袋装水泥取样

采用取样管取样。随机选择 20 个以上不同的部位，将取样管插入水泥适当深度，用大拇指按住气孔，小心抽出取样管，将所取样品放入洁净、干燥、不易受污染的容器中。

5. 散装水泥取样

采用槽形管状取样器取样，当所取水泥深度不超过 2m 时，采用槽形管状取样器取样。通过转动取样器内管控制开关，在适当位置插入水泥一定深度，关闭后小心抽出，将所取样品放入洁净、干燥、不易受污染的容器中。

6. 交货与验货

交货时水泥的质量验收可抽取实物试样以其检验结果为依据，也可以水泥厂同编号水泥的检验报告为依据。采取何种方法验收由买卖双方商定，并在合同或协议中说明。

以抽取实物试样的检验结果为依据时，买卖双方应在发货前或交货地共同取样和签封。取样方法按《水泥取样方法》（GB/T 12573-2008）进行，取样数量为 20 kg，缩分为二等份。一份由卖方保存 40 天，一份由买方按规定的项目和方法进行检验。

在 40 天以内，买方检验认为产品质量不符合本标准要求，而卖方又有异议时，则双方应将卖方保存的另一份试样送省级或省级以上国家认可的水泥质量监督检验机构进行仲裁检验。

以水泥厂同编号水泥的检验报告为验收依据时，在发货前或交货时买方在同编号水泥中抽取试样，双方共同签封后保存三个月；或委托卖方在同编号水泥中抽取试样，签封后保存三个月。

在三个月内，买方对水泥质量有疑问时，则买卖双方应将签封的试样送省级或省级以上国家认可的水泥质量监督检验机构进行仲裁检验。

7. 运输与储存

水泥在运输与储存时不得受潮和混入杂物，不同品种和强度等级的水泥应分别储运，不得混杂。

三、结果判定与处理

通用水泥的合格判定应满足通用水泥的技术要求；废品水泥必须淘汰，不得应用于建筑工程；不合格水泥应依据具体情况，可适当用于建筑工程的次要部位。

第三节 粗集料

一、粗集料概述

在混凝土中，砂、石起骨架作用，称为骨料或集料，其中粒径大于 5 mm 的集料称为粗集料。普通混凝土常用的粗集料有碎石及卵石两种。碎石是天然岩石、卵石或矿山废石经机械破碎、筛分制成的，粒径大于 5 mm 的岩石颗粒；卵石是由自然风化、水流搬运和分选、堆积而成的、粒径大于 5 mm 的岩石颗粒。

由于集料在混凝土中占有大部分的体积，所以，混凝土的体积主要是由集料的真密度所支配，设计混凝土配合比需了解的密度是指包括非贯穿毛细孔在内的集料单位体积的质量。这一概念上与物体的真密度不同，这样的密度称为表观密度，集料的表观密度在计算体积时包括内部集料颗粒的空隙，因此，越是多孔材料其表观密度越小，集料的强度越低，稳定性越差。集料在自然堆积状态下的密度称为堆积密度，其反映自然状态下的空隙率，堆积密度越大，需要水泥填充的空隙就越少；堆积密度越小即集料的颗粒级配越差，需要填充空隙的水泥浆就越多，混凝土拌合物的和易性就越不易得到保证。

二、粗集料的技术要求

1. 颗粒级配

颗粒级配又称（粒度）级配。由不同粒度组成的散状物料中各级粒度所占的数量。常用占总量的百分数来表示，有连续级配和单粒级配两种。连续级配是石子的粒径从大到小连续分级，每一级都占适当的比例。连续级配的颗粒大小搭配连续合理，用其配制的混凝土拌合物工作性好，不易发生离析，在工程中应用较多。但其缺点是，当最大粒径较大（大于 40 mm）时，天然形成的连续级配往往与理论最佳值有偏差，且在运输、堆放过程中易发生离析，影响级配的均匀合理性。单粒级配是石子粒级不连续，人为剔去某些中间粒级的颗粒而形成的级配方式。单粒级配能更有效的降低石子颗粒之间的空隙率，使水泥达到最大程度的节约，但由于粒径相差较大，故拌和混凝土易发生离析，单粒级配需按设计进行掺配而成。

粗集料中公称粒级的上限称为最大粒径。当集料粒径增大时，其比表面积减小，混凝土的水泥用量也减少，故在满足技术要求的前提下，粗集料的最大粒径应尽量选大一些。在钢筋混凝土工程中，粗集料的粒径不得大于混凝土结构截面最小尺寸的 1/4，并不得大于钢筋最小净距的 3/4。对于混凝土实心板，其最大粒径不宜大于板厚的 1/3，并不得超过

40 mm。泵送混凝土用的碎石，不应大于输送管内径的 1/3，卵石不应大于输送管内径的 2/5。

2. 针、片状颗粒含量

卵石和碎石颗粒的长度大于该颗粒所属相应粒级的平均粒径 2.4 倍者，为针状颗粒；厚度小于平均粒径 0.4 倍者，为片状颗粒。粗集料中针、片状颗粒过多，会使混凝土的和易性变差，强度降低，故粗集料的针、片状颗粒含量应控制在一定范围内。卵石和碎石的针、片状颗粒含量应符合表 2-1 的规定。

表 2–1 针、片状颗粒含量

混凝土强度	≥ C30	C25~C15
针、片状颗粒含量（按质量计）/%	≤ 15	≤ 25

3. 含泥量

含泥量是指粒径小于 0.080 mm 的颗粒含量。碎石或卵石的含泥量应分别符合表 2-2 的规定。

表 2–2 碎石或卵石中的含泥量

混凝土强度等级	≥ C60	C55~C30	≤ C25
含泥量（按质量计）/%	≤ 0.5	≤ 1.0	≤ 2.0

对于有抗冻、抗渗或其他特殊要求的混凝土，其含泥量不应大于 1.0%；等于或小于 C10 等级的混凝土含泥量可放宽到 2.5%。

4. 泥块含量

泥块含量是指集料中粒径大于 5 mm，经水洗、手捏后变成小于 2.5 mm 的颗粒含量碎石或卵石的泥块含量应符合表 2-3 的规定。

表 2–3 碎石或卵石中的泥块含量

混凝土强度等级	≥ C60	C55~C30	≤ C25
泥块泥量（按质量计）/%	≤ 0.5	≤ 1.0	≤ 2.0

对于有抗冻、抗渗或其他特殊要求的混凝土，其泥块含量不应大于 0.5%；小于或等于 C10 等级的混凝土，泥块含量可放宽到 2.5%。

5. 压碎指标值

压碎指标值是指碎石或卵石抵抗压碎的能力。碎石或卵石的压碎指标值应符合表 2-4、表 2-5 的规定。

表 2-4　碎石的压碎指标值

岩石品种	混凝土强度等级	碎石压碎值指标 /%
水成岩	C55~C40 ≤C35	≤10 ≤16
变质岩或深成的火成岩	C55~C40 ≤C35	≤12 ≤20
喷出的火成岩	C55~C40 ≤C35	≤13 ≤30

表 2-5　卵石的压碎指标值

混凝土强度等级	C55~C40	≤C35
压碎指标值 /%	≤12	≤16

混凝土强度等级大于或等于 C60 时，应进行岩石抗压强度检验，其他情况下如有怀疑或认为有必要时，也可以进行岩石的抗压强度检验。岩石的抗压强度与混凝土强度等级之比不应小于 1.5，且火成岩强度不宜低于 80 MPa，变质岩不宜低于 60 MPa，水成岩不宜低于 30 MPa。

6. 坚固性指标

坚固性是指碎石或卵石在气候、环境变化或其他物理因素作用下抵抗碎裂的能力。碎石或卵石的坚固性指标应符合表 2-6 的规定。

表 2-6　碎石或卵石的坚固性指标

混凝土所处的环境条件及其性能要求	5 次循环后的质量量损失 %
在严寒及寒冷地区室外使用，并经常处于湖湿或干湿交替状态下的混凝土，有腐蚀性介质作用或经常处于水位变化区的地下结构或有抗疲劳、耐磨、抗冲击等要求的混凝土	≤8
在其他条件下使用的混凝土	≤12

有腐蚀性介质作用或经常处于水位变化区的地下结构或有抗疲劳、耐磨、抗冲击等要求的混凝土用碎石或卵石，其质量损失不应大于 8%。

7. 有害物质含量

碎石或卵石的硫化物和硫酸盐含量以及卵石中有机质等有害物质含量应符合表 2-7 的规定。

表 2–7　碎石或卵石中的有害物质含量

项目	质量要求	项目	质量要求
硫化物及硫酸盐含量（折算成 SO_3，按质量计）/%	≤ 1.0	卵石中有机质含量（用比色法试验）	颜色不应深于标准色，深于时应配制成混凝土进行强度对比试验，抗压强度比不应小于 0.95

如发现有颗粒状硫酸盐或硫化物杂质的碎石或卵石，则要求进行专门检验，确认能满足混凝土耐久性要求时方可采用。

8. 碱活性粗集料

碱活性粗集料是指能与水泥或混凝土中的碱发生化学反应的集料，重要工程的粗集料都应进行碱活性检验。

三、粗集料的取样及选用

1. 取样

使用大型工具（如火车、货船或汽车）运输的，以 400 mm^3 或 600 t 为一验收批，使用小型工具运输的（如马车）以 200 mm^2 或 300 t 为一验收批，不足上述数量者为一验收批。

在料堆上取样时，取样部位应均匀分布。取样前先将取样部位表层铲除，然后从不同部位抽取大致等量的石子 15 份（顶部、中部和底部各由均匀分布的五个不同部位），组成一组样品。

从皮带运输机上取样时，应用接料器在皮带运输机机尾的出料处定时抽取大致等量的石子 8 份，组成一组样品。

从火车、汽车、货船上取样时，从不同部位和深度抽取大致等量的石子 16 份，组成一组样品。

若检验不合格时，应重新取样。对不合格项，进行加倍复验，若仍有一个试样不能满足标准要求，应按不合格品处理。

2. 选用

粗集料最大粒径应符合下列要求：

（1）不得大于混凝土结构截面最小尺寸的 1/4，并不得大于钢筋最小净距的 3/4；

（2）对于混凝土实心板，其最大粒径不宜大于板厚的 1/3，并不得超过 40 mm；

（3）泵送混凝土用的碎石，不应大于输送管内径的 1/3，卵石不应大于输送管内径的 2/5。

四、粗集料的检验与判定

1. 检测项目

对于石子，每一验收批应检测其颗粒级配、含泥量、泥块含量、针片状颗粒含量、压碎指标、表观密度、堆积密度等。对于重要工程的混凝土所使用的碎石和卵石，应进行碱活性检验或应根据需要增加检测项目。

2. 工程现场粗集料的检验

见证送检必须逐项填写检验委托单中的各项内容，如委托单位、建设单位、工程名称、工程部位、见证单位、见证人、送样人、集料品种、规格、产地、进场日期、代表数量、检验项目、执行标准等。

3. 粗集料的判定

粗集料的判定应满足粗集料的技术要求，若不能满足要求，可以进行复验。若仍有一个试样不能满足标准要求，应按不合格品处理。

第四节　细集料

细集料（砂）是指在自然或人工作用下形成的粒径小于 5 mm 的颗粒，也称为普通砂。砂按来源分为天然砂、人工砂、混合砂。天然砂是由自然条件作用而形成的，按其产源不同，可分为河砂、海砂、山砂；人工砂是岩石经除土开采、机械破碎、筛分而成的；混合砂是由天然砂与人工砂按一定比例组合而成的砂。

一、砂的技术指标

1. 细度模数

砂的粗细程度按细度模数 μ 可分为粗、中、细三级，其范围应符合下列要求，粗砂：μ=3.7~3.1；中砂：μ=3.0~2.3；细砂：μ=2.2~1.6。

2. 颗粒级配

砂的颗粒级配是表示砂大小颗粒的搭配情况。在混凝土中砂之间的空隙是由水泥浆填充，为达到节约水泥提高强度的目的，就应尽量减小砂颗粒之间的空隙，因此，就要求砂要有较好的颗粒级配。

砂的颗粒级配区划分，除特细砂外，砂的颗粒级配可按公称粒径 630 μm 筛孔的累计筛余量（以质量百分率计）分成三个级配区，砂的颗粒级配应符合表 2-8 规定。

表 2-8　砂的颗粒剂配区

级配区 / 公称粒径	Ⅰ区	Ⅱ区	Ⅲ区
5.00 mm	10~0	10~0	10~0
2.50 mm	35~5	25~0	15~0
1.25 mm	65~35	50~10	25~0
630 μm	85~71	70~41	40~16
315 μm	95~80	92~70	85~55
160 μm	100-90	100~90	100~90

砂的颗粒级配应处于表中某一区域内。

砂的实际颗粒级配与表中的累计筛余百分率比，除公称粒径为 5.00 mm 和 630 μm(表中斜体所标数值) 的累计筛余百分率外，其余公称粒径的累计筛余百分率可稍超出分界线，但总超出量不应大于 5%。

当砂的颗粒级配不符合要求时，宜采用相应的技术措施，并经试验证明能确保混凝土质量后，方允许使用。

配制混凝土时宜优先选用Ⅱ区砂。当采用Ⅰ区砂时，应提高砂率，并保持足够的水泥用量，满足混凝土的和易性；当采用Ⅲ区砂时，宜适当降低砂率；当采用特细砂时，应符合相应的规定。

3. 含泥量

砂的含泥量是指砂中粒径小于 0.080 mm 的颗粒含量。对于有抗冻、抗渗或其他特殊要求的混凝土，其含泥量不应大于 3.0%。砂中含泥量应符合表 2-9 的规定。

表 2–9　砂的含泥量

混凝土强度等级	> C60	C60~C30	≤ C25
含泥量（按质量计）/%	≤ 2.0	≤ 3.0	≤ 5.0

4. 泥块含量

砂泥块含量是指砂中粒径大于 1.25 mm，经水洗、手捏后变成小于 0.630 mm 的颗粒含量，砂中的泥块含量应符合相关的规定。

对于有抗冻、抗渗或其他特殊要求的混凝土，其泥块含量不应大于 1.0%。

5. 有害物质

砂中不应混有草根、树叶、树枝、塑料、煤块、炉渣等杂物。砂中如含有云母、轻物质、有机物、硫化物及硫酸盐、氯盐等，其含量应符合表 2-10 的规定。

表 2–10　砂中的有害物质量

有害物质名称	含量限值
云母含量（按质量计）/%	≤ 2.0
轻物质含量（按质量计）/%	≤ 1.0
硫化物及硫酸盐含量（折算成 SO_2 按质量计）/%	≤ 1.0
有机物含量（用比色法试验）	颜色不应渗于标准色。当颜色渗于标准色时，应按水泥胶砂强度试验方法进行强度对比试验，抗压强度比不应低于 0.95

6. 坚固性

砂坚固性是指砂在气候、环境变化或其他物理因素作用下抵抗碎裂的能力。砂的坚固性指标应符合表 2-11 的规定。

表 2–11　砂的坚固性指标

项目	循环后的质量量损失
5 次循环后的质量量损失 /%	<10

7. 表观密度、堆积密度、空隙率

砂的表观密度是指集料颗粒单位体积的质量；砂的堆积密度是指集料在自然堆积状态下单位体积的质量；砂的空隙率是指集料按规定方法颠实后单位体积的质量。

8. 碱活性粗集料

碱活性粗集料是指能与水泥或混凝土中的碱发生化学反应的集料。重要工程的粗集料应进行碱活性检验。

二、砂的取样

供货单位应提供产品合格证或质量检验报告，购货单位应按同产地、同规格分批验收。使用大型工具（如火车、货船或汽车）运输的，以 400 mm^3 或 600t 为一验收批：使用小型工具运输的（如马车），以 200 mm^3 或 300 t 为一验收批，不足上述数量者仍为一验收批。

从料堆上取样时，取样部位应均匀分布。取样前应先将取样部位表层铲除，然后由各部位抽取大致相等的砂 8 份，组成各自一组样品。

从皮带运输机上取样时，应在皮带运输机机尾的出料处用接料器定时抽取砂 4 份，组成各自一组样品。

从火车、汽车、货船上取样时，应从不同部位和深度抽取大致相等的砂 8 份，组成各自一组样品。每批取样量应多于试验用样量的一倍，工程上常规检测时约取 20 kg。

三、细集料的检验与判定

1. 检测项目

工程现场砂的每一验收批应检测其细度模数、颗粒级配、含泥量、泥块含量、表观密度、堆积密度等。对于重要工程的混凝土所使用的砂，应进行碱活性检验或应根据需要增加检测项目。

2. 工程现场砂的检验

见证送检必须逐项填写检验委托单中的各项内容，如委托单位、建设单位、工程名称、工程部位、见证单位、见证人、送样人、砂品种、规格、产地、进场日期、代表数量、检验项目、执行标准等。

3. 细集料的判定

细集料的判定应满足细集料的技术要求，若不能满足要求，可以进行复验。若仍有一个试样不能满足标准要求，应按不合格品处理。

第五节　混凝土

一、混凝土概述

混凝土是由胶凝材料、粗细集料、水以及必要时加入的外加剂和掺合料按一定比例配制，经均匀搅拌，密实成型，养护硬化而成的一种人工石材。

混凝土具有原料丰富、价格低廉、生产工艺简单的特点，因而其用量越来越大。同时，混凝土还具有抗压强度高、耐久性好、强度等级范围宽等特点。这些特点使其使用范围十分广泛，不仅在各种土木工程中使用，在造船业、机械工业、海洋开发、地热工程等工程中，混凝土也是重要的材料。

1. 混凝土的分类

（1）按胶凝材料分类

①无机胶凝材料混凝土，如水泥混凝土、石膏混凝土、硅酸盐混凝土、水玻璃混凝土等；

②有机胶结料混凝土，如沥青混凝土、聚合物混凝土等。

（2）按表观密度分类

混凝土按照表观密度的大小，可分为重混凝土、普通混凝土、轻质混凝土三种。这三种混凝土不同之处就是集料不同。

重混凝土：表观密度大于 2500 kg/m^3，用特别密实和特别重的集料制成的。如重晶石混凝土、钢屑混凝土等，它们具有不透 x 射线和 y 射线的性能。

普通混凝土：普通混凝土是我们在建筑中常用的混凝土，其表观密度为 1950~2500 kg/m^3，集料为砂、石。

轻质混凝土：表观密度小于 1950 kg/m^3 的混凝土。它可以分为以下三类：

①轻集料混凝土，其表观密度为 800~1 950 kg/m^3，轻集料包括浮石、火山渣、陶粒、膨胀珍珠岩、膨胀矿渣、矿渣等。

②多空混凝土（泡沫混凝土、加气混凝土），其表观密度为 300~1 000 kg/m^3。泡沫混凝土是由水泥浆或水泥砂浆与稳定的泡沫制成的；加气混凝土是由水泥、水与发气剂制成的。

③大孔混凝土（普通大孔混凝土、轻集料大孔混凝土），其组成中无细集料。普通大孔混凝土的表观密度为 1500~1 900 kg/m^3，是用碎石、软石、重矿渣作集料配制的。轻集料大孔混凝土的表观密度为 500~1 500 $kg/^3$，是用陶粒、浮石、碎砖、矿渣等作为集料配制的。

（3）按使用功能分类

结构混凝土、保温混凝土、装饰混凝土、防水混凝土、耐火混凝土、水工混凝土、海工混凝土、道路混凝土、防辐射混凝土等。

（4）按施工工艺分类

离心混凝土、真空混凝土、灌浆混凝土、喷射混凝土、碾压混凝土、挤压混凝土、泵送混凝土等。按配筋方式分有素（即无筋）混凝土、钢筋混凝土、钢丝网水泥、纤维混凝土、预应力混凝土等。

（5）按拌合物的和易性分类

干硬性混凝土、半干硬性混凝土、塑性混凝土、流动性混凝土、高流动性混凝土、流态混凝土等。

（6）按配筋分类

素混凝土、钢筋混凝土、预应力混凝土。

上述各类混凝土中，用途最广、用量最大的为普通混凝土。对一些有特殊使用要求的混凝土，还应提出特殊的性能要求。如对地下工程混凝土，要求具有足够的抗渗性；路面混凝土，要求具有足够的抗弯性和较好的耐磨性；低温下工作的混凝土，要求具有足够的抗冻性；外围结构混凝土，除要求具有足够的强度外，还要有保温、绝热性能等。

2. 混凝土拌合物的性能

混凝土在未凝结硬化以前，称为混凝土拌合物。它必须具有良好的和易性，便于施工，以保证能获得良好的浇灌质量；混凝土拌合物凝结硬化以后，应具有足够的强度，以保证建筑物能安全地承受设计荷载，并应具有必要的耐久性。

（1）和易性

和易性是指混凝土拌合物易于施工操作（拌和、运输、浇灌、捣实）并能获得质量均匀、成型密实的性能。和易性是一项综合的技术性质，包括有流动性、黏聚性和保水性等三个方面的含义。

流动性是指混凝土拌合物在本身自重或施工机械振捣的作用下，能产生流动，并均匀密实地填满模板的性能。流动性的大小取决于混凝土拌合物中用水量或水泥浆含量的多少。

黏聚性是指混凝土拌合物在施工过程中其组成材料之间有一定的黏聚力，不致产生分层和离析的性能。黏聚性的大小主要取决于细集料的用量以及水泥浆的稠度等。

保水性是指混凝土拌合物在施工过程中，具有一定的保水能力，不致产生严重泌水的性能。保水性差的混凝土拌合物，由于水分分泌出来会形成容易透水的孔隙，从而降低混凝土的密实性。

（2）影响混凝土和易性的因素

①水胶比。水胶比是指水泥混凝土中水的用量与水泥用量之比。在单位混凝土拌合物中，集浆比确定后，即水泥浆的用量为一固定数值时，水胶比决定水泥浆的稠度。水胶比较小，则水泥浆较稠，混凝土拌合物的流动性也较小，当水胶比小于某一极限值时，在一定施工方法下就不能保证密实成型；反之，水胶比较大，水泥浆较稀，混凝土拌合物的流

动性虽然较大，但黏聚性和保水性会随之变差。当水胶比大于某一极限值时，将产生严重的离析、泌水现象。因此，为了使混凝土拌合物能够密实成型，所采用的水胶比值不能过小；为了保证混凝土拌合物具有良好的黏聚性和保水性，所采用的水胶比值又不能过大。由于水胶比的变化将直接影响到水泥混凝土的强度。因此，在实际工程中，为增加拌合物的流动性而增加用水量时，必须保证水胶比不变，同时增加水泥用量，否则将显著降低混凝土的质量，决不能以单纯改变用水量的办法来调整混凝土拌合物的流动性。

②砂率。砂率是指混凝土中砂的质量占砂石总质量的百分率。砂率表征混凝土拌合物中砂与石相对用量比例。由于砂率变化，可导致集料的空隙率和总表面积的变化。当砂率过大时，集料的空隙率和总表面积增大，在水泥浆用量一定的条件下，混凝土拌合物就显得干稠，流动性小；当砂率过小时，虽然集料的总表面积减小，但由于砂浆量不足，不能在粗集料的周围形成足够的砂浆层起润滑作用，因而使混凝土拌合物的流动性降低。更严重的是影响了混凝土拌合物的黏聚性与保水性，使拌合物显得粗涩、粗集料离析、水泥浆流失，甚至出现溃散等不良现象。因此，在不同的砂率中应有一个合理砂率值。混凝土拌合物的合理砂率是指在用水量和水泥用量一定的情况下，能使混凝土拌合物获得最大流动性，且能保持黏聚性。

③单位体积用水量。单位体积用水量是指在单位体积水泥混凝土中，所加入水的质量，它是影响水泥混凝土工作性的最主要的因素。新拌混凝土的流动性主要是依靠集料及水泥颗粒表面吸附一层水膜，从而使颗粒之间比较润滑。而黏聚性也主要是依靠水的表面张力作用，如用水量过少，则水膜较薄，润滑效果较差；而用水量过多，毛细孔被水分填满，表面张力的作用减小，混凝土的黏聚性变差，易泌水。因此，用水量的多少直接影响着水泥混凝土的工作性。当粗集料和细集料的种类和比例确定后，在一定的水胶比范围内（W/C=0.4~0.8），水泥混凝土的坍落度主要取决于单位体积用水量，而受其他因素的影响较小，这一规律称为固定加水量定则。

3. 混凝土的力学性能

（1）混凝土强度

①立方体抗压强度及强度等级。混凝土立方体抗压标准强度（fcu.k）是指按标准方法制作和养护的边长为 150 mm 的立方体试件，在 28 d 后用标准试验方法测得的抗压强度总体分布中具有不低于 95% 保证率的抗压强度值。根据《混凝土结构设计规范》（GB 50010-2010）的规定，普通混凝土划分为十四个等级，即 C15、C20、C25、C30、C35、C40、C45、C50、C55、C60、C65、C70、C75、C80。例如，强度等级为 C30 的混凝土是指 30 MPa ≤ fcu.k<35 MPa。

②混凝土的抗拉强度。混凝土的抗拉强度只有抗压强度的 1/10~1/20，且随着混凝土强度等级的提高，比值降低。混凝土在工作时一般不依靠其抗拉强度，但抗拉强度对于抗开裂性有重要意义，在结构设计中抗拉强度是确定混凝土抗裂能力的重要指标。有时也用它来间接衡量混凝土与钢筋的黏结强度等。

③混凝土的抗折强度。混凝土的抗折强度是指混凝土的抗弯曲强度。对于混凝土路面强度设计，必须满足抗压与抗折强度值的要求。

4. 影响混凝土强度的因素

（1）水泥的强度和水胶比

水泥的强度和水胶比是决定混凝土强度的最主要因素。水泥是混凝土中的胶结组分，其强度的大小直接影响混凝土的强度。在配合比相同的条件下，水泥的强度越高，混凝土强度也越高。当采用同一水泥（品种和强度相同）时，混凝土的强度主要取决于水胶比：在混凝土能充分密实的情况下，水胶比越大，水泥石中的孔隙越多，强度越低，与集料黏结力也越小，混凝土的强度就越低；反之，水胶比越小，混凝土的强度越高。

（2）集料的影响

集料的表面状况影响水泥石与集料的黏结，从而影响混凝土的强度。碎石表面粗糙，黏结力较大；卵石表面光滑，黏结力较小。因此，在配合比相同的条件下，碎石混凝土的强度比卵石混凝土的强度高。集料的最大粒径对混凝土的强度也有影响，集料的最大粒径越大，混凝土的强度越小。砂率越小，混凝土的抗压强度越高；反之，混凝土的抗压强度越低。

（3）外加剂和掺合料

在混凝土中掺入外加剂，可使混凝土获得早强和高强性能，混凝土中掺入早强剂，可显著提高早期强度；掺入减水剂可大幅度减少拌合用水量，在较低的水胶比下，混凝土仍能较好地成型密实，获得很高的 28d 强度。在混凝土中加入掺合料，可提高水泥石的密实度，改善水泥石与集料的界面黏结强度，提高混凝土的长期强度。因此，在混凝土中掺入高效减水剂和掺合料，是制备高强和高性能混凝土必需的技术措施。

（4）养护的温度和湿度

混凝土的硬化是水泥水化和凝结硬化的结果。养护温度对水泥的水化速度有显著的影响，养护温度高，水泥的初期水化速度快，混凝土早期强度高。湿度大能保证水泥正常水化所需水分，有利于强度的增高。

在 20℃以下，养护温度越低，混凝土抗压强度越低，但在 20℃ ~30℃时，养护温度对混凝土的抗压强度影响不大。养护湿度越高，混凝土的抗压强度越高；反之，混凝土的抗压强度越低。

5. 混凝土的长期性能和耐久性能

混凝土的长期性是指混凝土在实际使用条件下抵抗各种破坏因素的作用，长期保持强度和外观完整性的能力。混凝土的耐久性是指结构在规定的使用年限内，在各种环境条件作用下，不需要额外的费用加固处理而保持其安全性、正常使用和可接受的外观能力。简单地说，混凝土材料的耐久性指标一般包括抗渗性、抗冻性、抗侵蚀性、混凝土的碳化、碱 - 集料反应。

（1）抗渗性

抗渗性是指混凝土抵抗水、油等液体在压力作用下渗透的性能，它直接影响混凝土的抗冻性和抗侵蚀性。混凝土本质上是一种多孔性材料，混凝土的抗渗性主要与其密度及内部孔隙的大小和构造有关。混凝土内部互相连通的孔隙和毛细管通路，以及由于在混凝土施工成型时振捣不实产生的蜂窝、孔洞，都会造成混凝土渗水。

混凝土的抗渗性我国一般采用抗渗等级表示，抗渗等级是按标准试验方法进行试验，用每组 6 个试件中 4 个试件未出现渗水时的最大水压力来表示的。如分为 P4、P6、P8、P10、P12 五个等级，即相应表示能抵抗 0.4 MPa、0.6 MPa、0.8 MPa、1.0 MPa 及 1.2 MPa 的水压力而不渗水。

影响混凝土抗渗性的主要因素是水胶比，水胶比越大，水分越多，蒸发后留下的孔隙越多，其抗渗性越差。

（2）抗冻性

混凝土的抗冻性是指混凝土在水饱和状态下，经受多次冻融循环作用，能保持强度和外观完整性的能力。在寒冷地区，特别是在接触水又受冻的环境下的混凝土，要求具有较高的抗冻性能。由于混凝土内部孔隙中的水在负温下结冰后体积膨胀造成的静水压力和因冰水蒸气压的差别推动未冻水向冻结区的迁移所造成的渗透压力，当这两种压力所产生的内应力超过混凝土的抗拉强度，混凝土就会产生裂缝，多次冻融使裂缝不断扩展直至破坏。

混凝土的密实度、孔隙构造和数量、孔隙的充水程度是决定抗冻性的重要因素。因此，当混凝土采用的原材料质量好、水胶比小、具有封闭细小孔隙（如掺入引气剂的混凝土）及掺入减水剂、防冻剂等，其抗冻性都较高。

（3）抗侵蚀性

混凝土的抗侵蚀性与所用水泥的品种、混凝土的密实程度和孔隙特征有关。密实和孔隙封闭的混凝土，环境水不易侵入，故其抗侵蚀性较强。所以，提高混凝土抗侵蚀性的措施，主要是合理选择水泥品种、降低水胶比、提高混凝土的密实度和改善孔结构。

（4）混凝土的碳化

混凝土的碳化作用是二氧化碳与水泥石中的氢氧化钙作用，生成碳酸钙和水。碳化过程是二氧化碳由表及里向混凝土内部逐渐扩散的过程。因此，气体扩散规律决定了碳化速度的快慢。碳化引起水泥石化学组成及组织结构的变化，从而对混凝土的化学性能和物理力学性能有明显的影响，主要是对碱度、强度和收缩的影响。

碳化对混凝土性能既有有利的影响，也有不利的影响。碳化使混凝土的抗压强度增大，其原因是碳化放出的水分有助于水泥的水化作用，并且碳酸钙减少了水泥石内部的孔隙。由于混凝土的碳化层产生碳化收缩，对其核心形成压力，而表面碳化层产生拉应力，可能产生微细裂缝，而使混凝土抗拉、抗折强度降低。

（5）碱 - 集料反应

碱 - 集料反应是指硬化混凝土中所含的碱（NaOH 和 KOH）与集料中的活性成分发生反应，生成具有吸水膨胀性的产物，在有水的条件下吸水膨胀，导致混凝土开裂的现象。

混凝土只有含活性二氧化硅的集料、有较多的碱和有充分的水三个条件同时具备时才发生碱 - 集料反应。因此，可以采取以下措施抑制碱 - 集料反应：选择无碱活性的集料；在不得不采用具有碱活性的集料时，应严格控制混凝土中总的碱量；掺用活性掺合料，如硅灰、矿渣、粉煤灰（高钙高碱粉煤灰除外）等，对碱 - 集料反应有明显的抑制效果。活性掺合料与混凝土中的碱起反应，反应产物均匀分散在混凝土中，而不是集中在集料表面，不会发生有害的膨胀，从而降低了混凝土的含碱量，起到抑制碱 - 集料反应的作用；控制进入混凝土的水分。碱 - 集料反应要有水分，如果没有水分，反应就会大为减少乃至完全停止。因此，要防止外界水分渗入混凝土，以减轻碱 - 集料反应的危害。

二、取样方法

1. 混凝土试样取样的依据

（1）《混凝土结构工程施工质量验收规范》（GB 50204-2015）；

（2）《普通混凝土力学性能试验方法标准》（GB/T 50081-2002）；

（3）《混凝土强度检验评定标准》（GB/T 50107-2010）。

2. 普通混凝土试样标准

（1）普通混凝土立方体抗压强度、抗冻性和劈裂抗拉强度试件为正方体，试件尺寸按规定采用，每组 3 块。

混凝土强度等级 <C60 时，用非标准试件测得的强度值均应乘以尺寸换算系数。当混凝土强度等级≥ C60 时，宜采用标准试件；使用非标准试件时，尺寸换算系数应由试验确定。

在特殊情况下，可采用 ϕ150 mm × 300 mm 的圆柱体标准试件或 ϕ100 mm × 200 mm 和 ϕ200 mm × 400 mm 的圆柱体非标准试件。

（2）普通混凝土轴心抗压强度试验和静力受压弹性模量试验，采用 150 mm × 150 mm × 300 mm 的棱柱体作为标准试件，前者每组 3 块，后者每组 6 块。

（3）普通混凝土抗折强度试验，采用 150 mm × 150 mm × 600 mm（或 550 mm）的棱柱体作为标准试件，每组 3 块。

（4）普通混凝土抗渗性能试验试件采用顶面直径为 175 mm，底面直径为 185 mm，高度为 150 mm 的圆台体或直径与高度均为 150 mm 的圆柱体试件，每组 6 块。试块在移入标准养护室以前，应用钢丝刷将顶面的水泥薄膜刷去。

（5）普通混凝土与钢筋黏结力（握裹力）试件为长方形棱柱体，尺寸为 100 mm × 100 mm × 200 mm，集料的最大粒径不得超过 30 mm；棱柱体中心 ϕ6 光圆钢筋，表面光滑程度一致，粗细均匀，钢筋一端露出混凝土棱柱体端面 10~20 mm，钢筋另一端露出混凝土棱柱体端面 50~60 mm，每组 6 块。

（6）普通混凝土收缩试件尺寸为 100 mm × 100 mm × 515 mm，（两端面）预留埋设不锈钢珠的凹槽。装上钢珠后，两钢珠顶端间距离（试块总长）约为 540 mm，每组 3 块。

（7）普通混凝土中钢筋锈蚀试验，采用 100 mm × 100 mm × 300 mm 的棱柱体试件，埋入的钢筋为直径 6mm、长 299 mm 的普通低碳钢，每组 3 块。

3. 混凝土试件的取样

（1）现场搅拌混凝土

根据《混凝土结构工程施工质量验收规范》（GB 50204-2015）和《混凝土强度检验评定标准》（GB/T 50107-2010）的规定，用于检查结构构件混凝土强度的试件，应在混凝土的浇筑地点随机抽取。取样与试件留置应符合以下规定：

①每拌制 100 盘但不超过 100 m^3 的同配合比的混凝土，取样次数不得少于一次；

②每工作班拌制的不足 100 盘时，其取样次数不得少于一次；

③当一次连续浇筑超过 1000 m^3 时，每 200 m^3 取样不得少于一次；

④每一楼层取样不得少于一次；

⑤每次取样应至少留置一组标准养护试件，同条件养护试件的留置组数应根据实际需要确定。

（2）结构实体检验用同条件养护试件

根据《混凝土结构工程施工质量验收规范》（GB 50204-2015）的规定，结构实体检验用同条件养护试件的留置方式和取样数量应符合以下规定：

①对涉及混凝土结构安全的重要部位应进行结构实体检验。其内容包括混凝土强度、钢筋保护层厚度、结构位置与尺寸偏差以及合同约定的项目，必要时可检验其他项目；

②同条件养护试件应由各方在混凝土浇筑入模处见证取样；

③同一强度等级的同条件养护试件的留置不宜少于 10 组，留置数量不应少于 3 组；

④当试件达到等效养护龄期时，方可对同条件养护试件进行强度试验。所谓等效养护龄期，就是逐日累计养护温度达到 600℃ · d，且龄期宜取 14~60 d。一般情况，温度取当天的平均温度。

（3）预拌（商品）混凝土

预拌（商品）混凝土，除应在预拌混凝土厂内按规定留置试块外，混凝土运到施工现场后，还应根据《预拌混凝土》（GB/T 14902-2012）规定取样。

①用于交货检验的混凝土试样应在交货地点采取。每 100 m^3 相同配合比的混凝土取样不少于一次；一个工作班拌制的相同配合比的混凝土不足 100 m^3 时，取样也不得少于一次；当在一个分项工程中连续供应相同配合比的混凝土量大于 1 000 m^3 时，其交货检验的试样为每 200 m^3 混凝土取样不得少于一次；

②用于出厂检验的混凝土试样应在搅拌地点采取，按每 100 盘相同配合比的混凝土取样不得少于一次；每一工作班组相同的配合比的混凝土不足 100 盘时，取样也不得少于一次；

③对于预拌混凝土拌合物的质量，每车应目测检查；混凝土坍落度检验的试样，每 100 m^3 相同配合比的混凝土取样检验不得少于一次；当一个工作班相同配合比的混凝土不

足 100m³ 时，取样也不得少于一次。

（4）混凝土抗渗试块

根据《地下工程防水技术规范》（GB 50108-2008）的规定，混凝土抗渗试块按下列规定取样：

①连续浇筑混凝土量 500 m³ 以下时，应留置两组（12 块）抗渗试块；

②每增加 250~500 m³ 混凝土，应增加留置两组（12 块）抗渗试块；

③如果使用材料、配合比或施工方法有变化时，均应另行仍按上述规定留置；

④抗渗试块应在浇筑地点制作，留置的两组试块其中一组（6 块）应在标准养护室养护，另一组（6 块）与现场相同条件下养护，养护期不得少于 28 d。

根据《混凝土结构工程施工质量验收规范》（GB 50204-2015）的规定，混凝土抗渗试块取样按下列规定：对有抗渗要求的混凝土结构，其混凝土试块应在浇筑地点随机取样。同一工程、同一配合比的混凝土，取样不应少于一次，留置组数可根据实际需要确定。

（5）粉煤灰混凝土

①粉煤灰混凝土的质量，应对坍落度（或工作度）、抗压强度进行检验；

②现场施工粉煤灰混凝土的坍落度的检验，每工作班至少测定两次，其测定值允许偏差为 ±20 mm；

③对于非大体积粉煤灰混凝土每拌制 100 m³，至少成型一组试块；大体积粉煤灰混凝土每拌制 500 m³，至少成型一组试块。不足上列规定数量时，每工作组至少成型一组试块。

4. 试件制作要求

试模应符合《混凝土试模》（JG 237-2008）中技术要求的规定，应定期对试模进行自检，自检周期宜为三个月。

（1）在制作试件前应将试摸清擦干净，并在其内壁涂抹脱模剂；

（2）试件用振动台成型时，混凝土拌合物应一次装入试模，装料应用抹刀沿试模内壁略加插捣，并使混凝土拌合物高出试模上口，振动时应防止试模在振动台上自由跳动。振动应持续到混凝土表面出浆为止，刮除多余的混凝土并用抹刀抹平；

（3）振动台应符合《混凝土试验用振动台》（JG/T 245-2009）中技术要求的规定；

（4）试件用人工插捣时，混凝土拌合物应分两层装入试模，每层装料厚度应大致相等。插捣用的钢制捣棒应为：长 600 mm，直径 16 mm，端部磨圆。插捣按螺旋方向从边缘向中心均匀进行。插捣底层时，捣棒应达到试模底面；插捣上层时，捣棒应穿入下层深度为 20~30 mm。插捣时振捣棒应保持垂直，不得倾斜，并用抹刀沿试模内壁插入数次。每层的插捣次数应根据试件的截面而定，一般为每 100 cm² 截面面积不应少于 12 次。插捣完后，刮除多余的混凝土，并用抹刀抹平；

（5）采用标准养护的试件，应在温度为（20±5）℃的环境中静置一昼夜～两昼夜，然后编号、拆模。拆模后的试件应立即放在温度为（20±2）℃、湿度为 95% 以上的标准养护室中养护或在温度为（20±2）℃的不流动 $Ca(OH)_2$ 饱和溶液中养护。标准养护室内，试件应放在架上，彼此间距应为 10~20 mm，并应避免用水直接淋刷试件。

采用与构筑物或构件同条件养护的试件，成型后即应覆盖表面，试件的拆模时间可与实际构件的拆模时间相同，拆模后，试件仍需同条件保持养护。

5. 混凝土试件的见证送样

混凝土试件必须由施工单位送样人会同建设单位（或委托监理单位）见证人（有见证人员证书）一起陪同送样。进试验室时，应认真填写好“委托单”上所要求的全部内容，如工程名称、使用部位、设计强度等级、制作日期、配合比、坍落度等。

三、结果判定与处理

1. 坍落度法

坍落度试验适用于公称最大粒径小于或等于 40 mm，坍落度不小于 10 mm 的混凝土拌合物稠度测试。

坍落度试验应按下列步骤进行。

（1）湿润坍落度筒及其他用具，并把筒放在不吸水的刚性水平底板上，然后用脚踩住两边的脚踏板，使坍落度筒在装料时保持位置固定。

（2）把按要求取得的混凝土试样用小铲分三层均匀地装入桶内，使捣实后每层高度为筒高的 1/3 左右。每层用捣棒插捣 25 次。插捣应沿螺旋方向由外向中心进行，各次插捣应在截面上均匀分布。插捣筒边混凝土时，捣棒可以稍稍倾斜。插捣底层时，捣棒应贯穿整个深度，插捣第二层和顶层时，捣棒应插捣本层至下一层的表面。

浇灌顶层时，混凝土应灌到高出筒口。插捣过程中，如混凝土沉落低于筒口，则应随时添加。顶层插捣完后，刮去多余的混凝土，并用抹刀抹平。

（3）清除筒边底板上的混凝土后，垂直平稳地提起坍落度筒，坍落度筒的提离过程应在 5~10s 内完成。

从开始装料到提坍落度筒的整个过程应不间断地进行，并应在 150 s 内完成。

（4）提起坍落度筒后，测量筒高与坍落后混凝土试件最高点之间的高度差，即为该混凝土拌合物的坍落度值。

坍落度筒提离后，如混凝土发生崩坍或一边剪坏现象，则应重新取样并另行测定。如第二次试验仍出现上述现象，则表示该混凝土和易性不好，应予记录备查。

（5）观察坍落后的混凝土试件的黏聚性及保水性。黏聚性的检查方法是用捣棒在已坍落的混凝土锥体侧面轻敲打。此时，如果锥体逐渐下沉，则表示黏聚性良好；如果锥体倒塌、部分崩裂或出现离析现象，则表示黏聚性不好。

保水性以混凝土拌合物中稀浆析出的程度来评定，坍落度筒提起后如有较多的稀浆从底部析出，锥体部分的混凝土也因失浆而集料外露，则表明此混凝土拌合物保水性不好。如坍落度筒提起后无稀浆或仅有少量稀浆，自底部析出，则表示此混凝土拌合物保水性良好。

（6）混凝土拌合物坍落度以毫米为单位，结果表达精确至 5 mm。

2. 维勃稠度法

维勃稠度法适用于集料最大粒径不超过 40 mm、维勃稠度为 5~30 s 的混凝土拌合物的稠度测定。坍落度不大于 50 mm 或干硬性混凝土和维勃稠度大于 30 s 的特干硬性混凝土拌合物的稠度，可采用增实因数法来测定。维勃稠度试验应按下列步骤进行：

（1）将维勃稠度仪置于坚实、水平的地面上，润湿容器、坍落度筒、喂料斗内壁及其他用具；

（2）将喂料斗转到坍落度筒上方扣紧，校正容器位置，使其轴线与喂料斗轴线重合，然后拧紧固定螺钉；

（3）按标准规定装料、捣实；

（4）转离喂料斗，垂直提起坍落度筒，同时防止钢纤维混凝土试体横向扭动；

（5）将透明圆盘转到钢纤维混凝土圆台体上方，放松测杆螺钉，降下圆盘轻轻接触钢纤维混凝土顶面，拧紧定位螺钉；

（6）开启振动台，同时用秒表计时。振动到透明圆盘的底面被水泥浆布满的瞬间，停表计时，并关闭振动台，秒表读数精确至 1 s。

第六节　基础回填材料

一、概述

1. 土的组成

土的物质成分包括有作为土骨架的固态矿物颗粒、孔隙中的水及其溶解物质以及气体。因此，土是由颗粒（固相）、水（液相）和气（气相）所组成的三相体系。

2. 黏土的可塑性指标

（1）液限

流动状态过渡到可塑状态分界含水量。液限 wL 可采用平衡锥式液限仪测定。

（2）塑限

可塑状态下的下限含水量。塑限 wp 是用搓条法测定的。

（3）液性指数

液性指数 IL 是表示天然含水量与界限含水量相对关系的指标，可塑状态下土的液性指数为 0~1，液性指数越大，表示土越软；液性指数大于 1 的土处于流动状态；液性指数小于 0 的土则处于固体状态或半固体状态。

（4）塑性指数

可塑性是黏性土区别于砂土的重要特征。可塑性的大小用土处在塑性状态的含水量变化范围来衡量，从液限到塑限含水量的变化范围越大，土的可塑性越好。这个范围称为塑性指数（I_p）。$I_p=w_L-w_p$，$10<I_p \le 10$ 为粉质黏土，$I_p>17$ 为黏土。

塑性指数习惯上用不带 % 的数值表示。塑性指数是黏土的最基本、最重要的物理指标之一，它综合地反映了黏土的物质组成，广泛应用于土的分类和评价。

二、取样方法

1. 取样数量

土样取样数量，应依据现行国家标准及所属行业或地区现行标准执行。

（1）柱基、基槽管沟、基坑、填方和场地平整的回填：

柱基：抽检柱基的 10%，但不少于 5 组；

基槽管沟：每层按长度 20~50m 取一组，但不少于一组；

基坑：每层 100~500 m^2 取一组，但不少于一组；

填方：每层 100~500 m^2 取一组，但不少于一组；

场地平整：每层 400~900 m^2 取一组，但不少于一组。

（2）灌砂或灌水法所取数量可较环刀法适当减少。

2. 取样须知

（1）采取的土样应具有一定的代表性，取样量应能满足试验的要求。

（2）鉴于基础回填材料基本上是扰动土，在按设计要求及所定的测点处，每层应按要求夯实，采用环刀取样时，应注意以下事项：

①现场取样必须是在见证人监督下，由取样人员按要求在测点处取样，而取样、见证人员必须通过资格考核；

②取样时，应使环刀在测点处垂直而下，并应在夯实层 2/3 处取样；

③取样时，应注意使土样免受到外力作用，环刀内充满土样，如果环刀内土样不足，应将同类土样补足；

④尽量使土样受最低程度的扰动，并使土样保持天然含水量；

⑤如果遇到原状土测试情况，除土样尽可能免受扰动外，还应注意保持土样的原状结构及其天然湿度。

3. 土样存放及运送

在现场取样后，原则上应及时将土样运送到试验室。土样存放及运送中，还应注意以下事项：

（1）土样存放

①将现场采取的土样，立即放入密封的土样盒或密封的土样筒内，同时贴上相应的标签；

②如无密封的土样盒和密封的土样筒时，可将取得的土样用砂布包裹，并用蜡融密封；

③密封的土样宜放在室内常温处，使其避免日晒、雨淋及冻融等有害因素的影响。

（2）土样运送

关键问题是使土样在运送过程中减少震动。

4. 送样要求

为确保基础回填的公正性、可靠性和科学性，有关人员应认真、准确地填写好土样试验的委托单、现场取样记录及土样标签的有关内容。

（1）土样试验委托单

在见证人员的陪同下，送样人员应准确填写下述内容：

委托单位、工程名称、试验项目、设计要求、现场土样的鉴别名称、夯实方法、测点标高、测点编号、取样日期、取样地点、填单日期、取样人、送样人、见证人以及联系电话等。同时，应附上测点平面图。

（2）现场取样记录

测点标高、部位及相对应的取样日期；取样人、见证人。

（3）土样标签

标签纸以选用韧质纸为佳，土样标签编号应与现场取样记录上的编号一致。

三、结果判定与处理

1. 填土压实的质量检验

（1）填土施工过程中应检查排水措施，每层填筑厚度、含水量控制和压实程序；

（2）填土经夯实后，要对每层回填土的质量进行检验，一般采用环刀法取样测定土的干密度，符合要求才能填筑上层；

（3）按填筑对象不同，规范规定了不同的抽检标准：基坑回填，每 20~50 m^3 取样一组；基槽或管沟，每层按长度 20~50 m 取样一组；室内填土，每层按 100~500 m^2 取样一组；场地平整填方每层按 400~900 m^2 取样一组。取样部位在每层压实后的下半部，用灌砂法取样应为每层压实后的全部深度；

（4）每项抽检的实际干密度应有 90% 以上符合设计要求，其余 10% 的最低值与设计值的差不得大于 0.08 t/m^3，且应分散，不得集中；

（5）填土施工结束后应检查标高、边坡坡高、压实程度。

2. 处理程序

（1）填土的实际干密度应不小于实际规定控制的干密度：当实测填土的实际干密度小于设计规定控制的干密度时，则该填土密实度判为不合格，应及时查明原因后，采取有效的技术措施进行处理，然后再对处理好后的填土重新进行干密度检验，直到判为合格为止；

（2）填土没有达到最优含水量时：当检测填土的实际含水量没有达到该填土土类的最

优含水量时，可事先向松散的填土均匀洒适量水，使其含水量接近最优含水量后，再加振、压、夯实后，重新用环刀法取样，检测新的实际干密度，务必使实际干密度不小于设计规定控制的干密度；

（3）当填土含水量超过该填料最优含水量时：尤其是用黏性土回填，当含水量超过最优含水量再进行振、压、夯实时易形成“橡皮土”，这就需采取如下技术措施后，还必须使该填料的实际干密度不小于设计规定控制的干密度。

①开槽晾干；

②均匀地向松散填土内掺入同类干性黏土或刚化开的熟石灰粉；

③当工程量不大，而且以夯压成“橡皮土”，则可采取“换填法”，即挖去已形成的“橡皮土”后，填入新的符合要求的填料；

④对黏性土填土的密实措施中，决不允许采用灌水法。因黏性水浸后，其含水量超过黏性土的最优含水量，在进行压、夯实时，易形成“橡皮土”。

（4）换填法用砂（或砂石）垫层分层回填

①每层施工中，应按规定用环刀现场取样，并检测和计算出测试点砂样的实际干密度；

②当实际干密度未达到设计要求或事先由试验室按现场砂样测算出的控制干密度值时，应及时通知现场：在该取样处所属的范围进行重新振、压、夯实；当含水量不够时（即没达到最优含水量），应均匀地加洒水后再进行振、压、夯实；

③经再次振压实后，还需在该处范围内重新用环刀取样检测，务必使新检测的实际干密度达到规定要求。

第三章　桩基质量检测

第一节　桩基概述

桩基础是现在应用非常广泛的一种基础形式，而且桩基础历史悠久。早在新石器时代，人们为了防止猛兽侵犯，曾在湖泊和沼泽地里栽木桩筑平台来修建居住点，这种居住点称为湖上住所。在中国，最早的桩基是在浙江省河姆渡的原始社会居住的遗址中发现的。到宋代，桩基技术已经比较成熟。在《营造法式》中载有临水筑基第一节。到了明、清两朝，桩基技术更趋完善，如清朝《工部工程做法》一书对桩基的选料、布置和施工方法等方面都有了规定。从北宋一直保存到现在的上海市龙华镇龙华塔（建于北宋太平兴国二年，977 年）和山西太原市晋祠圣母殿（建于北宋天圣年间，1023-1031 年），都是中国现存的采用桩基的古建筑。

人类应用木桩经历了漫长的历史时期，直到 19 世纪后期，钢筋、水泥和钢筋混凝土相继问世，木桩逐渐被钢桩和钢筋混凝土桩取代。最先出现的是打入式预制桩，随后发展了灌注桩，后来，随着机械设备的不断改进和高层建筑对桩基的需要产生了很多新的桩型，开辟了桩基利用的广阔天地。近年来，由于高层建筑和大型构筑物的大量兴建，桩基显示出卓越的优越性，其巨大的承载潜力和抵御复杂荷载的特殊本质以及对各种地质条件的良好适应性，使桩基已成为高层建筑的重要基础。

桩基工程除因受岩石工程条件、基础与结构设计、机土体系相互作用、施工以及专业技术水平和经验等因素的影响而具有复杂性外，桩的施工还具有高度的隐蔽性，发现质量问题难，事故处理更难。特别是近年来许多新型桩型，给施工工艺的控制措施提出了更高的要求。因此，桩基检测工作是整个桩基工程中不可缺少的环节，只有提高桩基检测工作的质量和检测评定结果的可靠性，才能真正地确保桩基工作的质量安全。随着人类活动的日益增多和科学技术的进步，使得这一领域的理论研究和工程运用都得到了较大的发展。但是桩基检测是一项复杂的系统工程，如何快速、准确地检验工程桩的质量，以满足日益增长的桩基工程的需要是目前土木工程界十分关心的问题。

桩基础如果出现问题将直接危及主体结构的正常使用与安全。我国每年的用桩量超过 300 万根，其中，沿海地区和长江中下游软土地区占 70%~80%。如此大的用桩量，如何保证质量，一直备受建设、施工、设计、勘察、监理各方以及建设行政主管部门的关注。桩基工程除因受岩土工程条件、基础与结构设计、桩土体系相互作用、施工以及专业技术水平和经验等关联因素的影响而具有复杂性外，桩的施工还具有高度的隐蔽性，发现质量问题难，事故处理更难。因此，基桩检测工作是整个桩基工程中不可缺少的重要环节。只有不断提高基桩检测工作质量和检测评定结果的可靠性，才能真正做到确保桩基工程质量与安全。基桩检测技术是用特定的设备、仪器检测基桩的某些指标如承载力、桩身完整性等，从而给出整个桩基工程关于施工质量的评价。20 世纪 80 年代以来，我国基桩检测技术得到了飞速地发展。

一、桩基的基本知识

1. 桩基的定义

桩基础简称桩基，是深基础应用最多的一种基础形式，主要用于地质条件较差或者建筑要求较高的情况。由桩和连接桩顶的桩承台组成的深基础或由柱与桩基连接的单桩基础，简称基桩，由基桩和连接于桩顶的承台共同组成。若桩身全部埋于土中，承台底面与土体接触，则称为低承台桩基；若桩身上部露出地面而承台底位于地面以上，则称为高承台桩基。建筑桩基通常为低承台桩基础。桩基础作为建筑物的主要形式，近年来发展迅速。

2. 桩基的作用和特点

桩基的作用是将上部建筑物的荷载传递到深处承载力较强的土层上，或将软弱土层挤密实以提高地基土的承载能力和密实度。

（1）桩支承于坚硬的（基岩、密实的卵砾石层）或较硬的（硬塑黏性土、中密砂等）持力层，具有很高的竖向单桩承载力或群桩承载力，足以承担高层建筑的全部竖向荷载（包括偏心荷载）。

（2）桩基具有很大的竖向单桩刚度（端承桩）或群刚度（摩擦桩），在自重或相邻荷载的影响下，不会产生过大的不均匀沉降，并确保建筑物的倾斜不超过允许范围。

（3）凭借巨大的单桩侧向刚度（大直径桩）或群桩基础的侧向刚度及其整体抗倾覆能力，抵御由于风和地震引起的水平荷载与力矩荷载，保证高层建筑的抗倾覆稳定性。

（4）桩身穿过可液化土层而支承于稳定的坚实土层或嵌固于基岩，在地震造成浅部土层液化与震陷的情况下，桩基凭靠深部稳固土层仍具有足够的抗压与抗拔承载力，从而确保高层建筑的稳定，且不产生过大的沉陷与倾斜。常用的桩型主要有预制钢筋混凝土桩、预应力钢筋混凝土桩、钻（冲）孔灌注桩、人工挖孔灌注桩、钢管桩等，其适用条件和要求在《建筑基桩检测技术规范》（JGJ106-2014）（以下简称《规范》）中有明确的规定。

3. 桩基的适用范围

桩基多用于地震区、湿陷性黄土地区、软土地区、膨胀土地区和冻土地区。通常在下列情况下，可以采用桩基：

（1）当建筑物荷载较大，地基软弱，采用天然地基时地基承载力不足或沉降量过大时，需采用桩基；

（2）即使天然地基承载力满足要求，但因采用天然地基时沉降量过大，或是建筑物较为重要，对沉降要求严格时，需采用桩基；

（3）高层建筑物或构筑物在水平力作用下为防止倾覆，可采用桩基来提高抗倾覆稳定性，此时部分桩将受到上拔力；对限制倾斜有特殊要求时，往往也需要采用桩基；

（4）为防止新建建筑物地基沉降对邻近建筑物产生影响，对新建建筑物可采用桩基，以避免这种危害；

（5）设有大吨位的重级工作制吊车的重型单层工业厂房，吊车载重量大，使用频繁，车间内设备平台多，基础密集，且一般均有地面荷载，因而地基变形大，这时可采用桩基；

（6）精密设备基础安装和使用过程中对地基沉降及沉降速率有严格要求；动力机械基础对允许振幅有一定要求，这些设备基础常常需要采用桩基础；

（7）在地震区，采用桩穿过液化土层并伸入下部密实稳定土层，可消除或减轻液化对建筑物的危害；

（8）浅层土为杂填土或欠固结土时，采用换填或地基处理困难较大或处理后仍不能满足要求，采用桩基是较好的解决方法；

（9）已有建筑物加层、纠偏、基础托换时可采用桩基。

4. 桩基的分类

（1）按受力情况分类

①端承桩。端承桩是穿过软弱土层而达到坚硬土层或岩层上的桩，上部结构荷载主要由岩层阻力承受，施工时，以控制贯入度为主，桩尖进入持力层深度或桩尖标高可做参考；

②摩擦桩。完全设置在软弱土层中，将软弱土层挤密实，以提高土的密实度和承载能力，上部结构的荷载由桩尖阻力和桩身侧面与地基土之间的摩擦阻力共同承受，施工时，以控制桩尖设计标高为主，贯入度可做参考。

（2）按承台位置的高低分

①高承台桩基础。承台底面高于地面，它的受力和变形不同于低承台桩基础，一般应用在桥梁、码头工程中；

②低承台桩基础。承台底面低于地面，一般用于房屋建筑工程中。

（3）按施工方法分类

①预制桩。预制桩是在预制构件厂或施工现场预制，用沉桩设备在设计位置上将其沉入土中的桩。预制桩可分为混凝土预制桩、钢桩和木桩；沉桩方式为锤击打入、振动打入和静力压入等。

预制桩的优点：桩的单位面积承载力较高，由于其属挤土桩，桩打入后其周围的土层被挤密，从而提高地基承载力；桩身质量易于保证和检查；适用于水下施工；桩身混凝土的密度大，抗腐蚀性能强；施工工效高。因其打入桩的施工工序较灌注桩简单，工效也高。

预制桩的缺点：单价相对较高；锤击和振动法下沉的预制桩施工时，振动噪声大，影响周围环境，不宜在城市建筑物密集的地区使用，一般需改为静压桩机进行施工；预制桩是挤土桩，施工时易引起周围地面隆起，有时还会引起已就位邻桩上浮；受起吊设备能力的限制，单节桩的长度不能过长，一般为10余米。长桩需接桩时，接头处形成薄弱环节，如不能确保全桩长的垂直度，则会降低桩的承载能力，甚至还会在打桩时出现断桩；不易穿透较厚的坚硬地层，当坚硬地层下仍存在需穿过的软弱层时，则需辅以其他施工措施，如采用预钻孔（常用的引孔方法）等。

②灌注桩。灌注桩是在桩位处成孔，然后放入钢筋骨架，再浇筑混凝土而成的桩。种类繁多，大体可归纳为沉管灌注桩和钻（冲、磨、挖）孔灌注桩两类；采用套管或沉管护壁、泥浆护壁和干作业等方法成孔。

灌注桩的优点：适用于不同土层；桩长可因地改变，没有接头；仅承受轴向压力时，只需配制少量构造钢筋，需配制钢筋笼时，按工作荷载需求布置，节约了钢材（相对于预制桩是按吊装、搬运和压桩应力来设计钢筋）；正常情况下，比预制桩经济；单桩承载力大（采用大直径钻孔和挖孔灌注桩时）；振动小、噪声小。

灌注桩的缺点：桩身质量不易控制，容易出现断桩、缩颈、露筋和夹泥的现象；桩身直径较大，孔底沉积物不易清除干净（除人工挖孔灌注桩外），因此单桩承载力变化较大；一般不宜用于水下桩基。

（4）按施工材料分类

①混凝土桩。由钢筋混凝土材料制作，分方形实心断面桩和圆柱体空心断面桩两类。钢筋混凝土桩是我国目前广泛采用的一种桩型。

混凝土桩的优点：承载力较高，受地下水变化影响较小；制作便利，既可以现场预制，也可以工厂化生产；可根据不同地质条件，生产各种规格和长度的桩；桩身质量可靠，施工质量比灌注桩易于保证；施工速度快。

混凝土桩的缺点：因设计范围内地层分布很不均匀，基岩持力层顶面起伏较大，桩的预制长度较难掌握；打入时冲击力大，对预制桩本身强度要求高；其成本较高。

②钢桩。由钢材料制作，常用的有开口或闭口的钢管桩以及H型钢桩等。在沿海及内陆冲积平原，土质很厚（深达50~60 m）的软土层采用一般桩基，沉桩需很大的冲击力，常规钢筋混凝土桩很难适应，此时多用钢桩。

钢桩的优点：重量轻，刚性好，装卸、运输方便，不易损坏；承载力高，桩身不易损坏，并有极大的单桩承载力；沉桩接桩方便，施工速度快。

钢桩的缺点：抗腐蚀性较差；耗钢量大，工程造价较高；打桩机设备比较复杂，振动及噪声较大。

③木桩。木桩常用松木、杉木制作。其直径（尾径）为160~260 mm，桩长一般为

4~6m。木桩现在已经很少使用，只在木材产地和某些应急工程中使用。

木桩的优点：木材自重小，具有一定的弹性和韧性；便于加工、运输和设置。木桩的缺点：承载力很小；在干湿交替的环境中极易腐烂。

④砂石桩。砂桩和砂石桩统称砂石桩，是指用振动、冲击或水冲等方式在软弱地基中成孔后，再将砂或砂卵石（砾石、碎石）挤压入土孔中，形成大直径的砂或砂卵石（砾石、碎石）所构成的密实桩体，它是处理软弱地基时一种常用的方法。砂石桩地基主要适用于挤密松散砂土、素填土和杂填土等地基，对建在饱和黏性土地基上主要不以变形控制的工程，也可采用砂石桩作置换处理。

5）灰土桩。主要用于地基加固。灰土桩地基是挤密桩地基处理技术的一种，是利用锤击将钢管打入土中侧向挤密成孔，将钢管拔出后在桩孔中分层回填 2 ∶ 8 或 3 ∶ 7 灰土夯实而成，与桩间土共同组成复合地基以承受上部荷载。

（5）按成桩方法分类

①非挤土桩：干作业法、泥浆护壁法、套管护壁法；

②部分挤土桩：部分挤土灌注桩、预钻孔打入式预制桩、打入式敞口桩；

③挤土桩：挤土灌注桩挤土预制桩（打入或静压）。

（6）按桩径大小分类

①小桩：d=250 mm（d 为桩身设计直径）；

②中等直径桩：250 mm<d<800 mm；

③大直径桩：d=800 mm。

二、桩基质量检测基本规定

1. 桩基检测的方法

桩质量通常存在两个方面的问题：一是属于桩身完整性，常见的缺陷有夹泥、断裂、缩颈、护颈、混凝土离析及桩顶混凝土密实度较差等；二是灌注混凝土前清孔不彻底，孔底沉淀厚度超过规定极限，影响承载力。目前的桩基检测方法主要也是针对这两个问题。

桩身完整性是指桩身长度和截面尺寸、桩身材料密实性和连续性的综合状况。常用桩身完整性检测方法有超声波检测法、钻芯法、低应变动力检测法等。

超声波检测法是根据声波透射或折射原理，在桩身混凝土内发射并接收超声波，通过实测超声波在混凝土介质中传播的时长、波幅和频率等参数的相对变化来分析、判断桩身完整性的检测方法。超声脉冲波在混凝土中传播速度的快慢，与混凝土的密实程度有直接关系，声速高则混凝土密实，反之则混凝土不密实。当有空洞或裂缝存在时，超声脉冲波只能绕过空洞或裂缝传播到接收换能器，因此，传播的路程增大，测得声时必然偏长或声速降低。混凝土内部有着较大的声阻抗差异，并存在许多声学界面。超声脉冲波在混凝土中传播时，遇到蜂窝、空洞或裂缝等缺陷，便在缺陷界面发生反射和散射，声能被衰减，其中，频率较高的成分衰减更快，因此，接收信号的波幅明显降低，频率明显减小或者频率谱中高频成分明显减少。利用这些声波特征参数（声时、波幅和频率）来判别桩身的完整性。

钻芯法是指采用岩芯钻探技术和施工工艺，在桩身上沿长度方向钻取混凝土芯样及桩端岩土芯样，通过对芯样的观察和测试，用以评价成桩质量的检测方法。它是目前较为常用的方法，测定结果能较好地反映粉喷桩的整体质量。

低应变动力检测法是在桩顶施加低能量冲击荷载，实测加速度（或速度）时程曲线，运用一维线性波动理论的时程和频域进行分析，对被检桩的完整性进行评判的检测方法。低应变动力检测法类型反射波法、机械阻抗法、水电效应法、动力参数法、共振法、球击法等。目前应用最为广泛的有反射波法和机械阻抗法。

基桩承载力检测有两种方法：一种是静荷载试验法，另一种是高应变动力检测法。静荷载试验检测：利用堆载或锚桩等反力装置，由千斤顶施力于单桩，并记录被测对象的位移变化，由获得的力与位移曲线（Q-S），或位移时间曲线（S-lgt）等资料判断基桩承载力。在本章第二节会详细介绍静荷载法。

高应变动力检测：用重锤冲击桩顶，使桩土产生足够的相对位移，以充分激发桩周土阻力和桩端支承力，安装在桩顶以下桩身两侧的力和加速度传感器接收桩的应力波信号，应用应力波理论分析处理力和速度时程曲线，从而判定桩的承载力和评价桩身质量完整性。

2. 桩基检测的数量

（1）当设计有要求或满足下列条件之一时，施工前应采用静载试验确定单桩竖向抗压承载力特征值：设计等级为甲级、乙级的桩基；地质条件复杂、桩施工质量可靠性低；本地区采用的新桩型或新工艺。检测数量在同一条件下不应少于 3 根，且不宜少于总桩数的 1%；当工程桩总数在 50 根以内时，不应少于 2 根。

（2）打入式预制桩有下列条件要求之一时，应采用高应变法进行试打桩的打桩过程监测：控制打桩过程中的桩身应力；选择沉桩设备和确定工艺参数；选择桩端持力层。在相同施工工艺和相近地质条件下，试打桩数量不应少于 3 根。

（3）混凝土桩的桩身完整性检测的抽检数量应符合下列规定：

①柱下三桩或三桩以下的承台抽检桩数不得少于 1 根；

②设计等级为甲级或地质条件复杂。成桩质量可靠性较低的灌注桩，抽检数量不应少于总桩数的 30%，且不得少于 20 根；其他桩基工程的抽检数量不应少于总桩数的 20%，且不得少于 10 根。

注：对端承型大直径灌注桩，应在上述两款规定的抽检桩数范围内，选用钻芯法或声波透射法对部分受检桩进行桩身完整性检测，抽检数量不应少于总桩数的 10%。地下水位

以上且终孔后桩端持力层已通过核验的人工挖孔桩，以及单节混凝土预制桩，抽检数量可适当减少，但不应少于总桩数的 10%，且不应少于 10 根。

（4）对单位工程内且在同一条件下的工程桩，当符合下列条件之一时，应采用单桩竖向抗压承载力静载试验进行验收检测：设计等级为甲级的桩基；地质条件复杂、桩施工质量可靠性低；本地区采用的新桩型或新工艺；挤土群桩施工产生挤土效应。抽检数量不应少于总桩数的 1%，且不少于 3 根；当总桩数在 50 根以内时，不应少于 2 根。

第二节 单桩竖向抗压静载试验

一、单桩竖向抗压静载试验概述

单桩竖向抗压静载试验采用接近于竖向抗压桩的实际工作条件的试验方法，确定单桩竖向抗压承载力，是目前公认的检测基桩竖向抗压承载力最直观、最可靠的试验方法。适用于能达到试验目的的刚性桩（如素混凝土桩、钢筋混凝土桩、钢桩等）及半刚性桩（如水泥搅拌桩、高压旋喷桩等）。

单桩竖向抗压静载试验法技术简单，还能提供可靠度较高的实测数据，能够较直接地反映出桩在实际工作中的状况。但是，单桩竖向抗压静载试验检测周期较长，对工期有一定的影响，费用较高，对检测环境要求高，设备安装与搬运极为不便。对承载力较高的桩，检测费用也相对增加，也很难实现采用静载荷试验来检测承载力很高的大直径灌注桩。

单桩竖向抗压静载试验主要用于确定单桩竖向抗压极限承载力；判定竖向抗压承载力是否满足设计要求；通过桩身内力及变形测试测定桩侧、桩端阻力、验证高应变法及其他检测方法的单桩竖向抗压承载力检测结果。单桩竖向抗压静载试验和工程验收为设计提供依据。

二、桩的极限状态和破坏模式

1. 桩基础的承载力

单桩承载力的确定是桩基设计的重要内容，而要准确地确定单桩承载力又必须了解桩 - 土体系的荷载传递，包括桩侧摩阻力和桩端阻力的发挥性状与破坏机理。

2. 桩的荷载传递机理

地基土对桩的支承由两部分组成：桩端阻力和桩侧摩阻力。实际上，桩侧摩阻力和桩端阻力不是同步发挥的。

竖向荷载施加于桩顶时，桩身的上部首先受到压缩而发生相对于土的向下位移，于是桩周土在桩侧界面上产生向上的摩阻力。荷载沿桩身向下传递的过程就是不断克服这种摩阻力并通过它向土中扩散的过程。

对 10 根桩长为 27~46m 的大直径灌注桩的荷载传递性能的足尺试验表明，桩侧发挥极限摩阻力所需要的位移很小，黏性土为 1~3 mm，无黏性土为 5~7 mm；除两根支承于岩石的桩外，其余各桩（桩端持力层为卵石、砾石、粗砂或残积粉质黏土）在设计工作荷载下，端承力都小于桩顶荷载的 10%。

3. 单桩荷载传递的基本规律

基础的功能在于把荷载传递给地基土。作为桩基主要传力构件的桩是一种细长的杆件，它与土的界面主要为侧表面，底面只占桩与土的接触总面积的极小部分（一般低于 1%），这就意味着桩侧界面是桩向土传递荷载的重要的甚至是主要的途径。

竖向荷载施加于桩顶时，桩身的上部首先受到压缩而发生相对于土的向下位移，于是桩周土在桩侧界面上产生向上的摩阻力，荷载沿桩身向下传递的过程就是不断克服这种摩阻力并通过它向土中扩散的过程。

设桩身轴力为 Q，桩身轴力是桩顶荷载 N 与深度 Z 的函数，Q=f（N、Z）。

桩身轴力 Q 沿着深度而逐渐减小；在桩端处 Q 则与桩底土反力 Qp 相平衡，同时，桩端持力层土在桩底土反力 Qp 作用下产生压缩，使桩身下沉，桩与桩间土的相对位移又使摩阻力进一步发挥。随着桩顶荷载 N 的逐级增加，对于每级荷载，上述过程周而复始地进行，直至变形稳定，于是荷载传递过程结束。

由于桩身压缩量的累积，上部桩身的位移总是大于下部，因此，上部的摩阻力总是先于下部发挥出来；桩侧摩阻力达到极限之后就保持不变；随着荷载的增加，下部桩侧摩阻力被逐渐调动出来，直至整个桩身的摩阻力全部达到极限，继续增加的荷载就完全由桩端持力层土承受；当桩底荷载达到桩端持力层土的极限承载力时，桩便发生急剧的、不停滞的下沉而破坏。

桩的长径比 L/d 是影响荷载传递的主要因素之一，随着长径比 Ld 的增大，桩端土的性质对承载力的影响减小，当长径比 L/d 接近 100 时，桩端土性质的影响几乎等于零。发现这一现象的重要意义在于纠正了“桩越长，承载力越高”的片面认识。希望通过加大桩长将桩端支承在很深的硬土层上以获得高的端阻力的方法是很不经济的，增加了工程造价但并不能提高更大的承载力。

桩的破坏模式主要取决于桩周围的土的抗剪强度以及桩的类型。大体可分为 5 种破坏模式。如图 3-1 所示。

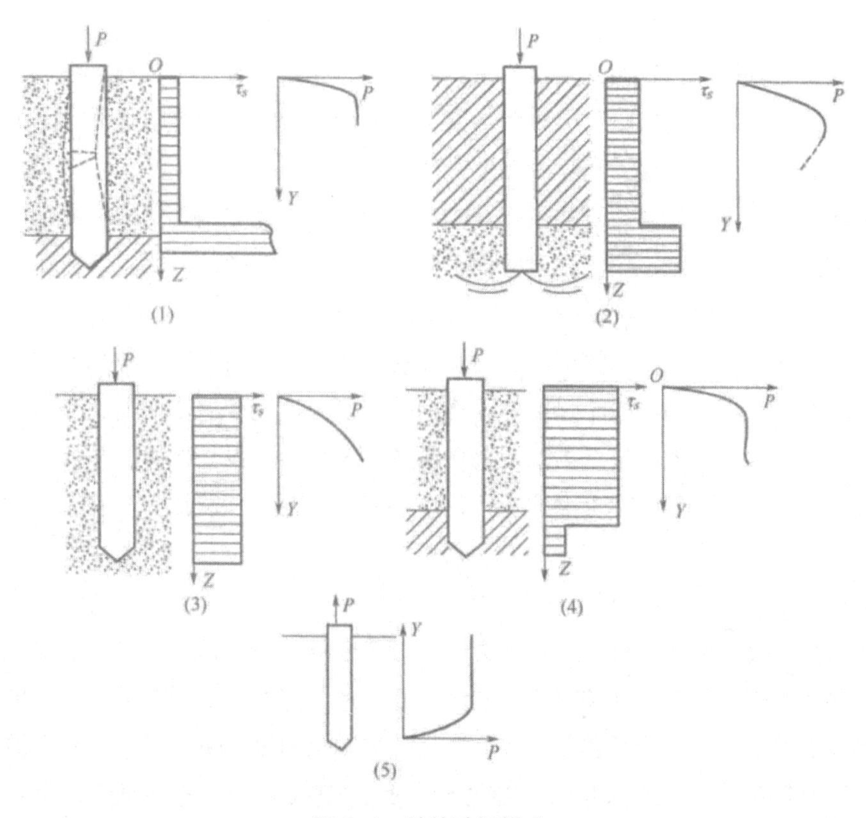

图 3-1　桩的破坏模式

第（1）种情况：桩端支撑在很硬的地层上，桩周土层太软弱，对桩体的约束力或侧向抵抗力很低，桩的破坏类似于柱子的压屈。

第（2）种情况：桩（桩径相对较大）穿过抗剪强度较低的土层，达到高强度的土层。假如在桩端以下没有较软弱的土层，那么当荷载 P 增加时将出现整体剪切破坏，因为桩端以上的软弱土层不能阻止滑动土楔的形成。桩杆摩阻力的作用是很小的，因为下面的土层将阻止出现大的沉降。荷载沉降曲线类似于密实土上的浅基础。

第（3）种情况：桩周土的抗剪强度相当均匀，很可能出现刺入破坏。在荷载 - 沉降曲线上没有竖直向的切线，没有明确的破坏荷载。荷载由桩端阻力及表面摩阻力共同承担。

第（4）种情况：上部下层的抗剪强度较大，桩尖处的土层软弱。桩上的荷载由摩阻力支撑，桩端阻力不起作用，这种情况下是不适于采用桩基的。

第（5）种情况：桩上作用着拔出荷载，桩端阻力为零。

三、仪器设备及桩头处理

1. 单桩竖向静载试验设备

静载试验设备主要包括钢梁、锚桩或压重等反力装置；千斤顶、油泵加载装置；压力表、压力传感器或荷载传感器等荷载测量装置；百分表或位移传感器等位移测量装置组成。

（1）反力装置

静载试验加载反力装置包括锚桩横梁反力装置、压重平台反力装置、锚桩压重联合反力装置、地锚反力装置、岩锚反力装置、静力压机等，最常用的有压重平台反力装置和锚桩横梁反力装置，可依据现场实际条件来合理选择。

①钢梁。压重平台反力装置的主梁和次梁是受均布荷载作用，而锚桩横梁反力装置的主梁和次梁则受集中荷载作用。主梁的最大受力区域在梁的中部，所以，在实际加工制作时，一般在主梁的中部占 1/4~1/3 长度处进行加强处理；

②锚桩横梁反力装置。锚桩横梁反力装置就是将被测桩周围对称的几根锚桩用锚筋与反力架连接起来，依靠桩顶的千斤顶将反力架顶起，由被连接的锚桩提供反力，是大直径灌注桩静载试验最常用的加载反力系统，由试桩、锚桩、主梁、次梁、拉杆、锚笼、千斤顶等组成。锚桩、反力梁装置提供的反力不应小于预估最大试验的 1.2~1.5 倍。当采用工程桩作锚桩时，锚桩数量不得少于 4 根。当要求加载值较大时，有时需要 6 根甚至更多的锚桩，应注意监测锚桩的上拔量；

③压重平台反力装置。压重平台反力装置就是在桩顶使用钢梁设置一承重平台，上堆重物，依靠放在桩头上的千斤顶将平台逐步顶起，从而将力施加到桩身。压重平台反力装置由重物、次梁、主梁、千斤顶等构成，常用的堆重重物为沙包和钢筋混凝土构件，少数用水箱、砖、铁块等，甚至就地取土装袋。反力装置的主梁可以选用型钢，也可以用自行加工的箱梁，平台形状可以根据需要，设置为方形或矩形。压重不得少于预估最大试验荷载的 1.2 倍，且压重宜在试验开始之前一次加上，并均匀稳固地放置于平台之上。《规范》要求压重施加于地基土的压力应不宜大于地基土承载力特征值的 1.5 倍，有条件时宜利用工程桩作为堆载支点；

④锚桩压重联合反力装置。锚桩压重联合反力装置应注意两个方面的问题：一是当各锚桩的抗拔力不一样时，重物应相对集中在抗拔力较小的锚桩附近；二是重物和锚桩反力的同步性问题，拉杆应预留足够的空隙，保证试验前期锚桩暂不受力，先用重物作为试验荷载，试验后期联合反力装置共同起作用。当试桩最大加载量超过锚桩的抗拔能力时，可在横梁上放置或悬挂一定重物，由锚桩和重物共同承受千斤顶加载反力；

⑤地锚反力装置。地锚反力装置根据螺旋钻受力方向的不同可分斜拉式和竖直式，斜拉式中的螺旋钻受土的竖向阻力和水平阻力，竖直式中的螺旋钻只受土的竖向阻力，是适用于较小桩（吨位在 1 000 kN 以内）的试验加载。这种装置小巧轻便、安装简单、成本较低，但存在荷载不易对中、油压产生过冲的问题，若在试验中一旦拔出，地锚试验将无法继续下去。

（2）加载和荷载测量装置

静载试验均采用千斤顶与油泵相连的形式，由千斤顶施加荷载。荷载测量可采用以下两种形式：一是通过放置在千斤顶上的荷重传感器直接测定；二是通过并联于千斤顶油路的压力表或压力传感器测定油压，根据千斤顶率，定曲线换算荷载。

①千斤顶。目前市场上有两类千斤顶，一类是单油路千斤顶，另一种是双油路千斤顶。不论采用哪一类千斤顶，油路的“单向阀”都应安装在压力表和油泵之间，不能安装在千斤顶和压力表之间，否则压力表无法监测千斤顶的实际油压值。选择千斤顶时，最大试验荷载对应的千斤顶出力宜为千斤顶量程的30%~80%。当采用两台及以上千斤顶加载时，为了避免受检桩偏心，千斤顶型号、规格应相同且应并联同步工作。工作时，将千斤顶在试验位置点正确对正放置，并使千斤顶位于下压和上顶的传力设备合力中心轴线上；

②压力表。精密压力表使用环境温度为（20±3）℃，空气相对湿度不大于80%，当环境温度太低或太高时应考虑温度修正。采用压力表测定油压时，为保证静载试验测量精度，压力表准确度等级应优于或等于0.4级，不得使用1.5级压力表作加载控制。根据千斤顶的配置和最大试验荷载要求，合理选择油压表（量程有25 MPa、40 MPa、60 MPa、100 MPa等）。最大试验荷载对应的油压不宜小于压力表量程的1/4，也不宜大于压力表量程的2/3；

③荷重传感器和压力传感器。选用荷重传感器和压力传感器要注意量程和精度问题，测量误差不应大于1%。压力表、油泵、油管在最大加载时的压力不应超过规定工作压力的80%。

（3）移位称测量装置

①基准梁。基准梁宜采用工字钢，高跨比不宜小于1/40，一端固定在基准桩上，另一端简支于基准桩上，以减少温度变化引起的基准梁扭曲变形。不应简单地将基准梁放置在地面上，或不打基准桩而架设在砖上。在满足规范规定的条件下，基准梁不宜过长并应采取有效遮挡措施以减少温度变化和刮风下雨、振动及其他外界因素的影响，尤其在昼夜温差较大且白天有阳光照射时更应注意。一般情况下，温度对沉降的影响为1~2 mm；

②基准桩。《规范》要求试桩、锚核压重平台支墩边和基准桩之间的中心距离大于4倍试桩和锚桩的设计直径且大于2.0 m。考虑到现场试验中的困难，《规范》对部分间距的规定放宽为“不小于3D”（D为试桩、锚桩或地锚的设计直径或边宽，取其较大者）；

③百分表和位移传感器。沉降测量宜采用位移传感器或大量程百分表。常用的百分表量程有50 mm、30 mm、10 mm，《规范》要求沉降测量误差不大于0.1%FS，分辨力优于或等于0.01 mm。沉降测定平面宜在桩顶200 mm以下位置，最好不小于0.5倍桩径，测点表面需经一定程度处理，使其牢固地固定于桩身；不得在承压板上或千斤顶上设置沉降观测点，避免因承压板变形导致沉降观测数据失实。在量测过程中要经常注意即将发生的位移是否会很大，以致可能造成测杆与测点脱离接触或测杆被顶死的情况，所以要及时观察调整。

2. 桩头处理

静载试验前需对试验桩的桩头进行加固处理。混凝土桩桩头处理应先凿掉桩顶部的松散破碎层和低强度混凝土，露出主筋，冲洗干净桩头后再浇筑桩帽。

（1）桩帽顶面应水平、平整、桩帽中轴线与原桩身上部的中轴线严格对中，桩帽面积大于等于原桩身截面面积，桩帽截面形状可为圆形或方形；

（2）桩帽主筋应全部直通至桩帽混凝土保护层之下，如原桩身露出主筋长度不够时，应通过焊接加长主筋，各主筋应在同一高度上，桩帽主筋应按规定与原桩身主筋焊接；

（3）距桩顶 1 倍桩径范围内，宜用 3~5 mm 厚的钢板围裹，或距桩顶 1.5 倍桩径范围内设置箍筋，间距不宜大于 150 mm。桩帽应设置钢筋网片 3~5 层，间距为 80~150 mm；

（4）桩帽混凝土强度等级宜比桩身混凝土提高 1~2 级，且不低于 C30；

（5）新接桩头宜用 C40 的混凝土将原桩身接长。在接桩前必须将原桩头浮浆及泥土等清理干净且打毛至完整的水平截面，以保证新接桩头与原桩头紧密结合；浇筑混凝土时必须充分振捣，以确保接桩质量。

四、检测技术

单桩竖向抗压静载试验如下：

1. 现场检测

现场检测应符合以下规定：

（1）试验桩的桩型尺寸、成桩工艺和质量控制标准应与工程桩一致；

（2）试验桩桩顶部宜高出试坑底面，试坑底面宜与桩承台底标高一致；

（3）对作为锚桩用的灌注桩和有接头的混凝土预制桩，检测前宜对其桩身完整性进行检测。

2. 试验加、卸载方式应符合下列规定

（1）加载应分级进行，采用逐级等量加载；分级荷载宜为最大加载量或预估极限承载力的 1/10，其中第一级可取分级荷载的两倍；

（2）卸载应分级进行，每级卸载量取加载时分级荷载的两倍，且应逐级等量卸载；

（3）加、卸载时应使荷载传递均匀、连续、无冲击，且每级荷载在维持过程中的变化幅度不得超过分级荷载的土 10%。

3. 慢速维持荷载法试验

（1）加载应分级进行，每级荷载施加后按第 5 min、第 15 min、第 30 min、第 45 min、第 60 min 测读桩顶沉降量，以后每隔 30 min 测读一次；

（2）试桩沉降相对稳定标准：每一小时内的桩顶沉降量不超过 0.1 mm，并连续出现两次（从分级荷载施加后第 30 min 开始，按 1.5 h 连续三次每 30 min 的沉降观测值计算）；

（3）当桩顶沉降速率达到相对稳定标准时，再施加下一级荷载；

（4）卸载时应分级进行，每级荷载维持 1 h，按第 15 min、第 30 min、第 60 min 测读桩顶沉降量后，即可卸下一级荷载。卸载至零后，应测读桩顶残余沉降量，维持时间为 3h，测读时间为第 15 min、第 30 min，以后每隔 30 min 测读一次桩顶残余沉降量。

4. 快速维持荷载法

（1）加载应分级进行，每级荷载施加后按第 5 min、第 15 min、第 30 min 测读桩顶沉降量，以后每隔 15min 测读一次；

（2）试桩沉降相对稳定标准：加载时每级荷载维持时间不少于 1 h，最后 15 min 时间间隔的桩顶沉降增量小于相邻 15 min 间隔的桩顶沉降增量；

（3）当桩顶沉降速率达到相对稳定标准时，再施加下一级荷载；

（4）卸载应分级进行，每级荷载维持 15 min，按第 5 min、第 15 min 测读桩顶沉降量后，即可卸下一级荷载。卸载至零后，应测读桩顶残余沉降量，维持时间为 2h，测读时间为第 5min、第 10 min、第 15 min、第 30 min，以后每隔 30 min 测读一次。

5. 终止加载条件

当出现下列情况之一时，可终止加载：

（1）某级荷载作用下，桩顶沉降量大于前一级荷载作用下沉降量的 5 倍，且桩顶总沉降量超过 40 mm；

（2）某级荷载作用下，桩顶沉降量大于前一级荷载作用下沉降量的两倍，且经 24h 尚未达到相对稳定标准；

（3）已达到设计要求的最大加载值且桩顶沉降达到相对稳定标准；

（4）当荷载沉降曲线呈缓变形时，可加载至桩顶总沉降量 60~80 mm；当桩端阻力尚未完全发挥时，可根据具体要求加载至桩顶累计沉降量超过 80 mm。

6. 试验资料记录

静载试验资料应准确记录。试验前应收集工程地质资料、设计资料、施工资料等，填写桩静载试验概况表。概况表包括三部分信息：一是有关拟建工程资料；二是试验设备资料；三是受检桩试验前后表观情况及试验异常情况的记录。应及时记录百分表调表等情况，如果沉降量突然增大，荷载无法稳定，还应记录桩“破坏”时的残余油压值。

7. 单桩静载试验报告

单桩静载试验结束后，提供试验报告，报告中应包含以下内容：工程概况，工程名称，工程地点，试验日期，试验目的，检测仪器设备，测试方法和原理简介，工程地质概况，设计资料和施工记录，桩位平面图，有关检测数据、表格、曲线，试验的异常情况说明，检测结果及结论，相关人员签名加盖检测报告专用章和计量认证章。

五、检测数据分析

确定单桩竖向抗压承载力时，应绘制竖向荷载-沉降（Q-s）曲线、沉降-时间对数（s-lgt）曲线，也可绘制 s-lgQ、lgs-lgQ 等其他辅助分析所需曲线。

单桩竖向抗压极限承载力应按下列方法分析确定：

1. 根据桩顶沉降随荷载的变化特征确定，对于陡降型 Q-s 曲线，应取其发生明显陡降段的起点所对应的荷载值。

2. 根据桩顶沉降随时间的变化特征确定，应取（s-lgt）曲线尾部出现明显向下曲折的前一级荷载值。

3. 当出现上述 5. 终止加荷条件中第（2）种情况时，宜取前一级荷载为极限承载力。

4. 对于缓变形 s 曲线，宜根据沉降量，宜取 s=40 mm 对应的荷载值；当桩长大于 40 m 时，宜考虑桩身弹性压缩量；对直径大于或等于 800 mm 的桩，可取 s=0.05D（D 为桩端直径）对应的荷载值。

六、静载试验中的若干问题

1. 休止时间的影响

桩在施工过程中不可避免地对桩周土造成扰动，引起土体强度降低，引起桩的承载力下降，以高灵敏度饱和黏性土中的摩擦桩最显。随着休止时间的增加，土体重新固结，土体强度逐渐恢复增加，桩的承载力也逐渐增加。成桩后桩的承载力随时间而变化的现象称为桩的承载力时间（或歇后）效应，我国软土地区这种效应尤为明显。研究资料表明，时间效应可使桩的承载力比初始值增长 40%~~400%，其变化规律一般是起初增长速度较快，随后逐渐减慢，待达到一定时间后趋于相对稳定，其增长的快慢和幅度与土性和类别有关。除非在特定的土质条件和成桩工艺下积累大量的对比数据，否则很难得到承载力的时间效应关系。另外，桩的承载力包括两层含义，即桩身结构承载力和支撑桩结构的地基岩土承载力，桩的破坏可能是桩身结构破坏或支撑桩结构的地基岩土承载力达到了极限状态，多数情况下桩的承载力受后者制约。如果混凝土强度过低，桩可能产生桩身结构破坏而地基土承载力尚未完全发挥，且桩身产生的压缩量较大，检测结果不能真正反映设计条件下桩的承载力与桩的变形情况。因此，对于承载力检测，应同时满足地基土休止时间和桩身混凝土龄期（或设计强度）双重规定，若验收检测工期紧无法满足休止时间规定时，应在检测报告中注明。

2. 压重平台对试验的影响

压重平台由主梁及副梁组成，主梁及副梁为不同型号的工字钢。千斤顶与主梁接触，千斤顶上的力与压重平台相互作用形成反力施加于基桩。由于作用于桩或复合地基上的加载点为千斤顶与主梁的接触面，所以，主梁工字钢的厚薄、数量多少、长短很重要。如果主梁工字钢太薄，在加载后期承受不了千斤顶向上的鼎力，容易产生变形、扭曲、弯曲；如果主梁工字钢数量少，将不能承受压重平台的重量，产生向下的变形，同时在加载后期也会扭曲变形，影响平台的平衡及安全；如果压重平台太小，堆载高度太高，不安全也不便于操作，而且需选用大型号的工字钢，不经济适用也不便于搬运。

3. 边堆载边试验

为了避免试验前主梁压实千斤顶，或出现安全事故，可边堆载边试验，应满足《规范》

规定的“每级荷载在维持过程中的变化幅度不得超过分级荷载的 10%”，试验结果应该是可靠的。在实际操作中应注意：试验过程中继续吊装的荷载一部分由支撑墩来承担，一部分由受检桩来承担，桩顶实际荷载可能大于本级要求的维持荷载值，若超过规定应适当卸荷。

4. 偏心问题

造成偏心的因素：制作的桩帽轴心与原桩身轴线严重偏离；支墩下的地基土不均匀变形；用于锚桩的钢筋预留量不匹配，锚桩之间承受荷载不同步；采用多个千斤顶，千斤顶实际合力中心与桩身轴线严重偏离。而是否存在偏心受力，可以通过四个对称安装的百分表或位移传感器的测量数据分析得出，四个测点的沉降差不宜大于 3~5 mm，不应大于 10 mm。

5. 防护问题

试验梁就位后应及时加设防风、防倾支护措施，该设施不得妨碍梁体加载变形。对试验用仪表、电器应设有防雨、防摔等保护措施。加载试验时，应注意观察试验台及试验梁的变形。卸载必须统一指挥，分级同步缓慢卸载；不得个别顶严重超前卸载，以免造成卸载滞后顶受力过大而发生人身、设备安全事故。

第三节　钻芯法检测

一、钻芯法检测概述

1. 钻芯法简介

采用岩芯钻探技术的施工工艺在桩身上沿长度方向钻取混凝土芯样及桩端岩土芯样，通过对芯样的观察和测试，用以评价成桩质量的检测方法称为钻孔取芯法，简称钻芯法。

在桩体上钻芯法是比较直观的，它不仅可以了解灌注桩的完整性，查明桩底沉渣厚度以及桩端持力层的情况，而且还是检验灌注桩混凝土强度的唯一可靠的方法，由于钻孔取芯法需要在工程桩的桩身上钻孔，所以不属于无损检测，通常适用于直径不小于 800 mm 的混凝土灌注桩。钻芯法是检测现浇混凝土灌注桩的成桩质量的一种有效手段，不受场地条件的限制，特别适用于大直径混凝土灌注桩。钻芯法不仅可以直观测试灌注桩的完整性，而且能够检测桩长、桩底沉渣厚度以及桩底岩土层的性状。钻芯法还是检验灌注桩桩身混凝土强度的可靠的方法，这些检测内容是其他方法无法替代的。

在桩身完整性检测的多种方法中，钻芯法最为直观、可靠，但该法取样部位有局限性，只能反映钻孔范围内的小部分混凝土质量，存在较大的盲区，容易以点代面造成误判或漏判。钻芯法对查明大面积的混凝土疏松、离析、夹泥、空洞等比较有效，而对局部缺陷和水平裂缝等判断就不一定十分准确。另外，钻芯法还存在设备庞大、费工费时、价格昂贵的缺点。因此，钻芯法不宜用于大面积大批量的检测，只能用于抽样检查，或作为对无损检测结果的验证手段。

2. 钻芯法的检测目的

钻芯法属于一种局部破损检测，它在对人工挖孔桩的完整性及承载力检测中得到广泛的采用。其检测的目的有以下三个：一是对芯样混凝土的胶结情况、有无气孔、蜂窝麻面、松散、断桩及强度检测，综合判定桩身完整性；二是判断桩底沉渣及持力层的岩土性状（强度）和厚度是否满足设计或《规范》要求；三是测定实际桩长与施工记录桩长是否一致。

3. 钻芯法的优点与缺点

（1）钻芯法的优点

钻芯法检测可以直接观察桩身混凝土的情况，而且还能检测桩的实际长度与桩身混凝土实际抗压强度。可以准确判断和检测桩底沉渣厚度及其他缺陷，也能直接观察桩身混凝土与持力层的胶结状况。若钻至桩底适当深度后，可判断持力层及其以下岩土性状，若为基岩还可做抗压试验判断岩石的饱和单轴抗压强度标准值以判定岩石的承载力。

（2）钻芯法的缺点

钻芯法检测时间长、费用高、技术难度较高且属于有损检测，不适宜做普查检测；开孔位置不能任意选择，且对某些局部缺陷（缩径、扩径等）难以检测，也有可能对局部微弱的缺陷夸大为严重缺陷而导致最后的误判，因此，其代表性存在争议；若桩长太长钻芯过程中可能会造成孔斜导致钢筋断裂无法修补，且对桩身及桩底持力层的局部破损，经修补后很难达到原始效果。

二、钻芯设备及检测技术

1. 钻芯设备

钻孔取芯法所需的设备随检测的项目而定。如仅检测灌注桩的完整性，则只需钻机即可；如要检测灌注桩混凝土的强度，则还需有锯切芯样的锯切机、加工芯样的磨平机和专用补平器，以及进行混凝土强度试验的压力机。

（1）钻机

混凝土桩钻取芯样宜采用液压操纵的高速钻机。钻机应具有足够的刚度、操作灵活、固定和移动方便，并应有循环水冷却系统。水泵的排水量应为 50~160 L/min，泵压应为 1.0~2.0 MPa。严禁采用手把式或振动大的破旧钻机。钻机主轴的径向跳动不应超过 0.1 mm，工作时的噪声不应大于 90 dB。钻机应配备单动双管钻具以及相应的孔口管、扩孔器、卡簧、扶正稳定器和可捞取松软渣样的钻具。钻杆应顺直，直径宜为 50 mm。钻机宜采用国际 50 mm 的方扣钻杆，钻杆必须平直。钻机应采用双管单动钻具。钻机取芯宜采用内径最小尺寸大于混凝土集料粒径两倍的人造金刚石薄壁钻头（通常内径为 100 mm 或 150

mm）。钻头胎体不得有肉眼可见的裂纹、缺边、少角、倾斜和喇叭口变形等。钻头的径向跳动不得大于 1.5 mm。钻机设备参数应符合以下规定：额定最高转速不低于 790 r/min；转速调节范围不少于 4 挡；额定配用压力不低于 1.5 MPa。

（2）锯切机、磨平机和补平器

锯切芯样试件用锯切机应具有冷却系统和牢固夹紧芯样的装置，配套使用的金刚石圆锯片应具有足够刚度。

磨平机和补平器除保证芯样端面平整外，还应保证芯样端面与轴线垂直。

（3）压力机

压力机的量程和精度应能满足芯样的强度要求，压力机应能平稳连续加载而无冲击。压力机的承压板必须具有足够强度，板面必须光滑，球座灵活轻便。承压板的直径应不小于芯样的直径，也不宜大于直径的两倍，否则，应在上、下两端加辅助承压板。压力机的校正和检验应符合有关计量标准的规定。

①压力机主要技术要求：

A. 试验机最大试验力为 2 000 kN；

B. 油泵最高工作压力为 40 MPa；

C. 示值相对误差 ±2%；

D. 承压板尺寸为 320 mm × 320 mm；

E. 承压板最大净距为 320 mm；

F. 测量范围为 0~800 kN 或 0~2000 kN；

G. 刻度量分度值：0~800 kN 时为 2.5kN/ 格或 0~2000 kN 时 5kN/ 格。

②仪器年检。压力试验机每年应至少检测一次。

2. 钻芯法检测方法

钻孔取芯的检测按以下步骤进行：

（1）钻芯孔数、位置的确定及桩头处理：根据相关规定，当桩的直径 D<1.2 m 时，钻 1 孔，孔位距桩中心距离 10~15 cm 为宜；桩径 D 为 1.2~1.6 m 时，钻 2 孔，桩径 D>1.6 m 时，钻 3 孔，宜在距桩中心 0.15~0.25 D 位置开孔且均匀对称布置。对每根受检桩桩端持力层的钻探不应少于一孔，还应满足设计要求的钻探深度。

为了准确地测出桩中心，桩头最好挖开露出，或者应用经纬仪找出桩中心。确定钻孔位置：灌注桩的钻孔位置，应根据需要与委托方共同商议确定。一般当桩径小于 1 600 mm 时，宜选择在桩中心钻孔，当桩径大于或等于 1600 mm 时，钻孔数不宜小于 2 个。

（2）安置钻机：钻孔位置确定以后，应对准孔位安置钻机。钻机就位并安放平稳后，应将钻机固定，以便工作时不致产生位置偏移。固定方法应根据钻机构造和施工现场的具体情况，分别采用顶杆支撑、配重或膨胀螺栓等方法。在固定钻机时，还应检查底盘的水平度，以保证钻杆以及钻孔的垂直度。

（3）施钻前的检查：施钻前应先通电检查主轴的旋转方向，当旋转方向为顺时针时，方可安装钻头，并调整钻机主轴的旋转轴线，使其成行走状态。

（4）开钻：开钻前先接水源和电源，将变速钮拨到所需转速，正向转动操作手柄，使合金钻头慢慢地接触混凝土表面，待钻头刃部入槽稳定后方可加压进行正常钻进。

（5）钻进取芯：在钻进过程中，应保持钻机的平衡，转速不宜小于140 r/min，钻孔内的循环水流不得中断，水压应保证能充分排除孔内混凝土料屑，循环冷却水出口的温度不宜超过30℃，水流量宜为3~5 L/min，每次钻孔进尺长度不宜超过1.5 m。钻到预定深度后，反向转动操作手柄，将钻头提升到混凝土桩顶，然后停水停电。提钻取芯时，应拧下钻头和胀圈，严禁敲打卸取芯样。卸取的芯样应冲洗干净后标上深度，按顺序置于芯样箱中。当钻孔接近可能存在断裂或混凝土可能存在疏松、离析、夹泥等质量问题的部位以及桩底时，应改用适当的钻进方法和工艺，并注意观察回水变色、钻进速度的变化等。

灌注桩钻孔取芯检测的取芯数目视桩径和桩长而定。通常至少每1.5 m应取1个芯样，沿桩长均匀选取，每个芯样均应标明取样深度，以便判明有无缺陷以及缺陷的位置。对于用于判明灌注桩混凝土强度的芯样，则根据情况，每一试桩不得少于10个。钻孔取芯的深度应进入桩底持力层不小于1 m。

（6）补孔：在钻孔取芯以后，桩上留下的孔洞应及时进行修补，修补时宜用高于桩原来强度等级的混凝土来填充。由于钻孔孔径较小，填补的混凝土不易振捣密实，故应采用坍落度较大的混凝土浇灌，以保证其密实性。已硬化的混凝土，实际强度到底有多少，能否满足工程安全使用，是人们普遍关心的问题。在施工过程中，虽留有混凝土试样及试样的强度，但由于样品的制型的方式、养护条件等因素影响，导致样品与原状态有差异，往往不能反映工程的真实情况。因此，为了测定已建工程混凝土的实际强度，提供工程质量评定的科学依据，工程中经常采用钻孔取芯法来测定实际混凝土的强度。

三、芯样试件制作与抗压试验

1. 芯样试件的制作

（1）芯样试件的检测资料

采用钻芯法检测结构混凝土强度前，宜具备下列资料：

①工程名称（或代号）及设计、施工、监理、建设单位名称；

②结构或构件种类、外形尺寸及数量；

③设计采用的混凝土强度等级；

④检测龄期，原材料（水泥品种、粗集料粒径等）和抗压强度试验报告；

⑤结构或构件质量状况和施工中存在问题的记录；

⑥有关的结构设计图和施工图等。

（2）芯样试件取样部位

芯样应由结构或构件的下列部位钻取：

①结构或构件受力较小的部位；

②混凝土强度质量具有代表性的部位；

③便于钻芯机安放与操作的部位；

④避开主筋、预埋件和管线的位置。

（3）混凝土芯样试件截取原则

《规范》中规定截取混凝土抗压芯样试件应符合下列规定：

①当桩长小于10m时，每孔可截取2组芯样；当桩长大于30 m时，每孔截取芯样不少于4组；当桩长为10~30 m时，每孔截取3组芯样；

②上部芯样位置距桩顶设计标高不宜大于1倍桩径或超过2m，下部芯样位置距桩底不宜大于1倍桩径或超过2m，中间芯样宜等间距截取；

③缺陷位置能取样时，应截取一组芯样进行混凝土抗压试验；

④同一基桩的钻芯孔数大于1个，其中一孔在某深度存在缺陷时，应在其他孔的该深度处，截取一组芯样进行混凝土抗压试验；

⑤当桩底持力层为中、微风化岩层且岩芯可制作成试件时，应在接近桩底部位1m内截取岩石芯样；如遇分层岩性时，宜在各分层岩面取样；

⑥每组混凝土芯样应制作3个芯样抗压试件。

（4）芯样试件的记录与保存

提取芯样时，需按正常的程序拧下钻头与扩孔器，严禁敲打取芯。对于岩石芯样需及时包装浸泡水中，以保证其原始性状。取出芯样后，应按回次顺序由上而下依次放入芯样箱，芯样侧面上需清出标示出回次数、块号、本回次总块数，并及时记录桩号及孔号、回次数、起至深度、块数、总块数。并对桩身混凝土芯样进行详细描述，主要包括混凝土钻进深度，芯样的连续性、完整性、胶结情况、表面光滑情况、断口吻合程度、混凝土芯是否为柱状、集料大小分布情况、气孔、蜂窝麻面、沟槽、破碎、夹泥、松散的情况，以及取样编号和取样位置；对桩端持力层的描述主要包括持力层钻进深度、岩土名称、芯样颜色、结构构造、裂隙发育程度、坚硬及风化程度，以及取样编号和取样位置，分层岩层应分别描述，最后进行拍照记录。

（5）芯样试件的加工与测量

芯样试件加工应用双面锯切机，加工时需固定芯样，锯切平面应与芯样轴线垂直，锯切过程中还需淋水冷却锯片。若锯切后试件无法满足平整、垂直度要求时，应在磨平机上进行端面磨平，或者用水泥砂浆（或水泥净浆）、硫黄胶泥（或硫黄）等材料在专用补平装置上补平。试压前，需对芯样以下几何尺寸进行测量：平均直径，用游标卡尺在芯样中部两个相互垂直的位置进行测量，取两次算术平均值，精确至0.5 mm；芯样高度，用钢卷尺或钢板直尺进行测量，精确至1 mm；垂直度，用游标量角器测量两个端面与母线的夹角，精确至0.10°；平整度，用钢板尺或角尺紧靠在芯样端面上，一面转动钢板尺，一面用塞尺测量与芯样端面之间的缝隙。

所选试件还应满足以下要求：为了减少计算时对芯样高径比的修正，要求芯样高径比（h/d）应 0.95~1.05；芯样试件沿高度任一截面直径与平均直径之间差值不应超过 2 mm；试件端面平整度是影响抗压强度的重要因素，因此，平整度在 100 mm 长度内应低于 0.1 mm；端平面与轴线的不垂直度应低于 20；试件平均直径应大于最大粒径的粗集料的两倍。

2. 芯样试件的抗压试验

（1）芯样试件的试压

依据《规范》可知，芯样试件加工完成后就可立马进行抗压试验。试验需均匀地加荷：当混凝土强度等级小于 C30 时，加荷速率为 0.3~0.5 MPa/s；岩石类芯样试件和混凝土强度等级不小于 C30 时，加荷速率为 0.5~0.8 MPa/s。抗压后若发现混凝土试件平均直径低于其粗集料最大粒径的两倍且强度值不正常时，判该试件无效，其测出的强度值也无效，如条件许可，可重新截取试件做抗压，否则以其他两个强度的算术平均值为该组芯样抗压强度值，但是需在最后的报告中加以说明。

（2）芯样试件检测分析与判定

芯样试件一般应在自然干燥状态下进行抗压试验。芯样试件的含水量对强度有一定影响，含水越多则强度越低。一般来说，强度等级高的混凝土强度降低较少，强度等级低的混凝土强度降低较多。因此，建议自然干燥状态与潮湿状态两种试验情况。当结构工作条件比较潮湿，需要确定潮湿状态下混凝土的强度时，芯样试件宜在（20 ± 5）℃的清水中浸泡 40~48 h，从水中取出后立即进行试验。

混凝土芯样试件抗压强度应按下列公式计算：

$$f_{cu} = \frac{4P}{\pi d^2}$$

式中 f_{cu}——混凝土芯样试件抗压强度（MPa），精确至 0.1 MPa；

P——芯样试件抗压试验测得的破坏荷载（N）；

d——芯样试件的平均直径（mm）。

（3）成桩质量评价应按单桩进行。

（4）芯样检测报告

芯样检测完毕要出具芯样检测报告，检测报告应结论正确、用词规范，应包括下列内容：

①钻芯设备情况；

②检测桩数、钻孔数量、架空高度、混凝土芯进尺、持力层进尺、总进尺、混凝土试件组数、岩石试件组数、圆锥动力触探或标准贯入试验结果；

③芯样每孔柱状图；

④芯样单轴抗压强度试验结果；

⑤芯样彩色照片；

⑥异常情况说明。

第四章　结构混凝土检测

第一节　概述

一、结构混凝土无损检测技术的形成和发展

混凝土无损检测（NDT：Nondestructive Testing）是指在不破坏混凝土内部结构和使用性能的情况下，利用声、光、热、电、磁和射线等方法，直接在构件或结构上测定混凝土某些适当的物理量，并通过这些物理量推定混凝土强度、均匀性、连续性、耐久性和存在缺陷等的检测方法。

我国在20世纪50年代中期开始研究结构混凝土无损检测技术引进瑞士、英国、波兰等国的回弹仪和超声仪，并结合工程应用开展了许多研究工作。20世纪60年代初即开始批量生产回弹仪，并研制成功了多种型号的超声检测仪，在检测方法方面也取得了许多进展。20世纪70年代以后，我国曾多次组织力量合作攻关，20世纪80年代着手制定了一系列技术规程，并引进了许多新的检测技术，极大地推进了结构混凝土无损检测技术的研究和应用。随着电子技术的发展，仪器的研制工作也取得了新的成就，并逐步形成了自己的生产体系。20世纪90年代以来，无损检测技术继续向更深的层次发展，许多新技术得到发展应用，检测人员队伍不断壮大，素质迅速提高。纵观整个发展历程，我国无损检测技术的发展是非常迅速的，我们可以从下面几个方面叙述这一发展过程。

1. 在测试技术方面的发展

（1）测强方面

超声测强的主要影响因素：石子的品种、粒径、用量；钢筋的影响及修正；混凝土湿度、养护方法的影响及修正；测试距离的影响及修正；测试频率的影响及修正等。

（2）测裂缝方面

平测法测裂缝及修正距离的研究；钢筋的影响及修正；钻孔法测裂缝的研究和应用；斜测法测裂缝的研究及应用等。

（3）测缺陷方面

概率判断法的进一步改进和完善；斜测交汇法的研究应用；缺陷尺寸估计；多参数综

合判断的应用；波形方面的研究；频率测量方面的研究和应用；衰减系数、频谱分析应用和测定方法的研究；火灾后损伤层厚度的测定方法等。

在这期间，许多地区通过试验研究，制定了本地区的强度换算曲线，推动了超声回弹综合法和应用。

随着超声检测技术的发展、应用的范围不断扩大、研究深度不断加深，从20世纪50~60年代主要在地上结构检测发展到地上和地（水）下，包括一些隐蔽工程，如灌注桩、地下防渗墙、水下结构的检测、坝基及灌浆效果的检测等；从一般两面临空的梁、柱、墩结构检测发展到单面临空的大体积检测；探测距离从1~2m发展到10~20 m；从以声速一个参数为主发展到声速、振幅、频率、波形多参数的综合运用。特别在超声探测缺陷、裂缝方面，形成了从测试方法、数据处理到分析判断的一整套技术，在实际工程应用中取得了良好效果，许多重大工程都采用了超声检测。

在应用的发展方面，20世纪80年代中期有一个重大发展，这就是超声检测混凝土灌注桩。1984年，湖南大学和河南省交通厅等单位首次运用超声法在灌注桩预埋钢管中进行检测，在郑州黄河大桥的灌注桩检测中取得成功并提出另一种判断桩内缺陷的方法，声参数-深度曲线相邻两点之间的斜率与差值之积，简称PSD判据。其后，还出现了其他一些判断分析方法。随后，许多单位都相继开展超声波检测混凝土灌注桩的研究和应用。由于声波法测桩具有不受桩长桩径的影响，探测结果精确、可靠，很快在国内普遍推广并应用，特别是大型桥梁的桩基检测中已普遍采用声波法，取得了很好的社会和经济效益，成为超声法检测混凝土的一个新热点。

20世纪80年代，除超声、回弹等无损检测方法日趋成熟外，中国建筑科学研究院又进行了钻芯法研究，哈尔滨建筑大学进行了后装拔出法的研究，使无损检测的内容进一步扩大。

作为上述研究成果的必然结果，我国在20世纪80年代开始制定了一系列有关混凝土无损检测的技术规程并进行了多次修订，其中包括《回弹法检测混凝土抗压强度技术规程》（JGJ/T 23-2001）、《超声回弹综合法检测混凝土强度技术规程》（CECSO2：88）、《超声法检测混凝土缺陷技术规程》（CECS21：2000）、《后装拔出法检测混凝土强度技术规程》（CECS69：94）、《基桩低应变动力检测规程》（JGJ/T 93-1995）、《水运工程混凝土试验规程》（JTJ270-1998）及《水工混凝土试验规范》（SD 105-1982）等行业标准和协会标准。随后，一些省市也编制了相应的地方规程。各项规程的不断完善，大大促进了无损检测技术的工程应用和普及。

进入20世纪90年代以来，我国建设工程质量管理引起广泛关注并提出一系列重大举措，从而进一步加强了无损检测技术在建设工程质量管理中的作用和责任，也进一步推动了检测方法方面的蓬勃发展，已有方法更趋成熟和普及，同时新的方法不断涌现。其中，雷达技术、红外成像技术、冲击回波技术等都进入了实用阶段，在声学检测技术方面的最大进展，则体现在对检测结果分析技术方面的突飞猛进，例如，在测缺技术方面，其分析判断方法由经验性判断上升为数值判据判断，又由数值判据上升为成像判断。测试仪器也由模拟型仪器发展成为数字型仪器，为信号分析提供了物质基础。

2. 检测仪器方面的发展

混凝土声测仪器与混凝土声测技术是在相互制约而又相互促进的过程中得到发展的，我国混凝土声测仪器的发展大致经历了四个阶段。

20 世纪 60 年代是声波检测技术的开拓阶段，声测仪是电子管式的仪器，如 UCT-2 型、CIs-10 型等，现已被淘汰。

20 世纪 70 年代是超声检测方法研究及推广应用阶段，声测仪是晶体管化集成电路模拟超声仪。首先推出的是湘潭无线电厂的 SYC-2 型岩石声波检测仪，之后相继推出的是天津建筑仪器厂的 SC-2 型和汕头超声电子仪器厂的 CTs-25 型等，这类仪器一般具有示波及数码管显示装置，手动游标读取声学参量，市场拥有量约有几千台，为推动我国混凝土声测技术的发展发挥了重要作用。在 20 世纪 70 年代中期我国生产的非金属超声仪及其配套使用的换能器与国外同类仪器相比（如美国 CNC 公司的 Pundit 型、波兰的 N2701、日本 MARUT 公司的 Min-1150-03 型等），在技术性能方面已达到或超过它们的水平。

20 世纪 80 年代是进一步发展与提高阶段，20 世纪 80 年代初期国外推出了计算机控制的声波检测仪（如日本 OYO 公司的 5217A 型等），混凝土超声仪进入了数字化仪器阶段，数字化声学信号数据处理技术的应用，推动了声测技术的发展，而我国却由于多种原因在计算机的应用方面落后国外水平。20 世纪 80 年代末期，我国开始数字化混凝土超声仪的研究，之后快速发展，整机化的由计算机控制的声测仪产生于 20 世纪 80 年代末到 90 年代初，这批仪器均采用 Z8OCPU，通过仪器与计算机的联系，实现了不同程度的声参量的自动检测，并具有一定的处理能力，使现场检测及后期数据处理速度大大加快。但由于受到数据采集速度以及存储容量和软件语言等方面的限制，无法实时动态地显示波形变化，难以承担需要大量处理单元和高速运算能力支持的信息处理工作，也不便于软件的再开发。作为初代数字化超声仪的代表型号为 CTs-35 型、CTs-45 型和 UTA2000A 型。

20 世纪 90 年代是追赶并超过国际水平的阶段，随着声测技术的发展，检测市场的扩大以及计算机技术的深入应用。自 20 世纪 90 年代中期以来，我国各种型号的数字式超声仪相继问世，首先推出的是北京市市政工程研究院（北京康科瑞公司）的 NM-2A 型，随后该型仪器不断更新，形成了 NM 系列。NM 系列超声仪的最大特点是在计算机和数据采集系统之间，通过高速数据传输（DMA）方式，实现了波形的动态实时显示，并以软硬件相结合的方式，创造性地解决了声学参量的自动判读技术，从而在高噪声、弱信号的恶劣测试条件下，仍然可快速准确地完成自动检测，大大提高了测试精度和测试效率，对超声检测技术的推广是有力的推动。之后相继推出的有岩海公司的 Rs-UTOIC 型、同济大学的 U-Sonic 型、岩土所的 RSM-SY2 等。

在超声检测仪迅速发展的同时，其他检测方法的仪器也有了很大发展，其中包括各种型号的数显式回弹仪，轻便型钻孔取芯机、拔出仪、射钉仪、贯入仪、钢筋保护层厚度测定仪、钢筋锈蚀仪、脉冲瞬变电磁仪等。

总之，各种检测设备的研制和生产，为混凝土无损检测技术提供了良好的物质基础。

3. 学术交流的发展

自 20 世纪 70 年代后期，在中国建筑科学研究院的主持下，成立无损检测技术协作组以来，无损检测技术的学术交流活动从未间断。1985 年，中国建筑学会施工学术委员会下的混凝土质量控制与非破损检测学组成立，挂靠单位为中国建筑科学研究院。其中，非破损检测部分后来改为属于中国土木工程学会混凝土及预应力混凝土学会下的建设工程无损检测委员会。1986 年，中国水利学会施工专业委员会无损检测学组成立，挂靠南京水利科学研究院。中国声学学会下属的检测声学委员会，挂靠同济大学。

这些学术组织都在混凝土声学检测方面做过大量工作，组织多次学术交流会，出版论文集，推动了声波检测技术的发展。例如，土木工程学会建设工程无损检测委员会，从 1984 年起就主持召开过 7 次全国性的无破损检测学术交流会，出版了多期论文集。委员会还组织委员们翻译国外研究文集，编辑出版了两本国际土木工程无损检测会议论文集，另外，还邀请罗马尼亚、日本等国的专家来华讲学、交流。我国从事混凝土无损检测的工程技术人员也以各种形式参与国际交流，其中包括访问、进修、参加学术会议，参与实际工程检测及仪器展览等。这些交流活动无疑为我国混凝土无损检测技术的发展起了推动作用。

二、结构混凝土无损检测技术的工程应用

随着人们对工程质量的关注，以及无损检测技术的迅速发展和日趋成熟，促使无损检测技术在建设工程中的作用日益明显。它不但已成为工程事故的检测和分析手段之一，而且正在成为工程质量控制和构筑物使用过程中可靠性监控的一种工具。可以说，在整个施工、验收及使用过程中都有其用武之地。在以往的研究中主要集中在强度检测和缺陷探测两方面，为了满足新的需求还应进一步开拓新的检测内容，例如，混凝土耐久性的预测、已建结构物损伤程度的检测、早期强度检测，高性能混凝土强度及脆性的检测等。

三、结构混凝土常用无损检测方法的分类和特点

1. 结构混凝土常用无损检测方法的分类

依据无损检测技术的检测目的，通常可将无损检测方法分为五大类：

（1）检测结构构件混凝土强度值；

（2）检测结构构件混凝土内部缺陷如混凝土裂缝、不密实区和孔洞、混凝土结合面质量、混凝土损伤层等；

（3）检测几何尺寸如钢筋位置、钢筋保护层厚度、板面、道面、墙面厚度等；

（4）结构工程混凝土强度质量的匀质性检测和控制；

（5）建筑热工、隔声、防水等物理特性的检测。

应当指出，从当前的无损检测技术水平与实际应用情况出发，为达到同一检测目的，可以选用多种具有不同检测原理的检测方法，例如，结构构件混凝土强度的无损检测，可以利用回弹法、超声 - 回弹综合法、超声脉冲法、拔出法、钻芯法、射钉法等，这样为无损检测工作者提供了多种可能并可依据条件与趋利避害原则加以选用。

从宏观角度分类，也可从对结构构件破坏与否的角度出发，分为三大类：

（1）无损检测技术；

（2）半破损检测技术；

（3）破损检测技术。

本书所指的无损检测技术包括上述的无损检测技术及半破损检测技术两类。破损检测，是指荷载破坏性检测，因费用昂贵、耗时较长，只是在特别重要的结构，十分必要时才予以采用，本书未包括此类试验内容。

2. 结构混凝土常用无损检测方法的特点

（1）回弹法

回弹法是以在混凝土结构或构件上测得的回弹值和碳化深度来评定混凝土结构或构件强度的一种方法，它不会对结构或构件的力学性质和承载能力产生不利影响，在工程上已得到广泛应用。

回弹法使用的仪器为回弹仪，它是一种直射锤击式仪器，是用一弹击锤来冲击与混凝土表面接触的弹击杆，然后弹击锤向后弹回，并在回弹仪的刻度标尺上显示出回弹数值。回弹值的大小取决于与冲击能量有关的回弹能量，而回弹能量则反映了混凝土表层硬度与混凝土抗压强度之间的函数关系，即可以在混凝土的抗压强度与回弹值之间建立起一种函数关系，以回弹值来表示混凝土的抗压强度。回弹法只能测得混凝土表层的质量状况，内部情况却无法得知，这便限制了回弹法的应用范围，但由于回弹法操作简便，价格低廉，在工程上还是得到了广泛应用。

回弹法的基本原理是利用混凝土强度与表面硬度之间的关系，通过一定动能的钢杆件弹击混凝土表面，并测得杆件回弹的距离（回弹值），利用回弹值与强度之间的相关关系来推定混凝土强度。

回弹法适用于工程结构普通混凝土抗压强度（以下简称混凝土强度）的检测，检测结果可作为处理混凝土质量问题的依据之一。回弹法不适用于表层与内部质量有明显差异或内部存在缺陷的混凝土结构或构件的检测。

利用回弹仪检测普通混凝土结构构件抗压强度的方法简称回弹法。回弹仪是一种直射锤击式仪器。回弹值大小反映了与冲击能量有关的回弹能量，而回弹能量反映了混凝土表层硬度与混凝土抗压强度之间的函数关系，反过来说，混凝土强度是以回弹值 R 为变量的函数。

回弹值使用的仪器为回弹仪，回弹仪的质量及其稳定性是保证回弹法检测精度的重要技术关键，这个技术关键的核心是科学的规定并保证回弹仪工作时所应具有的标准状态。国内回弹仪的构造及零部件和装配质量必须符合国家计量检定规程《回弹仪检定规程》(JJG 817-2011）的要求。回弹仪按回弹冲击能量大小分为重型、中型、轻型。普通混凝土抗压强度≤ C50 时通常采用中型回弹仪；混凝土抗压强度≥ C60 时，宜采用重型回弹仪。轻型回弹仪主要用于非混凝土材料的回弹法。由于影响回弹法测强的因素较多，通过实践与专门试验研究发现，回弹仪的质量和是否符合标准状态要求是保证稳定检测结果的前提。在此前提下，混凝土抗压强度与回弹法、混凝土表面碳化深度有关，即不可忽视混凝土表面碳化深度对混凝土抗压强度的影响。

此外，对长龄期混凝土，即对旧建筑的混凝土还应考虑龄期影响因素。

为规范回弹检测混凝土抗压强度，保证必要的检测质量，我国建设部（2008 年改为住房和城乡建设部）颁布了《回弹法评定混凝土抗压强度技术规程》(JGJ/T 23-1985)，于 1985 年 8 月实施，经过先后几次修订，现行最新规范为《回弹法检测混凝土抗压强度技术规程》(JGJ/T 23-2011)。

（2）超声法检测混凝土强度

通过超声法实践检测发现，超声在混凝土中传播的声速与混凝土强度值有密切的相关关系，于是超声法检测混凝土缺陷扩展到检测混凝土强度，其原理就是声速与混凝土的弹性性质有密切的关系，而混凝土弹性性质在相当程度上可以反映强度大小。由上述分析，可以通过试验建立混凝土由超声声速与混凝土强度产生的相关关系，它是一种经验公式，与混凝土强度等级、混凝土成分、试验数量等因素有关，混凝土中超声声速与混凝土强度之间通常呈非线性关系，在一定强度范围内也可采用线性关系。

显而易见，混凝土内超声声速传播速度受许多因素影响，如混凝土内钢筋配置方向、不同集料及粒径、混凝土水胶比、龄期及养护条件、混凝土强度等级，这些影响因素如不经修正都会影响检测误差大小，建立超声检测混凝土强度曲线时应加以综合考虑影响因素的修正。

（3）超声回弹综合法检测混凝土强度

综合法检测混凝土强度是指应用两种或两种以上单一无损检测方法（力学的、物理的），获取多种参量，并建立强度与多项参量的综合相关关系，以便从不同角度综合评价混凝土强度。

超声回弹综合法是综合法中经实践检验的一种成熟可行的方法。顾名思义，该法是同时利用超声法和回弹法对混凝土同一测区进行检测的方法，它可以弥补单一方法固有的缺欠，做到互补。例如，回弹法中的回弹值主要受表面硬度影响，但当混凝土强度较低时，由于塑性变形增大，表面硬度反应不敏感，又如当构件尺寸较大，内外质量有差异时，表面硬度和回弹值难以反映构件实际强度。相反，超声法的声速值是取决于整个断面的动弹性，主要以其密实性来反映混凝土强度，这种方法可以较敏感地反映出混凝土的密实性、混凝土内集料组成以及集料种类。此外，超声法检测强度较高的混凝土时，声速随强度变化而不敏感，由此粗略剖析可见，超声回弹综合法可以利用超声声速与回弹值两个参数检测混凝土强度，弥补了单一方法在较高强度区或在较低强度区各自的不足。通过试验建立超声波脉冲速度 - 回弹值 - 强度相关关系。

超声回弹综合法首先由罗马尼亚建筑及建筑经济科学研究院提出，并编制了有关技术规程，同时在罗马尼亚推广应用。中国从罗马尼亚引进这一方法，结合中国实际进行了大量试验，并在混凝土工程检测中广泛应用，在此基础上于 1988 年由中国工程建设标准化协会组织编制并发布了《超声回弹综合法检测混凝土强度技术规程》(CECS02：88)。

这种综合法最大的优点就是提高了混凝土强度检测精度和可靠性。许多学者认为综合法是混凝土强度无损检测技术的一个重要发展方向。目前，除上述超声回弹综合法已在我国广泛应用外，已被采用的还有超声钻芯综合法、回弹钻芯综合法、声速衰减综合法等。

（4）钻芯法

利用钻芯机、钻头、切割机等配套机具，在结构构件上钻取芯样，通过芯样抗压强度直接推定结构构件强度或缺陷，无须通过立方体试块或其他参数等环节。它的优点是直观、准确、代表性强，其缺点是对结构构件有局部破损，芯样数量不可太多，而且价格也比较昂贵。钻芯法在国外的应用已有几十年历史，一般来说发达国家均制定有钻芯法检测混凝土强度的规程，国际标准化组织(ISO)也发布了《硬化混凝土芯样的钻取及抗压试验》(ISO/DIS 7034）国际标准草案。

我国从 20 世纪 80 年代开始，对钻芯法钻取芯样检测混凝土强度开展了广泛研究，目前，我国已广泛应用并已能配套生产供应钻芯机、人造金刚石薄壁钻头、切割机及其他配套机具，钻机和钻头规格可达十几种。中国工程建设标准化协会发布了《钻芯法检测混凝土强度技术规程》(CECS03：88)，现行最新版本为《钻芯法检测混凝土强度技术规程》(CECS03-2007)。

钻芯法除用以检测混凝土强度外，还可通过钻取芯样方法检测结构混凝土受冻、火灾损伤深度、裂缝深度以及混凝土接缝、分层、离析、孔洞等缺陷。

钻芯法在原位上检测混凝土强度与缺陷是其他无损检测方法不可取代的一种有效方法。因此，国内外都主张把钻芯法与其他无损检测方法结合使用，一方面利用无损检测方法检测混凝土的均匀性，以减少钻芯数量；另一方面又利用钻芯法来校正其他方法的检测结果，以提高检测的可靠性。

（5）拔出法检测混凝土强度

拔出法是指将安装在混凝土中的锚固件拔出，测出极限拔出力，利用事先建立的极限拔出力和混凝土强度之间的相关关系，推定被测混凝土结构构件的混凝土强度的方法。这种方法在国际上已有五十余年的历史，方法比较成熟。拔出法分为预埋（或先装）拔出法和后装拔出法两种。顾名思义，预埋拔出法是指预先将锚固件埋入混凝土中的拔出法，它适用于成批的、连续生产的混凝土结构构件，按施工程序要求及预定检测目的预先预埋好锚固件。例如，确定现浇混凝土结构拆模时的混凝土强度；确定现浇冷却后混凝土结构的拆模强度；确定预应力混凝土结构预应力张拉或放张时的混凝土强度；预制构件运输、安装时的混凝土强度；冬期施工时混凝土养护过程中的混凝土强度等。后装拔出法指混凝土硬化后，在现场混凝土结构上后装锚固件，可按不同目的检测现场混凝土结构构件的混凝土强度的方法。尽管对极限拔出力与混凝土拔出破坏机理看法还不一致，但试验证明，在常用混凝土范围（≤C60），拔出力与混凝土强度有良好的相关关系，检测结果与立方体试块强度的离散性较小，检测结果令人满意。

拔出法在北欧、北美国家得到广泛应用，被认为是现场应用方便、检测费用低廉的检测方法，尤其适合用于现场控制。

国际上不少国家和国际组织发表了拔出法检测规程类文件。例如，美国著名的组织ASTM发表的《硬化混凝土拔出强度标准试验方法》(ASTMC-900-99)、国际标准化组织（ISO）发表了《硬化混凝土拔出强度的测定》ISO/DIS 8046)、中国工程建设标准化协会发布了协会标准《拔出法检测混凝土强度技术规程》(CECS69-2011)。

从以上分析可见，拔出法虽是一种微破损检测混凝土强度方法，但具有进一步推广与发展的前景。

（6）超声法检测混凝土缺陷

超声法检测混凝土缺陷的基本概念是利用带波形显示功能的超声波检测仪和频率为20~25 knz的声波换能器，测量与分析超声脉冲波在混凝土中传播速度（声速）、首波幅度（波幅）、接收信号主频率（主频）等声波参数，并根据这些参数及其相对变化，以判定混凝土中的缺陷情况。

混凝土结构，因施工过程中管理不善或者因自然灾害影响，致使在混凝土结构内部产生不同种类的缺陷。按其对结构构件受力性能、耐久性能、安装使用性能的影响程度，混凝土内部缺陷可区分为有决定性影响的严重缺陷和无决定性影响的一般缺陷。鉴于混凝土材料是一种非匀质的弹黏性各向异性材料，要求绝对一点缺陷都没有的情况是比较少见的，用户所关心的是不能存在严重缺陷，如有严重缺陷应及时处理。超声法检测混凝土缺陷的目的不是在于发现有无缺陷，而是在于检测出有无严重缺陷，要求通过检测判别出各种缺陷种类和判别出缺陷程度，这就要求对缺陷进行量化分析。属于严重缺陷的混凝土内有明显不密实区或空洞，有大于0.05 mm宽度的裂缝；表面或内部有损伤层或明显的蜂窝麻面区等。以上缺陷是易发生的质量通病，是常常引起甲乙双方争执的问题，故超声法检测混凝土缺陷受到了广大检测人员的关注。加拿大的莱斯利(1eslied)、切斯曼(Cheesman)和英国的琼斯（Jons)、加特弗尔德（Garfield）率先把超声脉冲检测技术用于混凝土检测，开创了混凝土超声检测这一新领域。由于技术进步，超声仪已由20世纪50~60年代笨重的电子管单示波显示型发展到目前半导体集成化、数字化、智能化的轻巧仪器，而且测量参数从单一的声速发展到声速、波幅和频率等多参数，从定性检测发展到半定量或定量检测的水平。我国于1990年发布了《超声法检测混凝土缺陷技术规程》(CECS21：90)，2000年又发布了新修订的《超声法检测混凝土缺陷技术规程》(CECS 21-2000)，这是当前超声法检测混凝土缺陷的技术依据。

（7）冲击回波法

在结构表面施以微小冲击产生应力波，利用应力波在结构混凝土中传播时遇到缺陷或底面产生回波的情况，通过计算机接收后进行频谱分析并绘制频谱图。频谱图中的峰值即是应力波在结构表面与底面间或结构表面与内部缺陷间来回反射所形成的。由此，根据其中最高的峰值处的频率值可计算出被测结构的厚度，根据其他峰值处频率可推断有无缺陷及其所处深度。

冲击回波法是20世纪80年代中期发展起来的一种无损检测新技术，这种方法利用声穿透（传播）、反射，不需要两个相对测试面的原理，而只需在单面进行测试即可测得被测结构如路面、护坡、衬砌等厚度，还可检测出内部缺陷（如空洞、疏松、裂缝等）的存在及位置。

美国在20世纪80年代研究了利用冲击回波法检测混凝土板中缺陷、预应力灌浆孔道中的密实性、裂缝深度、混凝土中钢筋直径、埋设深度等，均取得了令人满意的检测结果。

我国南京水利科学研究院在20世纪80年代末研制成功IES冲击反射系统，并在大型模拟试验板及工程实测实践中取得了成功，使冲击回波法在我国进入实用阶段。

（8）雷达法

雷达法是利用近代军事技术的一种新型检测技术。“雷达（radar）”是“无线侦察与定位”的英文缩写。由于雷达技术始于军事需要，受外因限制，雷达技术用于民用工程检测，在国内起步很晚，一直到20世纪90年代才开始。起先是上海用探地雷达探测地下管线、旧老建筑基础的地下桩基、古河道、暗浜等。

雷达法是以微波作为传递信息的媒介，依据微波传播特性，对被测材料、结构、物体的物理特性、缺陷做出无破损检测诊断的技术。

雷达法的微波频率为300 MHz~300 GHz，属电磁波，处于远红外线至无线电短波之间。雷达法引入无损检测领域内大大增强了无损检测能力和技术含量。利用雷达波对被测物体电磁特性敏感特点，可用雷达波检测技术检测并确定城市市政工程地下管线位置、地下各类障碍物分布、路面、跑道、路基、桥梁、隧道、大坝混凝土裂缝、孔洞、缺陷等质量问题，配合城市顶管、结构等施工工程不可或缺的有效手段。可以想象，雷达波检测技术会在今后城市地下空间开发领域大有用武之地。我国已在路面、跑道厚度检测，市政工程建设中开始应用并取得良好效果。

（9）红外成像无损检测技术

红外成像无损检测技术是建设工程无损检测领域又一新的检测技术。将红外成像无损检测技术移植进建设工程领域是建设工程无损检测技术进步的一个生动体现，也是必然的发展结果。

红外线是介于可见红光和微波之间的电磁波。红外成像无损检测技术是利用被测物体连续辐射红外线的原理，概括被测物体表面温度场分布状况形成的热像图，显示被测物体的材料、组成结构、材料之间结合面存在的不连续缺陷，这就是红外成像无损检测技术原理。

红外成像无损检测技术是非接触的检测技术，可以对被测物体上下左右进行非接触的连续扫描、成像，这种检测技术不仅能在白天进行，而且在黑夜也可正常进行，故这种检测技术非常实用、简便。

红外成像无损检测技术，检测温度范围为 -50℃ ~2000℃，分辨率可达 0.1℃ ~0.02℃，精度非常高。

红外成像无损检测技术在民用建设工程中，可用于电力设备、高压电网安全运营检查、石化管道泄漏、冶炼设备损伤检查、山体滑坡检查、气象预报等方面。在房屋工程中对房屋热能损耗检测，对墙体围护结构保温隔热性能、气密性、水密性检查更是具有其他方法无法替代的优点；利用红外成像无损检测技术是贯彻实施国家建设部（2008 年改为住房和城乡建设部）要求实现建筑节能 50% 要求的有力和有效地检测手段。

（10）磁测法

根据钢筋及预埋铁件会影响磁场现象而设计的一种方法，目前常用于检测钢筋的位置和保护层的厚度。

第二节　回弹法检测混凝土强度

一、回弹法的基本知识

1. 回弹法的简介

混凝土表面硬度与混凝土极限强度之间存在一定关系，物件的弹击重锤被一定弹力打击在混凝土表面上，其回弹高度和混凝土表面硬度存在一定关系。回弹法是用回弹仪弹击混凝土表面，并测出重锤被反弹回来的距离，以回弹值（即反弹距离与弹簧初始长度之比）作为与强度相关的指标来推定混凝土强度的一种方法。由于这种测量是在混凝土表面进行，所以应属于一种表面硬度法，是基于混凝土表面硬度和强度之间存在相关性而建立的一种检测方法。目前，回弹法也是国内应用最为广泛的结构混凝土抗压强度检测方法，但回弹法适用于普通混凝土抗压强度的检测，不适用于表层与内部质量有明显差异或内部存在缺陷的混凝土结构或构件的检测。

回弹法也具有其不可避免的缺点：不适用于表层与内部质量有明显差异或内部存在缺陷的混凝土结构或构件的检测；受水泥品种、集料粗细、集料粒径、配合比、混凝土碳化、龄期、模板、泵送、高强等诸多因素的影响，精度相对较低。

2. 回弹规则在我国的发展

1985 年 1 月，我国第一本非破损方法检验混凝土质量的专业标准《回弹法评定混凝土抗压强度技术规程》(JGJ23-1985)(以下简称《规程》)经建设部(2008 年改为住房和城乡建设部)批准，于同年 8 月起正式施行。此《规程》总结了我国三十年来使用回弹法检验混凝土强度的经验和存在的问题，在此基础上于 1992 年和 2001 年又分别进行了修订，分别为《回弹法检测混凝土抗压强度技术规程》(JGJ/T 23-1992)和《回弹法检测混凝土抗压强度技术规程》(JGJ/T 23-2001)。

中华人民共和国住房和城乡建设部 2011 年发布的最新标准《回弹法检测混凝土抗压强度技术规程》(JGJ/T 23-2011)，其主要修订内容包括增加了数字式回弹仪的技术要求和泵送混凝土测强曲线及测区强度测算表。

3. 回弹仪

(1)回弹仪的工作原理

回弹仪的基本原理是用弹簧驱动重锤，重锤以恒定的动能撞击与混凝土表面垂直接触的弹击杆，使局部混凝土发生变形并吸收一部分能量，另一部分能量转化为重锤的反弹动能，当反弹动能全部转化成势能时，重锤反弹达到最大距离，仪器将重锤的最大反弹距离以回弹值(最大反弹距离与弹簧初始长度之比)的名义显示出来。

回弹仪具有以下特点：轻便、灵活、价廉、不需电源、易掌握、按钮采用拉伸工艺不易脱落、指针易于调节摩擦力，是适合现场使用的无损检测首选仪器。

计算弹击锤回弹距离的距离 L' 和弹击锤脱钩前距弹击杆后端平面的距离 L 之比，并乘以 100，即得回弹值 R，回弹值由仪器壳的刻度尺给出。

$$R=100\times L'/L$$

式中 R——回弹值；

L'——弹击锤向后弹回的距离；

L——冲击前弹击锤距弹击杆的距离。

(2)影响回弹仪检测性能的主要因素

①机芯主要零件的装配尺寸；

②主要零件的质量；

③机芯装配质量。

(3)仪器的检定

①回弹仪检定周期为半年，当回弹仪具有下列情况之一时，应由法定计量检定机构按行业标准《回弹仪检定规程》(JJG 817-2011)进行检定：

A. 新回弹仪启用前；

B. 超过检定有效期限；

C. 数字式回弹仪数字显示的回弹值与指针值读示值相差大于 1；

D. 经保养后，钢砧率定值不合格；

E 遭受严重撞击或其他损害。

②回弹仪的率定试验应符合下列规定：

A. 率定试验宜在干燥、室温为 5℃ ~35℃的条件下进行；

B. 钢砧表面应干燥、清洁，并应稳固地平放在刚度大的物体上；

C. 回弹值取连续向下弹击三次的稳定回弹结果的平均值；

D. 率定试验应分四个方向进行，且每个方向弹击前，弹击杆旋转 90° ，每个方向的回弹平均值应为 80 ± 2。

③回弹仪率定试验所用的钢砧应每两年送授权计量检定机构检定或校准。

（4）回弹仪的保养

①当回弹仪存在下列情况之一时应进行保养：

A. 弹击超过 2000 次；

B. 在钢砧上的率定值不合格；③对检测值有怀疑时。

②回弹仪的保养应按下列步骤进行：

A. 先将弹击锤脱钩，取出机芯，然后卸下弹击杆，取出里面的缓冲压簧，并取出弹击锤、弹击拉簧和拉簧座；

B. 清洁机芯各零部件，并应重点清洗中心导杆、弹击锤和弹击杆的内孔和冲击面。清洗后，应在中心导杆上薄薄涂抹钟表油，其他零部件均不需抹油；

C. 清理机壳内壁，卸下刻度尺，检查指针，其摩擦力应为 0.5~0.8 N；

D. 对于数字回弹仪，还应按产品要求的维护程序进行维护；

E. 保养时不得旋转尾盖上已定位紧固的调零螺丝；不得自制或更换零部件；

F. 保养后应进行率定试验。

回弹仪使用完毕后，应使弹击杆伸出机壳，并应清洗弹击杆、杆前端球面以及刻度尺表面和外壳上的污垢、尘土。回弹仪不用时，应将弹击杆压入机壳内，经弹击后按下按钮锁住机芯，然后装入仪器箱。仪器箱平放在干燥阴凉处。当数字式回弹仪长期不用时，应取出电池。

二、回弹法检测混凝土强度的影响因素

采用回弹仪测定混凝土抗压强度就是根据混凝土硬化后其表面硬度（主要是混凝土内砂浆部分的硬度）与抗压强度之间的相关关系进行的。通常，影响混凝土的抗压强度与回弹值的因素很多，有些因素只对其中一项有影响，而对另一项不产生影响或影响甚微。弄清有哪些影响因素以及这些影响因素的作用和影响程度，对正确制订及选择测强曲线、提高测试精度是非常重要的。

主要的影响因素有以下几种：

1. 原材料

混凝土抗压强度大小主要取决于其中的水泥砂浆的强度、粗集料的强度及二者的黏结

力。混凝土的表面硬度除主要与水泥砂浆强度有关外，一般和粗集料与砂浆的黏结力以及混凝土内部性能关系并不明显。

（1）水泥。当碳化深度为零或同一碳化深度下，用普通硅酸盐水泥、矿渣硅酸盐水泥及粉煤灰硅酸盐水泥的混凝土抗压强度与回弹值之间的基本规律相同，对测强曲线没有明显差别。自然养护条件下的长龄期试块，在相同强度条件下，已经炭化的试块回弹值高，龄期越长，此现象越明显；

（2）细集料。普通混凝土用细集料的品种和粒径，只要符合《普通混凝土用砂质量标准及检验方法》（JGJ52-2006）的规定，对回弹法测强没有明显影响；

（3）粗集料。粗集料的影响，至今看法不统一，有的认为不同石子品种、粒径及产地对回弹法测强有一定影响，有的认为影响不大，认为分别建立曲线未必能提高测试精度。

2. 成型方法

只要成型后的混凝土基本密实，手工插捣和机振对回弹测强无显著影响。但对一些采用离心法、真空法、压浆法、喷射法和混凝土表层经过各种物理、化学方法处理成型的混凝土，应慎重使用回弹法的统一测强曲线，必须经过试验验证后方可使用。

3. 养护方法

标准养护与自然养护的混凝土含水率不同，强度发展不同，表面硬度也不同，尤其在早期，差异更明显。国内外资料都主张标准养护与自然养护的混凝土应有各自不同的校准曲线。蒸汽养护使混凝土早期速度增长较快，但表面硬度也随之增长，若排除混凝土表面湿度、碳化等因素的影响，则蒸汽养护混凝土的测强曲线与自然养护混凝土基本一致。

4. 湿度

湿度对回弹法测强有较大的影响。试验表明，湿度对于低强度混凝土影响较大。随着强度的增长，湿度的影响逐渐减小，对于龄期较短的较高强度的混凝土的影响已不明显。

5. 碳化

水泥经水化就游离出大约 35% 的 $Ca(OH)_2$，混凝土表面受到空气中 CO_2 的影响，逐渐生成硬度较高的 $CaCO_3$，这就是混凝土的碳化现象，它对回弹法测强有显著影响。随着硬化龄期的增长，混凝土表面一旦发生碳化现象后，其表面硬度逐渐增高，使回弹值与强度的增加速率不等，显著影响了 f_{cU}-R 的关系。对于三年内不同强度的混凝土，虽然回弹值随着碳化深度的增大而增大，但当碳化深度达到某一数值如等于 6 mm 时，这种影响基本不再增长。

6. 模板

使用吸水性模板会改变混凝土表层的水胶比，使混凝土表面硬度增大，但对混凝土强度并无显著影响。

7. 其他

混凝土分层泌水现象使一般构件底边石子较多，回弹读数偏高；表层泌水，水胶比略大，面层疏松，回弹值偏低。

钢筋对回弹值的影响视混凝土保护层厚度、钢筋直径及其密集程度而定。

除以上所列影响因素以外，测试时的大气温度、构件的曲率半径、厚度和刚度以及技术等对回弹也有不同程度的影响。

三、回弹法测强曲线

1. 测强曲线的分类

测强曲线是指混凝土的抗压强度数值。一般规定，测强曲线可以分为以下三种类型：

（1）统一测强曲线：由全国有代表性的材料、成型养护工艺配制的混凝土试件，通过试验所建立的曲线。此测强曲线适用于以下条件：

①普通混凝土采用的水泥、砂石、外加剂、掺和料、拌合用水符合现行国家有关标准；

②采用普通成型工艺；

③采用符合现行国家标准的模板；

④蒸汽养护出池后经自然养护 7d 以上，且混凝土表层为干燥状态；

⑤自然养护龄期为 14~1000 d；

⑥抗压强度为 10~60 MPa。

（2）地区测强曲线：由本地区常用的材料、成型养护工艺配制的混凝土试件，通过试验所建立的测强曲线。

（3）专用测强曲线：由与结构或构件混凝土相同的材料、成型养护工艺配制的混凝土试件，通过试验所建立的测强曲线。

地区和专用测强曲线只能在制定曲线时的条件范围内使用，如龄期、原材料、外加剂、强度区间等，不允许超出该使用范围。

2. 各类测强曲线的误差值规定

（1）统一测强曲线的强度误差值应符合下列规定：平均相对误差（δ）不应大于 ±15.0%；

相对标准差（er）不应大于 18.0%。

（2）地区测强曲线的强度误差值应符合下列规定：

地区测强曲线：平均相对误差（δ）不应大于 ±14.0%；相对标准差（e_r）不应大于 17.0%。

（3）专用测强曲线的强度误差值应符合下列规定：

平均相对误差（δ）不应大于土 12.0%；相对标准差（e_r）不应大于 14.0%。

3. 测强曲线的选用原则

对有条件的地区和部门，应制定本地区的测强曲线或专用测强曲线，经上级主管部门组织审定和批准后实施。

各检测单位应按专用测强曲线、地区测强曲线、统一测强曲线的次序选用测强曲线。

四、检测技术及数据处理

1. 检测技术

（1）检测技术的一般规定

采用回弹仪检测混凝土强度时应具有下列资料：工程名称、设计单位、施工单位；构件名称、数量及混凝土类型（是否泵送）、强度等级；水泥安定性，外加剂、掺合料品种；混凝土配合比；施工模板、混凝土浇筑、养护情况及浇筑日期；必要的设计图纸和施工记录；检测原因等。

回弹仪在工程检测前后，应在钢砧上做率定试验，并应符合要求，率定值为 80 ± 2。

（2）检测类别

①单个检测。对于一般构件，测区数不宜少于 10 个，相邻两侧区的间距不应大于 2 m，测区面积不宜小于 0.04 m^2，且应选在能够使回弹仪处于水平方向的混凝土浇筑侧面。

②批量检测。对于混凝土生产工艺、强度等级、原材料、配合比、养护条件一致且龄期相近的一批同类构件的检测应采用批量检测。按批量进行检测时，应随机抽取，抽检数量不宜少于同批构件总数的 30% 且构件数量不宜少于 10 件，当检验批构件数量大于 30 个时，抽样构件数量可适当调整，但不得少于国家现行有关标准规定的最少抽样数量。

③测量回弹值

测量回弹值时，回弹仪的轴线应始终垂直于混凝土检测面，并应缓慢施压，准确读数，快速复位。

检测泵送混凝土强度时，测区应选在混凝土浇筑侧面。

每一测区应读取 16 个回弹值，每一测点的回弹值读数都应精确到 1。测定宜在测区范围内均匀分布，相邻两测点的净距离不宜小于 20 mm；测点距外露钢筋、预埋件的距离不宜小于 30 mm；测点不应在气孔或外露石子上，同一测点应只弹击一次。

（4）测量碳化深度值

回弹值测量完毕后，应在最有代表性的位置上测量碳化深度值，测点数不应少于构件测区数的 30%，应取其平均值为该构件每测区的碳化深度值。当碳化深度值极差大于 2.0 mm 时，应在每一测区测量碳化深度值。

测量碳化深度值应符合下列规定：

①可采用工具在测区表面形成直径约 15 mm 的孔洞，其深度应大于混凝土的碳化深度；

②应清除孔洞中的粉末和碎屑，但不得用水擦洗；

③应采用浓度为 1%~2% 的酚酞酒精溶液滴在孔洞内壁的边缘处，当已碳化与未碳化界线清楚时，应采用碳化深度测量仪测量已碳化与未碳化混凝土交界面到混凝土表面的垂直距离，并应测量三次，每次读数精确至 0.25 mm；

④应将三次测量的平均值作为检测结果，并应精确至 0.5 mm。

（5）泵送混凝土

在旧标准中泵送混凝土是在非泵送混凝土强度换算的基础上加上泵送修正得到泵送混凝土强度值。

由于泵送混凝土在原材料、配合比、搅拌、运输、浇筑、振捣、养护等环节与传统的混凝土有很大的区别，为了适用于混凝土技术的发展，提高回弹法检测的精度，新标准把泵送混凝土进行单独回归。

按照最小二乘法的原理，通过回归得到的幂函数曲线方程为

$$f=0.034488R^{1.9400}10^{(-0.0173dm)}$$

式中 d_m——碳化深度平均值；

R——回弹平均值。

其强度误差为：平均相对误差为 ±13.89%；相对标准误差为 17.24%。

2. 数据处理

（1）回弹平均值的计算

应从该测区的 16 个回弹值中剔除三个最大值和三个最小值，余下的 10 个回弹值应按下式计算：

$$R_{\mathrm{m}}=\frac{1}{0}\sum_{i=1}^{0}R_i$$

式中 R_m——测区平均回弹值，精确至 0.1；

R——第 i 个测点的回弹值。

（2）角度修正

非水平状态检测混凝土浇筑侧面时，测区的平均回弹值应按下列公式修正：

$$R_m=R_{m\alpha}+R_{a\alpha}$$

式中 $R_{m\alpha}$——非水平状态检测时的测区平均回弹值，精确至 0.1；

$R_{a\alpha}$——非水平状态检测时的回弹修正值。

（3）检测面修正

水平方向检测混凝土浇筑顶面或底面时，测区的平均回弹值应按下列公式修正：

$$R_m=R^b{}_m+R^t{}_a$$

$$R_m=R^b{}_m+R^b{}_a$$

式中 $R^t{}_mR^b{}_m$——水平方向检测混凝土浇筑表面、底面时，测区的平均回弹值，精确至 0.1；

$R^t{}_mR^b{}_a$——混凝土浇筑表面、底面回弹值的修正值，测区的平均回弹值，精确至 0.1，值得注意的是：当检测时回弹仪为非水平方向且测试面为混凝土的非浇筑侧面时，应先对回弹值进行角度修正，然后再对修正后的值进行浇筑面修正。即“先修角，后修面”。

第五章　建筑工程项目管理组织

第一节　建筑工程项目管理机构的组织

一、建筑工程项目管理的组织形式

建筑工程项目管理的组织形式要根据项目的管理主体、项目的承包形式，组织的自身情况等来确定。

1. 直线职能式项目管理组织

直线职能式项目管理组织是指结构形式呈直线状，且设有职能部门或职能人员的组织每个成员（或部门）只受一位直接领导指挥。其组织形式如图 5-1 所示。

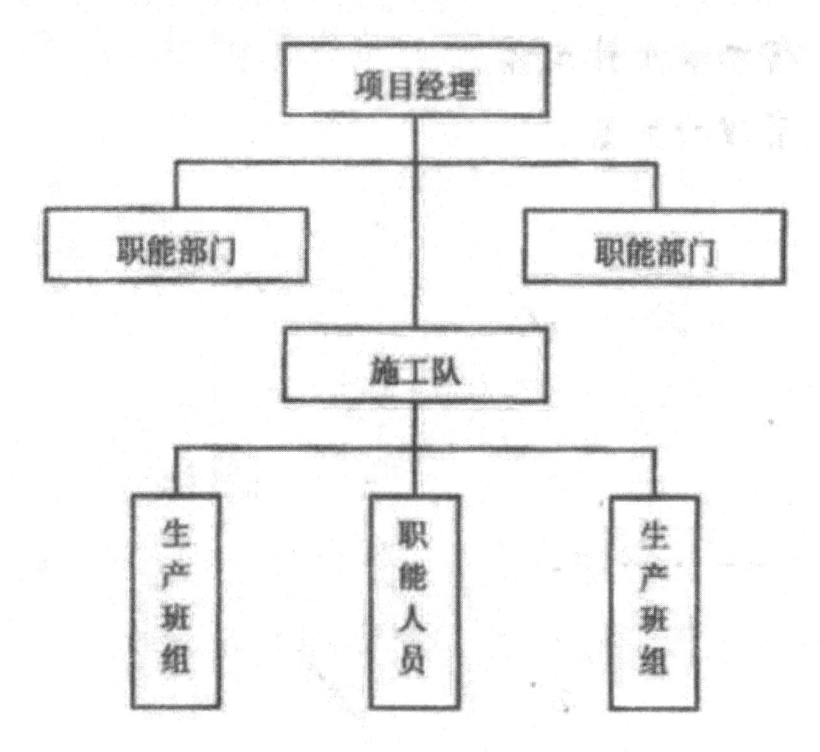

图 5–1　直线职能式项目管理组织形式示意图

直线职能式项目管理组织形式是将整个组织结构分为两部分。一是项目部生产部门。它们实行直线指挥体系，自上而下有一条明确的管理层次，每个下属人员明确地知道自己的上级是谁，而每个领导也都明确地知道自己的管辖范围和管辖对象。在这条管理层次线上，每层的领导都拥有对下级实行指挥和发布命令的权力，并对处于本层次单位的工作全面负责。二是项目部职能部门。项目部职能部门是项目经理的参谋和顾问，只能对施工队的施工人员实施业务指导、监督、控制和服务，而不能直接对生产班组和职能人员进行指挥和发布命令。

直线职能制的组织结构保证了项目部各级单位都有统一的指挥和管理，避免了多头领导和无人负责的混乱现象；同时，职能部门的设立，又保证了项目管理的专业化，即在保证行政统一指挥的同时，又接受专职业务管理部门的指导、监督、控制和服务，避免了项目施工单位（施工队）只注重进度和经济效益而忽视质量和安全的问题。

这种组织模式虽有上述一些优点，但也存在不易正确处理行政指挥和业务指导之间关系的问题。如果这个关系处理不好，就不能做到统一指挥，下属人员仍然会出现多头领导的问题。这个问题的最终处理方法，是在企业内部实行标准化、规范化、程序化和制度化的科学管理，使企业内部的一切管理活动都有法可依、有章可循，各级各类管理人员都明确自己的职责，照章办事，不得相互推诿和扯皮。

2. 事业部式项目管理组织

事业部式项目管理组织是指由企业内部成立派往各地的项目管理班子，并相应成立具有独立法人资格的企业分公司，这些分公司可以按地区或专业来划分。其组织形式如图 5-2 所示。

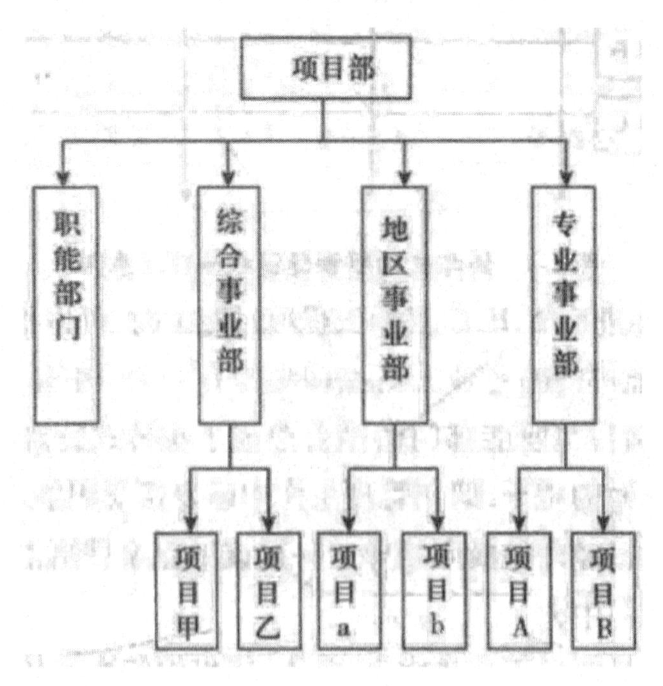

图 5-2　事业部式项目管理组织形式示意图

事业部对企业来说是内部的职能部门，对企业外部具有相对独立的经营权，也可以是一个独立的法人单位。事业部可以按地区设置，也可以按工程类型或经营内容设置。事业部的主管单位可以是企业，也可以是企业下属的某个单位。如图 5-2 所示的地区事业部，可以是公司的驻外办事处，也可以是公司在外地设立的具有独立法人资格的分公司。专业事业部是公司根据其经营范围成立的事业部，如基础公司、装饰公司、钢结构公司等。事业部下设项目经理部，项目经理由事业部任命或聘任，受事业部直接领导。

事业部式项目管理组织，能迅速适应建筑市场的变化，提高施工企业的应变能力和决策效率，有利于延伸企业的经营管理职能，拓展企业的业务范围和经营领域，扩大企业的影响。按事业部式建立项目组织，其缺点是企业对项目经理部的约束力减弱，协调指导的机会减少，当遇到技术问题时，不能充分利用企业技术资源来解决，往往会造成企业结构的松散，导致公司的决策不能全面贯彻执行。

事业部式项目管理组织多适用于大型经营性企业的工程承包项目，特别适用于远离公司本部的工程承包项目。

3. 矩阵式项目管理组织

矩阵式项目管理组织是指其组织结构形式呈矩阵状，项目管理人员接受企业有关职能部门或机构的业务指导，同时还要服从项目经理的直接领导。其组织形式如图 5-3 所示。

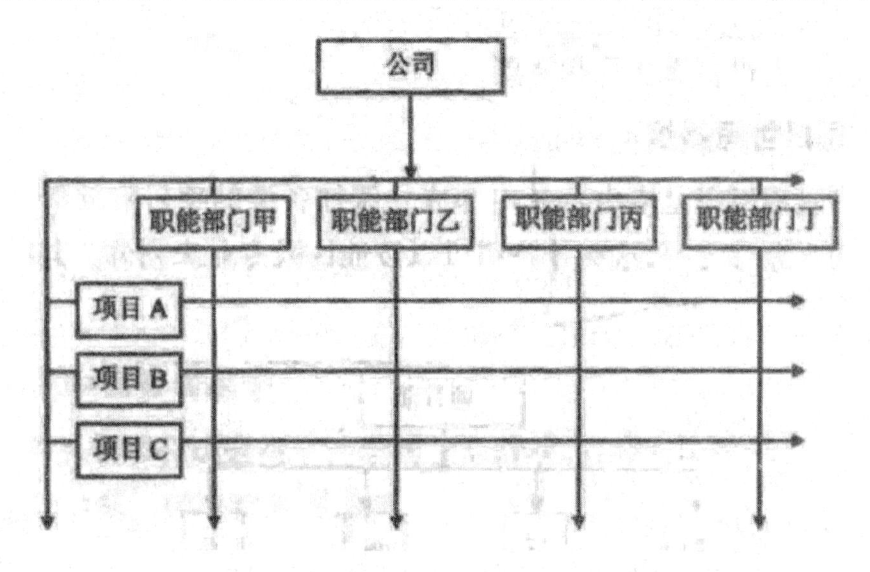

图 5–3 矩阵式项目管理组织形式示意图

从图 5-3 可以看出，在进行 A，B、C 三个工程项目施工时，可以把原来属于纵向领导体系中甲，乙，丙、丁等不同职能部门的专业人员抽调集中在一起，组成 A、B、C 三个工程项目的横向领导体系，这样多个项目与职能部门的结合组成了矩阵式管理模式。矩阵结构中的每个工作人员都受两个方面的领导，即在管理工作中既要接受职能部门的纵向领导，又要分别接受不同工程项目部项目经理的横向领导。一旦该工程项目结束，项目部自动解体，管理人员再回到原来的职能部门中去。

矩阵式项目管理组织具有以下主要优点：首先，该组织解决了传统管理模式中企业组织和项目组织相互矛盾的状况，把项目的业务管理和行政管理有机地结合在一起，达到专业化管理效果；其次，能以尽可能少的人力，实现多个项目的高效管理，管理人员可以根据工作情况在各项目中流动，打破了一个职工只接受一个部门领导的原则，加强了部门间的协调，便于集中各种专业和技能型人才，快速去完成某些工程项目，提高了管理组织的灵活性；最后，它有利于在企业内部推行经济承包责任制和实行目标管理，同时，也能有效地精简施工企业的管理机构。

矩阵式项目管理组织存在以下缺点：矩阵式项目管理组织中的管理人员，由于要接受纵向（所在职能部门）和横向（项目经理）两个方面的双重领导，必然会削弱项目部的领导权力并出现扯皮现象，当两个部门的领导意见不一致或有矛盾时，便会影响工程进展；当管理人员同时管理多个项目时，往往难以确定管理项目的优先顺序，造成顾此失彼。矩阵式项目管理组织对企业管理水平、项目管理水平，领导者的素质、组织机构的办事效率、信息沟通渠道的畅通等均有较高要求。因此，在协调组织内部关系时，必须有强有力的组织措施和协调办法，来解决矩阵式项目管理组织模式存在的问题和不足。

矩阵式项目管理的组织模式，适用于同时承担多个大型、复杂的施工项目。

二、建筑工程项目任务的组织模式

工程项目任务的组织模式是通过研究工程项目的承发包方式，确定工程的任务模式。任务模式的确定也决定了工程项目的管理组织，决定了参与工程项目各方项目管理的工作内容和责任。

一个建设项目按工作性质和专业不同可分解成多个建设任务，如项目的设计、项目的施工、项目的监理等工作任务，这些任务不可能由项目法人自己独立完成。对于项目的建筑施工任务，一般要委托专业有相应资质的建筑施工企业来承担，对项目设计和监理任务也要委托有相应资质的专业设计和监理咨询单位来完成。项目业主或法人如何进行委托，委托的形式及做法等就是本小节所要讨论的建设项目任务的组织模式。

建筑市场的市场体系主要由三方面构成，一是以业主方为主体的发包体系；二是以设计，施工、供货方为主体的承建体系；三是以工程咨询、评估、监理等方面为主体的咨询体系。市场三方主体由于各自的工作对象和内容不同、深度和广度不同，它们各自的项目任务组织模式也不同。

一般情况下，项目业主或法人必须通过建筑工程交易市场招投标来确定建筑工程项目的中标单位，并采用承发包的形式进行项目委托。建筑工程项目任务组织模式主要有平行承发包，总分包、项目全包、全包负责，施工联合体和施工合作体等承发包模式。

1. 平行承发包模式

平行承发包模式是业主将工程项目的设计，施工等任务分解后，分别发包给多个承建单位的方式。此时无总包和分包单位，各设计单位，施工单位、材料或设备供应单位及咨询单位之间的关系是平行的，各自对业主负责，如图 5-4 所示。

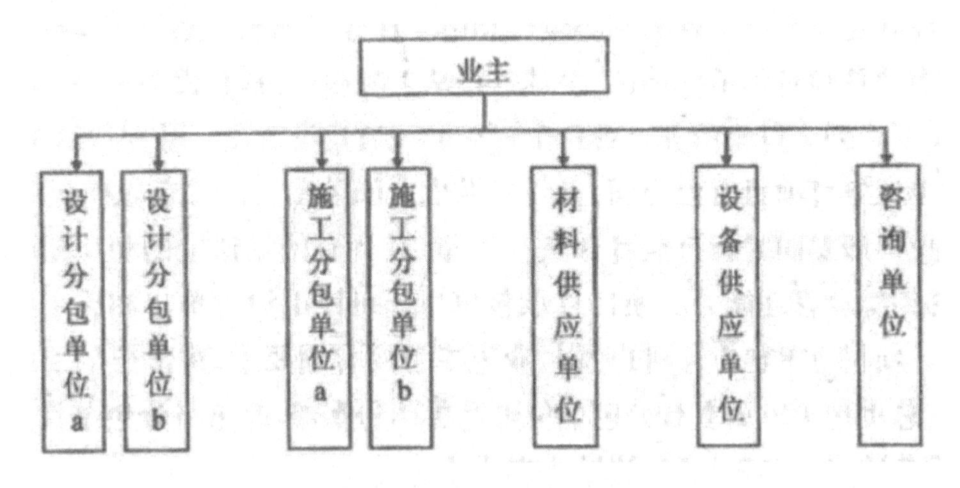

图 5-4　平行承发包模式示意图

对业主而言，平行承发包模式将直接面对多个施工单位、多个材料设备供应单位和多个设计单位，而这些单位之间的关系是平行的。而对于某个承包商而言，他只是这个项目众多承包商中的一员，与其他承包商并无直接关系，但需共同工作，他们之间的协调由业主来负责。

2. 总分包模式

总分包模式分为设计任务总分包与施工任务总分包两种形式。它是业主将工程的全部设计任务委托给一家设计单位承担，将工程的全部施工任务委托给一家施工单位来承建的方式。这一设计单位也就成为设计总承包单位，施工单位就成为施工总承包单位。采用总分包模式，业主在项目设计和施工方面直接面对的只是这两个总承包单位。这两个总承包单位之间的关系是平行的，他们各自对业主负责，他们之间的协调由业主负责。总分包模式如图 5-5 所示。总承包单位与业主签订总承包合同后，可以将其总承包任务的一部分再分包给其他承包单位，形成工程总承包与分包的关系。总承包单位与分包单位分别签订工程分包合同，分包单位对总承包单位负责，业主与分包单位没有直接的合同关系。业主一般会规定允许分包的范围，并对分包商的资格进行审查和控制。

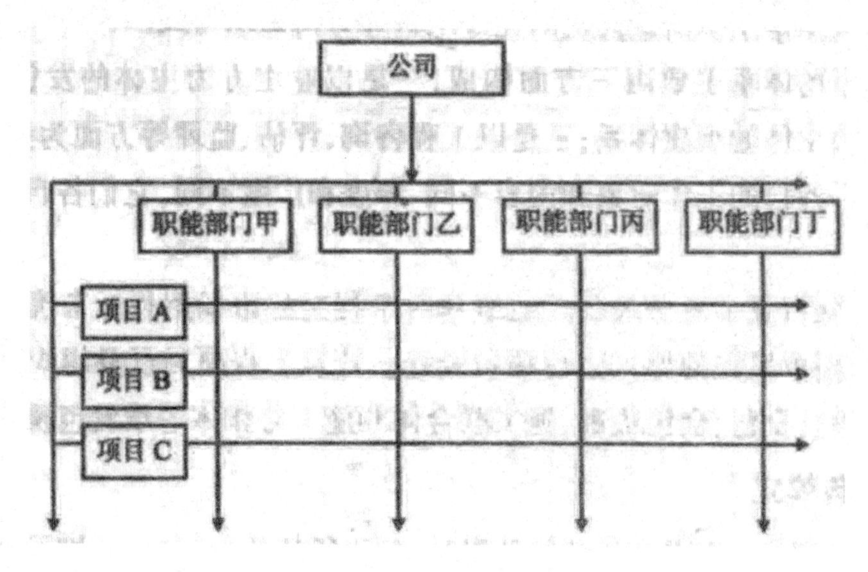

图 5-5　总分包模式示意图

3. 项目全包模式

项目全包模式是业主将工程的全部设计和施工任务一起委托给一个承包单位实施的方式。这一承包单位称项目总承包单位，由其进行从工程设计，材料设备订购、工程施工，设备安装调试、试车生产到交付使用等一系列全过程的项目建设工作。采用项目全包模式，业主与项目总承包单位签订项目总包合同，只与其发生合同关系。项目全包模式如图 5-6 所示。项目总承包单位一般要同时拥有设计和施工力量，并具有国家认定的相应的设计和施工资质，且具备较强的综合管理能力。项目总承包单位也可以由设计单位和施工单位组成项目总承包联合体。项目总承包单位可以按与业主签订的合同要求，将部分的工程任务分包给分包单位完成，总承包单位负责对分包单位进行协调和管理，业主与分包单位不存在直接的承发包关系，但在确定分包单位时，须经业主认可。

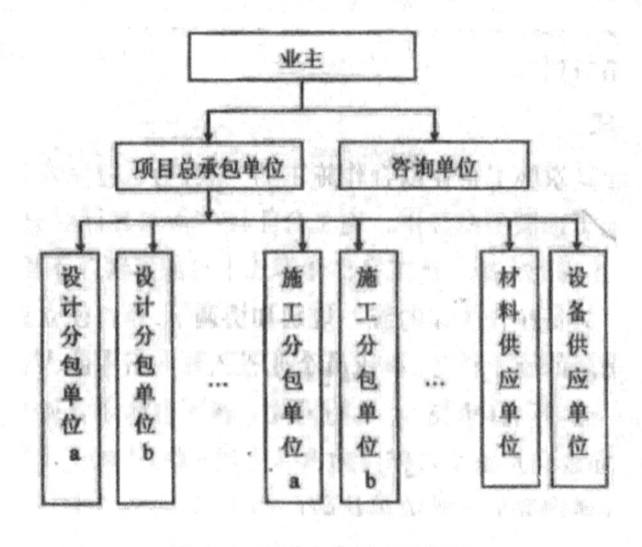

图 5-6　项目全包模式示意图

4. 全包负责模式

项目全包负责模式是指全包负责单位向业主承揽工程项目的设计和施工任务后，经业主同意，把承揽的全部设计和施工任务转包给其他单位，它本身并不承担任何设计和施工任务。这一点也是项目全包负责模式与全包模式的根本区别。项目全包模式中的总包单位既可自己承担其中的部分任务，又可将部分任务分包给其他单位，全包负责单位在项目中主要是进行项目管理活动。除项目全包负责外，还有设计全包负责与施工全包负责两种模式。

5. 施工联合体模式

施工联合体是若干建筑施工企业为承包完成某项大型或复杂工程的施工任务而联合成立的一种施工联合机构，它是以施工联合体的名义与业主签订一份工程承包合同，共同对业主负责，它属于紧密型联合体。在联合体内部，参加施工联合体的各施工单位之间还要签订内部合同，以明确彼此的经济关系和责任等。

施工联合体的承包方式是由多个承建单位联合共同承包一个工程的方式。多个承建单位只是针对某一个工程而联合，各单位之间仍是各自独立的，这一工程完成以后，联合体就不复存在。施工联合体统一与业主签约，联合体成员单位以投入联合体的资金，机械设备以及人员等作为在联合体中的投入份额，财务统一，并按各自投入的比例分享收益与风险。

施工联合体中的成员企业，共同推选出一位项目总负责人，并由其统一组织领导和协调工程项目的施工。施工联合体一般还要设置一个监督机构，由各成员企业指派专人参加，以便共同商讨项目施工中的有关事宜，或作为办事机构处理有关日常事务。

采用施工联合体的工程承包方式，联合体成员单位在资金、技术、管理等方面可以集中各自的优势，各取所长，使联合体有能力承包大型工程或复杂工程，同时也可以增强抵抗风险的能力。施工联合体不是注册企业，因而不需要注册资金。在工程进展过程中，若联合体中某一成员单位破产，则其他成员单位仍需负责对工程的实施，其他成员单位需要共同协商补充相应的资源来保证工程施工的正常进行。通常在联合体内部的合约中有相应的规定，业主一般不会因此而造成损失。

6. 施工合作体模式

施工合作体是多个建筑施工企业以合作施工的方式，为承包完成某项工程建设施工任务组成的联合体。它属于松散型联合体。施工合作体与业主签订承包合同，由合作体统一组织、管理与协调整个工程的实施。施工合作体形式上与施工联合体相同，但实质上却完全不同。合作体成员单位只是在合作体的统一规划和协调下，各自独立地完成整个承包内容中的某个范围和规定数量的施工任务，各成员企业投入到项目中的人，财、物等只供本施工企业支配使用，各自独立核算、自负盈亏、自担风险。施工合作体一般不设置统一的指挥机构，但需推选若干成员企业负责施工合作体的内部协调工作，工程竣工后的利益分配无须统一进行。如果施工合作体内部某一成员单位破产倒闭，其他成员单位无须承担相应的经济责任，这一风险由业主承担。对业主而言，采用施工合作体模式，组织协调工作量可以减少，但项目实施的风险要大于施工联合体。

三、建筑方项目管理方式

1. 建设单位自管方式

建设单位自管方式是指建设单位直接参与并组织项目的管理，一般是建设单位设置基建机构，负责建设项目管理的全过程。如支配资金，办理各种手续及场地准备，设计招标、采购设备，施工招标、验收工程以及协调和沟通内外组织的关系。有的还组织专门的技术力量，对设计和施工进行审核和把关。但作为一个单位的基建部门，其专业技术人才的数量、人才结构、水平等往往不能满足工程建设的需要，而且由于工程建设任务不多，工作经验难以积累，往往造成项目的管理不善，不能实行高效科学的管理。其组织管理形式如图 5-7 所示。

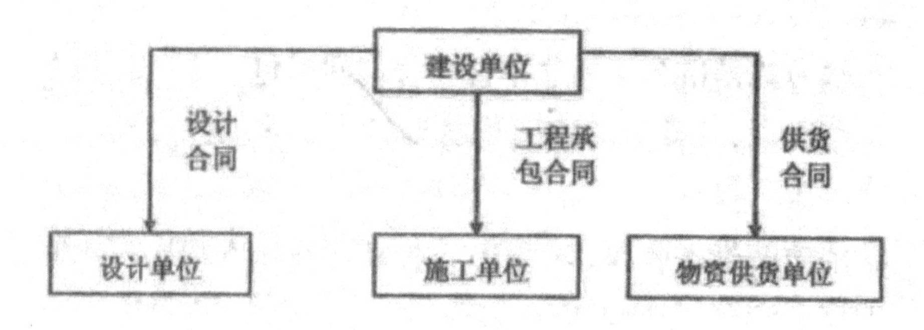

图 5-7　建设单位自管方式示意图

2. 工程指挥部管理组织方式

工程指挥部通常由政府主管部门指派的各方面代表组成，工程完工后指挥部即宣告解体。在计划经济体制下，指挥部的管理体制对于保证重点工程建设项目的顺利实施、发展国民经济，都起着非常重要的作用。工程指挥部管理形式如图 5-8 所示。进入市场经济以后，工程指挥部管理方式的弊端越来越多地被显露出来。如工程指挥部的工作人员临时从四面八方调集而来，多数人员缺乏项目管理经验。由于是一次性、临时性的工作难以积累经验，工作人员不稳定，在思想上也不会很重视。指挥部政企不分，与建设单位的关系是领导与被领导关系，指挥部凌驾于建设单位之上，一般仅对建设期负责，对经营期不负责，不负责投资回收和偿还贷款，因此他们考虑一次性投资多，考虑项目全生命周期的经济效益少。采用指挥部管理组织方式主要存在的问题：一是以行政权力和利益方式代替科学管理；二是以非稳定班子和非专业班子进行项目管理；三是缺乏建设期和经营期的连续性和综合性考虑。鉴于上述原因，这种组织方式现已很少采用。

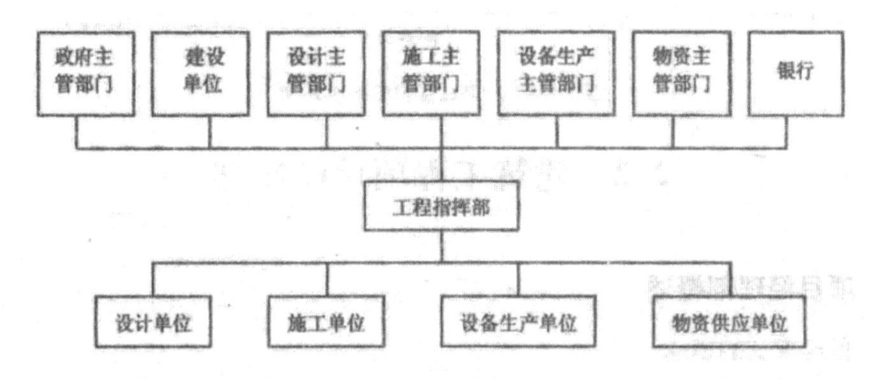

图 5–8　工程指挥部管理方式示意图

3. 工程托管方式

建设单位将整个工程项目的全部工作，其中包括可行性研究、建设准备、规划、勘察设计，材料供应、设备采购、施工、监理及工程验收等全部任务都委托给工程项目管理专业公司去管理或实施，并由该公司派出项目经理，进行设计及施工的招标或直接组织有关专业公司共同完成整个建设项目。这种项目管理组织形式如图 5-9 所示。

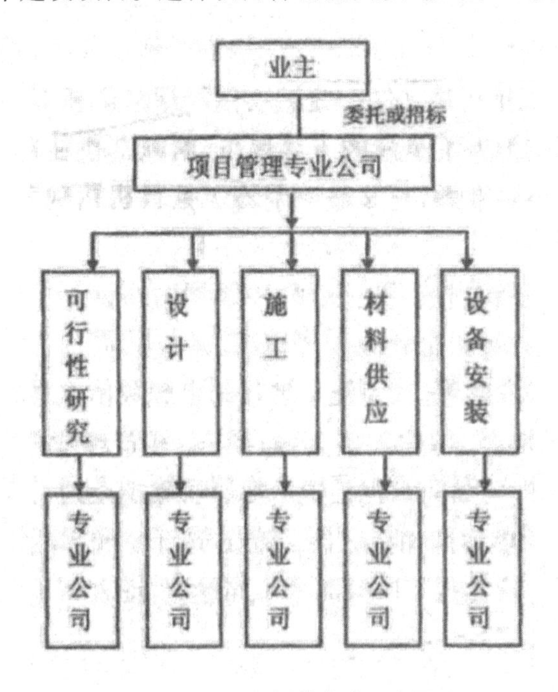

图 5–9　工程托管方式示意图

4. 三角式管理组织方式

由建设单位分别与承包单位和咨询公司签订合同，由咨询公司代表建设单位对承包单位进行管理，这是国际上通行的传统项目管理组织。其组织形式如图 5-10 所示。

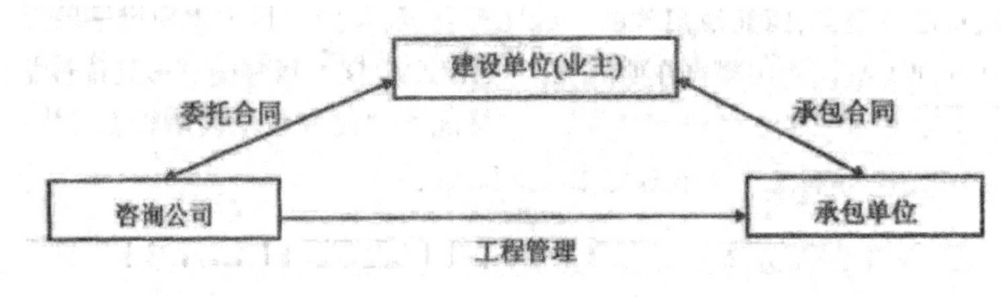

图 5-10　三角式管理组织示意图

四、项目管理规划大纲的编制

项目管理规划大纲是由企业管理层在投标之前编制，作为投标依据，满足招标文件的要求及签订合同要求的文件。由于项目管理规划大纲具有战略性、全局性和宏观性，显示了投标人的技术和管理方案的可行性与先进性，所以有利于投标竞争。因此，其需要依靠企业管理层的智慧与经验，取得充分依据，发挥综合优势进行编制。

1. 项目管理规划大纲的作用

（1）项目管理规划大纲对项目管理的全过程进行规划，为全过程的项目管理提出方向和纲领；

（2）项目管理规划大纲是承揽业务、编制投标文件的依据；

（3）项目管理规划大纲是中标后签订合同的依据；

（4）项目管理规划大纲是编制项目管理实施规划的依据；

（5）发包方的建筑工程项目管理规划大纲还对各相关单位的项目管理规划大纲起指导作用。

2. 项目管理规划大纲的编制依据

（1）可行性研究报告

在编制项目管理规划大纲前，企业管理层应对招标文件进行分析研究。通过对投标人须知的分析研究，熟悉投标文件、招标程序；通过对技术文件的分析研究，确定招标人的工程要求，界定工程范围；通过对整个招标文件的分析研究，确定工程投标和进行工程施工的总体方针和战略。

在招标文件分析研究中发现的问题和不理解的地方应及早向招标人提出，以求得招标人的答复。这对投标人正确编制项目管理规划大纲和投标文件是非常重要的。

（2）设计文件、标准、规范与有关规定

按照合同条件的规定，招标人应对其所提供的设计文件及有关技术资料的正确性承担责任，但投标人应对它们做基本分析，在一定程度上检查它们的正确性，为编制项目管理规划大纲、投标文件和制定投标策略提供依据。若发现有明显错误，应及时通知投标人。

同时，要熟悉项目管理中使用的标准、规范和有关规定。

（3）招标文件及有关合同文件

项目管理规划大纲与招标文件的要求一致，因此，招标文件是编制项目管理规划大纲最重要的依据。在投标过程中，招标人常常会以补充、说明的形式修改、补充招标文件的内容；在标前会议上，招标人也会对投标人提出的招标文件中的问题、对招标文件不理解的地方进行统一解释。在编制项目管理规划大纲时一定要重视这些修改、变更和解释。同时，通过分析有关合同文件的完备性、合法性、单方面约束性和合同风险性，确定投标人总体的合同责任。

（4）相关市场信息与环境信息

相关市场信息主要是指参与项目的投标人的基本情况以及数量，企业与这些投标人在项目上竞争能力的分析比较等；环境信息主要是指对项目的环境调查。

3.项目管理规划大纲的编制程序

（1）明确项目目标；

（2）分析项目的环境和条件；

（3）收集项目的有关资料和信息；

（4）确定项目管理组织模式、结构和职责；

（5）明确项目管理的内容；

（6）编制项目目标计划和资源计划；

（7）汇总整理，报送审批。

4.项目管理规划大纲的编制内容

在土木工程中，项目管理规划大纲应由项目管理层依据招标文件及发包人对招标文件的解释、企业管理层对招标文件的分析研究结果、工程现场情况、发包人提供的信息和资料、有关市场信息，以及企业法定代表人的投标决策意见编写。项目管理规划大纲的内容主要包括项目概况、项目实施条件分析、项目投标活动及签订合同的策略、项目管理目标、项目组织结构及其职责、质量目标和施工方案、工期目标和施工总进度计划、成本目标及管理措施、项目风险预测和安全目标及措施、项目现场管理和施工平面图、投标和签订施工合同、文明施工及保护环境。

（1）项目概况。包括项目产品的构成、基础特征、结构特征、建筑装饰特征、使用功能、建设规模、投资规模、建设意义等；

（2）项目实施条件分析。包括合同条件，现场条件，法规条件及相关市场、自然和社会条件等的分析；

（3）项目投标活动及签订合同的策略；

（4）项目管理目标。包括质量、成本、工期和安全的总目标及其分解的子目标，施工合同要求的目标，承包人自己对项目的规划目标；

（5）项目组织结构及其相关职责；

（6）质量目标和施工方案。包括招标文件（或发包人）要求的质量目标及其分解目标、保证质量目标实现的主要技术组织措施；重点单位工程或重点分部工程的施工方案，包括工程施工的程序和流向，拟采用的施工方法、主要施工机械、新技术和新工艺，劳动的组织与管理措施；

（7）工期目标和施工总进度计划。包括招标文件（或发包人）的总工期目标及其分解目标、主要的里程碑事件及主要施工活动的进度计划安排、施工进度计划表、保证进度目标实现的措施；

（8）成本目标及管理措施。包括总成本目标和总造价目标、主要成本项目及成本目标分解、人工及主要材料用量、保证成本目标实现的技术措施；

（9）项目风险预测和安全目标及措施。包括根据工程的实际情况对施工项目的主要风险因素做出的预测、相应的对策措施、风险管理的主要原则、安全责任目标、施工过程中的不安全因素、安全技术组织措施；专业性较强的施工项目，应当编制安全施工组织设计，并采取安全技术措施；

（10）项目现场管理和施工平面图。包括项目现场管理目标和管理原则、项目现场管理主要技术组织措施；承包人对施工现场安全、卫生、文明施工、环境保护、建设公害治理、施工用地和平面布置方案等的规划安排，施工现场平面特点，施工现场平面布置原则，施工平面图及其说明；

（11）投标和签订施工合同。包括投标和签订合同总体策略、工作原则、投标小组组成、签订合同谈判组成员、谈判安排、投标和签订施工合同的总体计划安排；

（12）文明施工及保护环境。主要根据招标文件的要求、现场的具体情况，考虑企业的可能性和竞争的需要，对发包人做出现场文明施工及环境保护方面的承诺。

第二节　建筑工程项目经理部

一、项目经理部概述

1. 项目经理部的概念

项目经理部是由项目经理在企业法定代表人授权和职能部门的支持下按照企业的相关规定组建的，进行项目管理的一次性组织机构。项目经理部直属于项目经理领导，主要承担和负责现场项目管理的日常工作，在项目实施过程中其管理行为应接受企业职能部门的监督和管理。

2. 项目经理部的性质

施工项目经理部是施工企业内部相对独立的一个综合性的责任单位，其性质可以归纳为三个方面：

（1）施工项目经理部的相对独立性。施工项目经理部的相对独立性是指它与企业存在着双重关系。一方面，它作为施工企业的下属单位，同施工企业存在着行政隶属关系，要绝对服从企业的全面领导；另一方面，它又是一个施工项目机构独立利益的代表，同企业形成一种经济责任关系；

（2）施工项目经理部的综合性。施工项目经理部的综合性主要指如下几个方面：首先，应当明确施工项目经理部是施工企业的经济组织，主要职责是管理施工项目的各种经济活动，但它又要负责一定的行政管理，比如施工项目的思想政治工作；其次，其管理职能是综合的，包括计划、组织、控制、协调、指挥等多方面；第三，其管理业务是综合的，从横向看包括人，财、物、生产和经营活动，从纵向看包括施工项目实施的全过程；

（3）施工项目经理部的单体性和临时性。施工项目经理部的单体性是指它仅仅是企业中一个施工项目的责任单位，随着施工项目的开工而成立，随着施工项目的终结而解体。

3. 项目经理部的作用

项目经理部是施工项目管理的工作班子，置于项目经理的领导之下。为了充分地发挥项目经理部在项目管理中的主体作用，必须对项目经理部的机构设置特别重视，设计好、组建好、运转好，从而发挥其应有的职能。

（1）施工项目经理部是企业在某一工程项目上的一次性管理组织机构，由企业委任的施工项目经理领导；

（2）施工项目经理部对施工项目从开工到竣工的全过程实施管理，对作业层负有管理和服务的双重职能，其工作质量的好坏将对作业层的工作质量有重大影响；

（3）施工项目经理部是代表企业履行工程承包合同的主体，是对最终建筑产品和建设单位全面负责、全过程负责的管理实体；

（4）施工项目经理部是一个管理组织体，要完成项目管理任务和专业管理任务；凝聚管理人员的力量，调动其积极性，促进合作；协调部门之间、管理人员之间的关系，发挥每个人的岗位作用，为共同目标进行工作；贯彻组织责任制，搞好管理；及时沟通部门之间，项目经理部与作业层、公司、环境之间的信息。

4. 项目经理部的职能部门

项目经理部的职能部门及其人员配置，应当满足施工项目管理工作中合同管理、采购管理、进度管理、质量管理、职业健康安全管理、环境管理、成本管理，资源管理、信息管理、风险管理，沟通管理、收尾管理等各项管理内容的需要。因此，施工项目经理部通常应设置下列部门：

（1）经营核算部门，主要负责预算、合同、索赔、资金收支、成本核算、劳动力的配置与分配等工作；

（2）工程技术部门，主要负责生产调度、文明施工、技术管理、施工组织设计、计划统计等工作；

（3）物资设备部门，主要负责材料的询价、采购、计划供应、管理、运输、工具管理、机械设备的租赁配套使用等工作；

（4）监控管理部门，主要负责工程质量、职业健康安全管理、环境保护等工作；

（5）测试计量部门，主要负责计量、测量、试验等工作。

项目经理部职能部门及管理岗位的设置，必须贯彻因事设岗、有岗有责和目标管理的原则，明确各岗位的责、权、利和考核指标，并对管理人员的责任目标进行检查、考核与奖惩。

二、项目经理部的设立

1. 项目经理部设立的要求

项目经理部的设立应根据施工项目管理的实际需要进行。一般情况下，大、中型施工项目，承包人必须在施工现场设立项目经理部，而不能用其他组织方式代替。在项目经理部内，应根据目标控制和主要管理的需要设立专业职能部门。小型施工项目，如果由企业法定代表人委托某个项目经理部兼管的，也可以不单独设立项目经理部，但委托兼管应征得项目发包人的同意，并不得削弱兼管者的项目管理责任，兼管者应是靠近该项目者。一般情况下，一个项目经理部不得同时兼管两个以上的工程项目部。

2. 项目经理部设立的原则

设立项目经理部应遵循以下基本原则：

（1）要根据所设计的建筑工程项目管理组织形式设置项目经理部。项目管理组织形式与企业对项目经理部的授权有关。不同的组织形式对项目经理部的管理力量和管理职责提出了不同的要求，同时也提供了不同的管理环境；

（2）要根据项目的规模、复杂程度和专业特点设置项目经理部。例如，大型项目经理部可以设置职能部、处，中型项目经理部可以设置职能处、科，小型项目经理部一般只需设置职能人员。如果项目的专业性强，可设置专业性强的职能部门，如水电和安装处等；

（3）项目经理部是一个一次性管理组织，应随工程任务的变化进行必要的调整，不应搞成一个固定的组织。项目经理部在项目开工前建立，工程交付后，项目管理任务完成，项目经理部自动解体。项目经理部不应有固定的作业队伍，而应根据项目的需要从劳务市场进行招聘，通过培训和优化组合后可上岗作业，实现作业队伍的动态管理；

（4）项目经理部的人员配备应面向现场，满足现场的计划与调度、技术与质量，成本与核算、劳务与物资、安全与文明作业的需要，而不应设置与项目作业关系较少的非生产性管理部门，以达到项目经理部的高效与精简；

（5）项目经理部应建立有益于组织运转的各项工作制度。

3. 项目经理部的设立规模

国家对项目经理部的设置规模无具体规定。目前企业是根据推行施工项目管理的实践经验，按项目的使用性质和规模进行设置。

头项目经理部一般按工程的规模大小建立。单独建立项目经理部的工程规模：公共建筑、工业建筑工程规模为5000平方米以上的；住宅建设小区1万平方米以上；其他工程投资在500万元以上。根据不同的规模，有人提出把项目经理部分为三个等级。

（1）一级施工项目经理部：建筑面积为15万平方米及以上的群体工程；面积为10万平方米及以上的单体工程；投资在8000万元及以上的各类施工项目；

（2）二级施工项目经理部：建筑面积在15万平方米以下，10万平方米及以上的群体工程；面积在10万平方米以下，5万平方米及以上的单体工程；投资在8 000万元以下，3 000万元以上的各类施工项目；

（3）三级施工项目经理部：建筑面积在10万平方米以下，2万平方米及以上的群体工程；面积在5万平方米以下，1万平方米及以上的单体工程；3 000万元以下，500万元及以上的各类施工项目。

建筑面积在2万平方米以下的群体工程，面积在1万平方米以下的单体工程，按照项目经理责任制的有关规定，可实行项目授权代管和栋号承包。以栋号长为负责人，直接与代管项目经理签订《栋号管理目标责任书》。

4.项目经理部的设立步骤

项目经理部的设立应遵循下列步骤：

（1）根据企业批准的《项目管理规划大纲》确定项目经理部的管理任务和组织形式。项目经理部的组织形式和管理任务的确定应充分考虑工程项目的特点、规模以及企业管理水平和人员素质等因素。组织形式和管理任务的确定是项目经理部设置的前提和依据，对项目经理部的结构和层次起着决定性的作用；

（2）确定项目经理部的层次，设立职能部门与工作岗位。根据项目经理部的组织形式和管理任务进一步确定项目经理部的结构层次，如果管理任务比较复杂，层次就应多一些；如果管理任务比较单一，层次就应简化。此外，职能部门和工作岗位的设置除适应企业已有的管理模式外，还应考虑命令传递的高效化和项目经理部成员工作途径的适应性；

（3）根据部门和岗位进一步定人、定岗，划分各类人员的职责、权限，以及沟通途径和指令渠道；

（4）在组织分工确定后，项目经理即应根据“项目管理目标责任书”对项目管理目标进行分解、细化，使目标落实到岗、到人；

（5）在项目经理的领导下，进一步制定项目经理部的管理制度，做到责任具体、权力到位、利益明确。在此基础上，还应详细制定目标责任考核和奖惩制度，使勤有所奖、懒有所罚，从而确保项目经理部的运行有章可循。

三、项目经理部的解体

1.项目经理部解体的条件

项目经理部是一次性并具有弹性的现场生产组织机构，工程竣工后，项目经理部应及时解体同时做好善后处理工作。项目经理部解体的条件为：

（1）工程已经交工验收，并已经完成竣工结算；

（2）与各分包单位已经结算完毕；

（3）已协助企业与发包人签订了《工程质量保修书》；

（4）《项目管理目标责任书》已经履行完毕，并经承包人审计合格；

（5）各项善后工作已与企业主管部门协商一致并办理了有关手续。

2. 项目经理部解体的程序与善后工作

（1）企业工程管理部门是项目经理部组建和解体善后工作的主管部门，主要负责项目经理部的组建及解体后工程项目在保修期间的善后问题处理，包括因质量问题造成的返（维）修、工程剩余款的结算及回收等；

（2）在施工项目全部竣工并交付验收签字之日起十五日内，项目经理部要根据工作需要向企业工程管理部写出项目经理部解体的申请报告，同时向各业务系统提出本部善后留用和解体合同人员名单及时间，经有关部门审核批准后执行；

（3）项目经理部解聘工作人员时，为使其有一定的求职时间，应提前发给解聘人员两个月的岗位效益工资；

（4）项目经理部解体前，应成立以项目经理为首的善后工作小组，其留守人员由主任工程师，技术、预算、财务、材料各一人组成，主要负责剩余材料的处理，工程款的回收，财务账目的结算移交，以及解决与甲方的有关遗留事宜。善后工作一般规定为三个月（从工程管理部门批准项目经理部解体之日起计算）；

（5）施工项目完成后，还要考虑项目的保修问题，因此，在项目经理部解体与工程结算前，要由经营和工程部门根据竣工时间和质量等级确定工程保修费的预留比例；

（6）项目经理部与企业有关职能部门发生矛盾时，由企业经理办公会裁决。与分包及作业层关系中的纠纷依据双方签订的合同和有关的签证处理。

3. 项目经理部解体的必要性

在施工项目经理部是否解体的问题上，不少企业坚持固化项目管理组织。

固化项目管理组织致命的缺点是不利于优化组织机构和劳动组合，以不变的组织机构应付万变的工程项目的管理任务，严重影响了项目单独的经济核算和管理效果。因此，工程项目管理的理论基础和实践要求项目经理部必须解体。

（1）有利于针对项目的特点建立一次性的项目管理机构；

（2）有利于建立可以适时调整的弹性项目管理机构；

（3）有利于对已完成项目进行总结、结算、清算和审计；

（4）有利于项目经理部集中精力进行项目管理和成本核算；

（5）有利于企业管理层和项目管理层进行分工协作，明确双方各自的责，权、利。

4. 项目经理部解体后的效益评价与债权债务处理

（1）项目经理部的剩余材料原则上售让给公司物资设备部，材料价格根据新旧情况按质论价，双方发生争议时可由经营管理部门协调裁决。而对外售让必须经公司主管领导批准；

（2）由于现场管理工作需要，项目经理部自购的通信、办公等小型固定资产，必须如实建立台账，折价后移交企业；

（3）项目经理部的工程成本盈亏审计以该项目工程实际发生成本与价款结算回收数为依据，由审计牵头，预算、财务和工程部门参加，于项目经理部解体后第四个月内写出审计评价报告，交公司经理办公会审批；

（4）项目经理部的工程结算、价款回收及加工订货等债权债务处理，一般情况下由留守小组在三个月内完成。若三个月未能全部收回又未办理任何法定手续的，其差额作为项目经理部成本亏损额的一部分；

（5）经审计评估，整个工程项目综合效益除完成指标外仍有盈余者，全部上交，然后根据盈余情况给予奖励。整个经济效益审计为亏损者，其亏损部分一律由项目经理负责，按相应奖励比例从其管理人员风险（责任）抵押金和工资中扣出；亏损额超过一定数额者，经企业经理办公会研究，视情况给予项目经理个人行政与经济处分；亏损数额较大，存在严重的经济问题的，性质严重者，企业有关部门有权起诉追究项目经理的刑事责任；

（6）项目经理部解体、善后工作结束后，项目经理离任重新投标或聘用前，必须按上述规定做到人走场清、账清、物清。

第三节　建筑工程项目经理

项目经理部是项目组织的核心，而项目经理领导着项目经理部的工作，项目经理居于整个项目的核心地位，对项目的成败有决定性影响。工程实践证明，一个强的项目经理领导一个弱的项目经理部，比一个弱的项目经理领导一个强的项目经理部，其项目成就会更大。业主在选择承包商和项目管理公司时十分注重对项目经理的经历、经验和能力的审查，并赋予其一定的权重，作为定标、签订合同的指标之一。而许多承包商和项目管理公司也将项目经理的选择、培养作为一个重要的企业发展战略。

一、项目经理的概念和素质

1. 项目经理的概念

建筑工程项目管理有多种类型。因此，一个建筑工程项目的项目经理也有多种情况，如建设单位的项目经理、设计单位的项目经理和施工单位的项目经理。

就建筑施工企业而言，项目经理是企业法定代表人在施工项目中派出的全权代表。住房和城乡建设部颁发的《建筑施工企业项目经理资质管理办法》指出：“施工企业项目经理是受企业法定代表人委托，对工程项目施工过程全面负责的项目管理者，是建筑施工企业法定代表人在工程项目上的代表人。”这就决定了项目经理在项目中是最高的责任者、组织者，是项目决策的关键人物。项目经理在项目管理中处于中心地位。

为了确保工程项目的目标实现，项目经理不应同时承担两个或两个以上未完工程项目领导岗位的工作。为了确保工程项目实施的可持续性及项目经理责任，权力和利益的连贯性和可追溯性，在项目运行正常的情况下，企业不应随意撤换项目经理。但在工程项目发生重大安全、质量事故或项目经理违法、违纪时，企业可撤换项目经理，而且必须进行绩效审计，并按合同规定报告有关合作单位。

2.项目经理的素质

项目经理是决定项目管理成败的关键人物；是项目管理的柱石；是项目实施的最高决策者、管理者、组织者、指挥者、协调者和责任者。根据有关精神认为项目经理应该根据其水平和经历划分等级，项目经理必须由具有相关专业执业资格的人员担任。因此，要求项目经理必须具备以下基本条件：

（1）具有较高的技术、业务管理水平和实践经验；

（2）有组织领导能力，特别是管理人的能力；

（3）政治素质好，作风正派，廉洁奉公，政策性强，处理问题能把原则性、灵活性和耐心结合起来；具有较强的判断能力，敏捷思考问题的能力和综合，概括的能力；

（4）决策准确、迅速，工作有魄力，敢于承担风险；

（5）工作积极热情，精力充沛，能吃苦耐劳；

（6）具有一定的社交能力和交流沟通的能力。

二、项目经理责任制

1.项目经理责任制概述

项目经理责任制是企业制定的，以项目经理为责任主体，确保项目管理目标实现的责任制度。项目管理工作成功的关键是推行和实施项目经理责任制，项目经理责任制作为项目管理的基本制度，是评价项目经理绩效的依据，其核心是项目经理承担实现项目管理目标责任书确定的责任。项目经理与项目经理部在工程建设中应严格遵守和实行项目管理责任制度，以确保项目目标全面实现。

2.项目管理目标责任书

项目管理目标责任书是在项目实施之前，由法定代表人或其授权人依据项目的合同，项目管理制度、项目管理规划大纲及组织的经营方针和目标要求等与项目经理签订的，明确项目经理部应达到的成本、质量、工期、安全和环境等管理目标及其承担的责任，并作为项目完成后考核评价依据的文件。它是具有企业法规性的文件，同时也是项目经理的任职目标，具有很强的约束性。项目管理目标责任书一般包括下列内容：

（1）项目管理实施目标；

（2）组织与项目经理之间的责任、权限和利益分配；

（3）项目设计、采购、施工、试运行等管理的内容和要求；

（4）项目需用资源的提供方式和核算方法；

（5）法定代表人向项目经理委托的特殊事项；

（6）项目经理部应承担的风险；

（7）项目管理目标评价的原则、内容和方法；

（8）对项目经理部进行奖惩的依据、标准和办法；

（9）项目经理解职和项目经理部解体的条件和办法。

项目管理目标责任书的重点是明确项目经理工作内容，其核心是为了完成项目管理目标。项目管理目标责任书是组织和考核项目经理和项目经理部成员业绩的标准和依据。

三、项目经理的责权利

1.项目经理的任务

项目经理的任务主要包括：保证项目按照规定的目标高速、优质、低耗地全面完成，保证各生产要素在项目经理授权范围内最大限度地优化配置。具体内容如下：

（1）确定项目管理组织机构的构成并配备人员，制定规章制度，明确有关人员的职责，组织项目经理部开展工作；

（2）确定管理总目标和阶段性目标，进行目标分解，实行总体控制，确保项目建设的成功；

（3）及时、适当地做出项目管理决策，包括投标报价决策、人事任免决策、重大技术组织措施决策、财务工作决策、资源调配决策、进度决策、合同签订及变更决策，对合同执行情况进行严格管理；

（4）协调本组织机构与各协作单位之间的协作配合及经济、技术工作，在授权范围内代理（企业法人）进行有关签证，并进行相互监督、检查，确保质量、工期、成本控制和节约；

（5）建立完善的内部及对外信息管理系统；

（6）实施合同，处理好合同变更，洽商纠纷和索赔，处理好总分包关系，搞好与有关单位的协作配合，与建设单位的相互监督。

2.项目经理的基本职责

项目经理的基本职责有：

（1）代表企业实施施工项目管理，贯彻执行国家法律，法规、方针、政策和强制性标准，执行企业的管理制度，维护企业的合法权益；

（2）履行“项目管理目标责任书”规定的任务；

（3）组织编制项目管理实施规划；

（4）对进入现场的生产要素进行优化配置和动态管理；

（5）建立质量管理体系和安全管理体系并组织实施；

（6）在授权范围内负责与企业管理层、劳务作业层、各协作单位、发包人、分包人和监理工程师等的协调，解决项目中出现的问题；

（7）按《项目管理目标责任书》处理项目经理部与国家、企业、分包单位以及职工之间的利益分配；

（8）进行现场文明施工管理，发现和处理突发事件；

（9）参与工程竣工验收，准备结算资料和分析总结，接受审计，处理项目经理部的善后工作；

（10）协助企业进行项目的检查、鉴定和评奖申报。

3. 项目经理的权限

项目经理在授权和企业规章制度范围内，在实施项目管理过程中享有以下权限：

（1）项目投标权。项目经理参与企业进行的施工项目投标和签订施工合同；

（2）人事决策权。项目经理经授权组建项目经理部确定项目经理部的组织结构，选择、聘任管理人员，确定管理人员的职责，组织制定施工项目的各项管理制度，并定期进行考核、评价和奖惩；

（3）财务支付权。项目经理在企业财务制度规定范围内，根据企业法定代表人授权和施工项目管理的需要，决定资金的投入和使用，决定项目经理部组成人员的计酬办法；

（4）物资采购管理权。项目经理在授权范围内，按物资采购程序的文件规定行使采购权；

（5）作业队伍选择权。根据企业法定代表人授权或按照企业的规定，项目经理自主选择、使用作业队伍；

（6）进度计划控制权。根据项目进度总目标和阶段性目标的要求，对项目建设的进度进行检查、调整，并在资源上进行均衡调配，从而对进度计划进行有效的控制；

（7）技术质量决策权。根据项目管理实施规划或项目组织设计，有权批准重大技术方案和重大技术措施，必要时要召开技术方案论证会，把好技术决策关和质量关，防止技术上的决策失误，主持处理重大质量事故；

（8）现场管理协调权。项目经理根据企业法定代表人授权，协调和处理与施工项目管理有关的内部与外部事项。

4. 项目经理的利益

项目经理最终的利益是项目经理行使权力和承担责任的结果，同时也是市场经济条件下责、权、利、效相互统一的具体体现。主要表现在：

（1）获得基本工资、岗位工资和绩效工资；

（2）在全面完成《项目管理目标责任书》确定的各项责任目标、交工验收并结算后，接受企业的考核和审计，除按规定获得物质奖励外，还可获得表彰、记功、优秀项目经理等荣誉称号和其他精神奖励；

（3）经考核和审计，未完成《项目管理目标责任书》确定的责任目标或造成亏损的，按有关条款承担责任，并接受经济或行政处罚。

第四节　建筑工程职业资格制度

《中华人民共和国建筑法》（以下简称《建筑法》）第 14 条规定："从事建筑活动的专业技术人员，应当依法取得相应的执业资格证书，并在执业证书许可的范围内从事建筑活动。"

改革开放以来，按照《建筑法》的要求，我国在建设领域已设立了注册建筑师、注册结构工程师、注册监理工程师、注册造工程师、注册房地产估价工程师、注册规划师、注册岩土工程师等执业资格。2002 年 12 月 5 日，人事部、住房和城乡建设部联合下发了《关于印发《（建造师执业资格制度暂行规定）的通知》（人发 [2002]111 号），印发了《建造师执业资格制度暂行规定》（以下简称《暂行规定》），标志着我国建立建造师执业资格制度的工作正式启动。

建造师执业资格制度起源于英国，迄今已有 150 余年的历史。世界上许多发达国家已经建立了该项制度，具有执业资格的建造师也有了国际性的组织——国际建造师协会。

目前，住房和城乡建设部对建造师执业资格制度这项工作非常重视。现已作为企业资质晋级和保级的必备条件，同时是施工企业选派项目经理的条件之一。

一、我国建造师执业资格制度的几个基本问题

1. 建造师的执业定位

建造师是以建设工程项目管理为主业的执业注册人员。注册建造师应是以专业技术为依托，懂管理、懂技术、懂经济、懂法规且综合素质较高的复合型人员。既要有一定的理论水平，更要有丰富的工程管理的实践经验和较强的组织能力。建造师注册后，既可以受聘担任建设工程施工的项目经理，也可以受聘从事其他施工管理工作（如质量监督、工程管理咨询以及法律、行政法规或国务院建设行政主管部门规定的其他业务）。

2. 建造师的级别与专业

建造师分为一级建造师和二级建造师。

建造师分级管理，可以使整个建造师队伍中有一批具有较高素质和管理水平的人员，便于开展国际互认，也可使整个建造师队伍适合我国建设工程项目量大面广，规模差异悬殊，各地经济、文化和社会发展水平差异较大，不同项目对管理人员要求不同的特点。一级注册建造师可以担任《建筑业企业资质等级标准》中规定的特级、一级建筑业企业承担的建设工程项目施工的项目经理；二级注册建造师只可以担任二级及以下建筑业企业承担的建设工程项目施工的项目经理。

不同类型、不同性质的建设工程项目，有着各自的专业性和技术特点，对项目经理的专业要求也有很大不同。建造师实行分专业管理，就是为了适应各类工程项目对建造师专业技术的不同要求，同时也是为了与现行建设管理体制相衔接，充分发挥各有关专业部门的作用。一级建造师共划分为10个专业:建筑工程、公路工程、铁路工程、民航机场工程、港口与航道工程，水利水电工程、电力工程，矿业工程、市政公用工程，通信与广电工程、机电工程。

二级建造师分6个专业：建筑工程、公路工程、水利水电工程、市政公用工程、机电工程、矿业工程。

3.建造师的资格与注册

建造师要通过考试才能获取执业资格。一级建造师执业资格考试，全国统一考试大纲、统一命题、统一组织考试；二级建造师执业资格考试，全国统一考试大纲，各省、自治区、直辖市命题并组织考试。考试内容分为综合知识与能力、专业知识与能力两部分。符合报考条件的人员，考试合格即可获得一级或者二级建造师的执业资格证书。

取得建造师执业资格证书且符合注册条件的人员，经过注册登记后，即获得一级或者二级建造师注册证书和执业印章。注册后的建造师方可受聘执业。建造师执业资格注册有效期为3年，有效期满前一个月要办理延续注册手续。建造师必须接受继续教育，更新知识，不断地提高业务水平。

二、建造师与项目经理的定位

1.建造师的定位

建造师是一种执业资格注册制度。执业资格制度是政府对某种责任重大，社会通用性强、关系公共安全利益的专业技术工作实行的市场准入控制。它是专业技术人员从事某种专业技术工作学识，技术和能力的必备条件。所以，要想取得建造师执业资格，就必须具备一定的条件。比如，规定的学历、从事工作年限等，同时还要通过全国建造师执业资格统一考核或考试，并经国家主管部门授权的管理机构注册后方能取得建造师执业资格证书。建造师从事建造活动，是一种执业行为，取得资格后可使用建造师名称，依法单独执行建造业务，并承担法律责任。

建造师又是一种证明某个专业人士从事某种专业技术工作知识和实践能力的体现。这里特别注重“专业”二字。所以，一旦取得建造师执业资格，提供工作服务的对象有多种选择，可以是建设单位（业主方），也可以是施工单位（承包商），还可以是政府部门、融资代理、学校科研单位等，来从事相关专业的工程项目管理活动。

2.项目经理的定位

首先，要了解经理的含义。经理或项目经理与建造师不仅是名称不同，其内涵也不一样。经理通常解释为经营管理，这是广义概念。狭义的解释即负责经营管理的人，可以是经理、项目经理和部门经理。作为项目经理，理所当然是负责工程项目经营管理的人，对工程项目的管理是全方位、全过程的。对项目经理的要求，不但在专业知识上要求有建造师资格，更重要的是还必须具备政治和领导素质、组织协调和对外洽谈能力以及工程项目管理的实践经验。美国项目管理专家约翰 · 宾认为，项目经理应具备以下六大素质：一是具有本专业技术知识；二是工作有干劲；三是具有成熟而客观的判断能力；四是具有管理能力；五是诚实可靠，言行一致；六是机警，精力充沛，能够吃苦耐劳。因此，取得建造师执业资格的人出任项目经理，所从事的建造活动，比一般建造师所从事的专业活动范围更广泛、责任更大。所以我们讲，即使取得了建造师资格也不一定都能担任项目经理。因此，我们既不能把项目经理定位于过去的施工工长，也不能把项目经理定位于建造师，更不能用建造师代替项目经理。

其次，要明确项目经理的地位。工程项目管理活动是一个特定的工程对象，项目经理就是一个特定的项目管理者。正如《关于项目经理资质管理制度和建造师执业资格制度的过渡办法》中指出的:“项目经理岗位是保证工程项目建设质量、安全、工期的重要岗位。”《建设工程项目管理规范》也对项目经理的地位做了明确阐述:“项目经理是根据企业法定代表人的授权范围、时间和内容，对施工项目自开工准备至竣工验收，实施全过程、全方位管理。”项目经理是企业法定代表人在项目上的一次性授权管理者和责任主体。项目经理从事项目管理活动，通过实行项目经理责任制，履行岗位职责，在授权范围内行使权力，并接受企业的监督考核。项目经理资质是企业资质的人格化体现，从工程投标开始，就必须出示项目经理资质证书，并不得低于工程项目和业主对资质等级的要求。

三、注册建造师与项目经理的关系

1. 项目经理与建造师的理论基础都是工程项目管理

项目管理是当今世界科学技术和管理技术飞跃发展的产物。作为一门新的学科领域和先进的管理模式，其有着极其丰富的内涵。对项目管理的定义有各种不同的解释，但一般来说，项目管理具有项目单件性、建设周期性、过程逐渐性、目标明确性、组织临时性、管理整体性以及成果不可挽回性等特点，它包括项目的发起、论证、启动，规划、控制、结束等阶段。它是运用系统的观点理论和方法对某项复杂的一次性生产或工程项目进行全过程管理，所以我们讲项目管理应有广义和狭义之分。广义的项目管理覆盖了各行各业，凡是具有一次性基本特征的工作或任务，都可以实行项目管理；狭义的项目管理是指某一特定领域的项目管理，如目前我们建筑业企业推行的工程项目管理。同时项目管理又是一个计划、组织、指挥、协调和控制的活动，管理不仅要求“知”，而且重视“行”，强调实践的验证。讲项目管理必然离不开人；离不开组织者和领导者；离不开方法和手段。作为对某一工程进行全过程的项目管理必须有一个责任主体，这就是项目经理。我国建筑业企业项目经理的产生和提出，正是基于学习鲁布革工程管理经验和引进国际项目管理方法这一背景。自1991年住房和城乡建设部颁发《项目经理资质认证管理试行办法》以来，各级政府主管部门、行业协会、广大建筑业企业全方位开展了规范有序，声势浩大的项目经理培训工作，为项目经理的资质考核和管理打下了坚实的基础。目前项目经理在建筑业企业和工程建设中具有的重要地位和所发挥的积极作用，且已越来越被社会和业主重视和承认。

2. 注册建造师与项目经理的关系

项目经理是建筑业企业实施工程项目管理设置的一个岗位职务，项目经理根据企业法定代表人的授权，对工程项目自开工准备至竣工验收实施全面全过程的组织管理。项目经理的资质由行政审批获得。

建造师是从事建设工程管理包括工程项目管理的专业技术人员的执业资格，按照规定具备一定条件，并参加考试合格的人员，才能获得这个资格。获得建造师执业资格的人员，经注册后可以担任工程项目的项目经理及其他有关岗位职务。项目经理责任制与建造师执业资格制度是两个不同的制度，但在工程项目管理中是具有联系的两个制度。

建造师与项目经理定位不同，但所从事的都是建设工程的管理。建造师执业的覆盖面较大，可涉及工程建设项目管理的许多方面，担任项目经理只是建造师执业中的一项，而项目经理则仅限于企业内某一特定工程的项目管理。建造师选择工作的权利相对自主，可在社会市场上有序流动，有较大的活动空间，项目经理岗位则是企业设定的，项目经理是由企业法人代表授权或聘用的、一次性的工程项目施工管理者。

项目经理责任制是我国施工管理体制上的一个重大改革，对加强工程项目管理，提高工程质量起到了很好的促进作用。建造师执业资格制度建立以后，工程项目管理的推进和实施必须继续进行，项目经理责任制这样一个通过实践证明在施工中发挥了重要作用的制度必须坚持。国发[2003]5号文是取消项目经理资质的行政审批，而不是取消项目经理。项目经理仍然是施工企业某一具体工程项目施工的主要负责人，他的职责是根据企业法定代表人的授权，对工程项目自开工准备至竣工验收，实施全面的组织管理。有变化的是，大中型工程项目的项目经理必须由取得建造师执业资格或其他建筑类的注册人员担任。注册建造师资格是担任大中型工程项目经理的一个条件，但选聘哪位建造师担任项目经理，则由企业决定，是企业行为。小型工程项目的项目经理可以由不是建造师的人员担任。建造师执业资格制度不能代替项目经理责任制。所以，要充分地发挥有关行业协会的作用，加强项目经理培训，不断提高项目经理队伍的素质。随着中国加入世界贸易组织，我们更应当从经济全球化的高度来认识、推进和发展工程项目管理，不断地深化项目经理责任制的重要性。

四、要加强建造师与项目经理的规范化管理

1. 注册建造师执业资格管理

执业资格是按照有关规定的条件，实行统一考试、注册，获得某一准入的凭证。取得

建设工程专业注册建筑师资格，等于获得了从事这项活动的执业资格。我国是通过政府行政主管部门发布文件的方式，颁布若干规定，建立了一套专门的资格管理制度。而在国外是通过各种专业协会、学会注册成为职业会员的程序，取得相应执业资格。但这只是做法上的不同，其实行执业资格制度的方向是一致的。

由于我国对建设工程系列执业资格划分比较细，当前建造师执业资格还没有与其他执业资格出现碰撞，避免了获得准入后在执业方面产生矛盾。根据《暂行规定》：建造师应主要定位于从事工程项目管理的专业人士，其对象首先应该是承包商，当然符合条件的其他项目管理者也可以提出申请，报名参加全国统一考试。

随着中国加入 WTO 和经济全球化，市场竞争日趋激烈，取得某种执业资格十分重要。可以预见，除建筑业企业外，一些新型的工程咨询、工程担保、融资代理，网络服务等现代企业在市场经济体制建立过程中，将为未来“一师多岗制”的建造师职业创造更多的用武之地。

2. 项目经理管理

目前我国有关部门颁发的一系列文件和规范都从各方面确定了项目经理在企业和工程项目管理中的重要地位，同时也明确了项目经理从属于企业主体的关系。

我国原实行的项目经理资质行政审批制度，实际上也是对企业进入市场在资质人格化上提出的具体要求。实践证明，实行严格的项目经理资质管理，其好处在于有效地遏制建筑市场的恶性竞争，提高工程建设质量和项目管理水平。在市场竞争中，只有企业资质的一般条件，而没有项目经理资质的必要条件相呼应，企业的竞争能力就会受到局限。实行资质管理，要求项目经理资质证书与企业资质证书配套使用，离开所服务的企业，项目经理的资质也就失去了效力。

随着项目经理资质行政审批的取消，一个取得相应执业资格的人能否担任项目经理变为由企业决定。项目经理的综合管理能力及其管理素质要求或者资质标准通过行业协会会同企业共同制定和管理来实现，则更适合中国国情。目前我国有关单位合作研究探讨并借鉴国际上先进的做法，建立了一套既与国际接轨又符合我国实际情况的“中国建设工程项目经理职业资格标准”，继续大力推进和持之以恒地进行项目经理的国际化培训和继续教育，建立项目经理工程项目完成评估认证体系，逐步使项目经理的培训认证、业绩评估、使用考核纳入行业的规范化管理当中。

第六章　建筑工程招投标与合同管理

第一节　建筑工程招标文件的编制

一、建筑工程招标的条件

建筑工程施工招标应具备的条件包括：招标人已经依法成立；初步设计及概算应当履行审批手续的，已经批准；招标范围、招标方式和招标组织形式等应当履行核准手续的，已经核准；有相应资金或资金来源已经落实；有招标所需的设计图纸及技术资料。这些条件和要求，一方面从法律上保证了项目和项目法人的合法化；另一方面从技术和经济上为项目的顺利实施提供了支持和保障。

二、建筑招标项目的确定

从理论上讲，在市场经济条件下，建筑工程项目是否采用招投标的方式确定承包人、采用何种方式进行招标，业主有着完全的决定权。但是为了保证公共利益，各国的法律都规定了政府资金投资的公共项目（包括部分投资的项目或全部投资的项目），涉及公共利益的其他资金投资项目，投资额在一定额度之上时，要采用招投标方式进行，对此我国也有详细的规定。

1. 建筑工程项目招标范围

按照《中华人民共和国招标投标法》（以下简称《招标投标法》），在中华人民共和国境内进行下列建筑工程项目（包括项目的勘察、设计、施工、监理以及与工程建筑有关的重要设备、材料等的采购），必须进行招标：

（1）大型基础设施、公用事业等关系社会公共利益、公众安全的项目；

（2）全部或者部分使用国有资金投资或者国家融资的项目；

（3）使用国际组织或者外国政府资金的项目。

2. 建筑工程项目招标规模标准

《工程建设项目招标范围和规模标准规定》规定的各类建筑工程项目，包括项目的勘察、设计、施工、监理以及与工程建设有关的重要设备、材料等的采购，达到下列标准之一的，必须进行招标：

（1）施工单项合同估算价在200万元人民币以上；

（2）重要设备、材料等货物的采购，单项合同估算价在100万元人民币以上；

（3）勘察、设计、监理等服务的采购，单项合同估算价在50万元人民币以上；

（4）单项合同估算价低于第（1）、（2）、（3）项规定的标准，但项目投资总额在3 000万元人民币以上。

三、建筑工程招标的条件

1. 建筑工程项目招标的条件如下：

（1）建筑工程项目已经列入政府的年度固定资产投资计划；

（2）建筑工程项目已向建设工程招投标管理机构办理报建登记；

（3）建筑工程项目有批准的概算、建设资金已经落实；

（4）建筑占地使用权依法确定；

（5）招标文件已经过审批；

（6）其他条件。建筑工程招标的内容不同，招标条件有相应的变化和各自的特点。

2. 建筑工程项目招标人的条件如下：

（1）建筑工程项目招标人应具有法人资格或是依法成立的其他经济组织；

（2）建筑工程项目招标人应具有与招标工作相应的经济、技术、管理人员；

（3）建筑工程项目招标人应具有组织编写招标文件、审查投标单位资质的能力；

（4）建筑工程项目招标人应熟悉和掌握招投标法及有关法律和规章制度；

（5）建筑工程项目招标人应有组织开标、评标、定标的能力。

四、招投标活动的基本原则

1. 公开原则

招投标活动的公开原则，首先要求进行招标活动的信息要公开。采用公开招标方式，应当发布招标公告。依法必须进行招标的项目在发布招标公告时，必须到国家指定的报刊、信息网络或者其他公共媒介上发布。无论是招标公告还是投标邀请书，都应当载明能大体满足潜在投标人决定是否参加投标竞争所需要的信息；另外，开标的程序、评标的标准和程序、中标的结果等都应当公开。

2. 公平原则

招投标活动的公平原则，要求招标人严格按照规定的条件和程序办事，平等地对待每一个投标竞争者，不能对不同的投标竞争者采用不同的标准。招标人不得以任何方式限制或者排斥本地区、本系统以外的法人或者其他组织参加投标。

3. 公正原则

在招投标活动中招标人行为应当公正，对所有的投标竞争者都应公正对待，不能有特殊。特别是在评标时，评标标准应当明确、严格，对所有在投标截止日期以后送到的投标书都应拒收，与投标人有利害关系的人员都不得作为评标委员会的成员。招标人和投标人双方在招投标活动中地位平等，任何一方都不能向另一方提出不合理的要求，不能将自己的意志强加给对方。

4. 诚实信用原则

诚实信用原则是民事活动的一项原则，招标、投标活动是以订立采购合同为目的的民事活动，也适用这一原则。诚实信用原则要求招标、投标各方应诚实守信，不得有欺骗、背信的行为。

五、建筑工程项目招标方式的确定

《招标投标法》规定，招标可分为公开招标和邀请招标两种方式。

1. 公开招标

公开招标又称为无限竞争性招标，是指招标人以招标公告的方式邀请不特定的法人或者其他组织投标。公开招标，即招标人在指定的报刊、电子网络或其他媒体上发布招标公告，吸引众多的单位参加投标竞争，招标人从中择优选择中标单位的招标方式。

（1）公开招标的优点。公开招标可以广泛地吸引投标人，投标单位的数量不受限制，凡是通过资格预审的单位都可以参加投标；公开招标的透明度高，能赢得投标人的信赖，而且招标单位有较大的选择范围，可在众多的投标单位之间选择报价合理、工期较短、信誉良好的投标单位；公开招标体现了公平竞争，打破了垄断，能促使投标单位努力提高工程质量、缩短工期和降低成本。

（2）公开招标的缺点。公开招标投标单位多，招标单位审查投标人资格及投标文件的工作量大、花费的时间多，而且为准备招标文件也需要支付许多费用。由于参加竞争的投标人多，而投标费用开支大，投标人为避免这种风险，必然将投标的费用反映到标价上，最终还是由建设单位负担。公开招标也存在着一些其他的不利因素。例如，一些不诚实、信誉又不好的投标单位为了“抢标”，往往采用故意压低报价的手段以挤掉信誉好、技术先进而报价较高的投标单位；另外，从招标实践来看，公开招标中出现串通投标的情况并不少见。

2. 邀请招标

邀请招标也称有限竞争性招标，是指招标人以投标邀请书的方式邀请特定的法人或者其他组织投标。邀请招标，即由招标人根据承包者的资信和业绩，选择一定数目的法人或其他组织，向其发出投标邀请书，并请他们参加投标竞争。

为了保护公共利益，避免邀请招标方式被滥用，各个国家和世界银行等金融组织都有相关规定；按规定应该招标的建设工程项目，一般应采用公开招标方式，如果要采用邀请招标方式，需经过相关单位批准。

对于有些特殊项目，采用邀请招标方式确实更加有利。根据我国的有关规定，有下列情形之一的，经批准可以进行邀请招标：

（1）项目技术复杂或有特殊要求，只有少量几家潜在投标人可供选择的；

（2）受自然地域环境限制的；

（3）涉及国家安全、国家秘密或者抢险救灾，适宜招标但不宜公开招标的；

（4）拟公开招标的费用与项目的价值相比，会发生亏损的；

（5）法律、法规规定不宜公开招标的。

招标人采用邀请招标方式，应当向三个以上具备承担招标项目的能力、资信良好的特定法人或者其他组织发出投标邀请书。

3. 公开招标与邀请招标的主要区别

（1）发布信息的方式不同。公开招标通过招标公告发布信息；邀请招标通过投标邀请书发布信息；

（2）竞争强弱的不同。公开招标竞争性极强；邀请招标竞争性较弱；

（3）时间和费用的不同。公开招标用时长、费用高；邀请招标用时较短、费用较低；

（4）公开程度的不同。公开招标透明度高；邀请招标的公开程度相对较低；

（5）招标程序的不同。公开招标进行资格预审；邀请招标不进行资格预审；

（6）适用条件的不同。邀请招标一般用于工程规模不大或专业性较强的工程。

六、建筑工程招标的程序

1. 施工招标文件

（1）施工招标文件的内容

招标文件是投标人编制投标书的依据，应参照“招标文件范本”编写招标文件。招标文件内容主要包括：投标须知（包括前附表、总则、投标文件的编制与递交、开标与评标、授予合同等）、合同条件、合同格式（包括合同协议书格式、银行履约保函格式）、技术规范、图纸和技术资料、投标文件格式，采用工程量清单的应提供工程量清单。

（2）施工招标文件的编制要求

招标文件是编制投标文件的重要依据，其不仅是评标的依据，也是签订承发包合同的基础和双方履约的依据。招标文件包括下列内容：

①投标人必须遵守的规定、要求、评标标准和程序；

②投标文件中必须按规定填报的各种文件、资料格式，同时也包括投标书格式、资格审查表、工程量清单、投标保函格式及其他补充资料表等；

③中标人应办理文件的格式，如合同协议书格式、履约保函格式、动员预付款保函格

式等；

④招标人所提出的构成合同的实质性内容。

2. 招标控制价

（1）招标控制价的概念及要求

招标控制价是根据国家或省级、行业建设主管部门颁发的有关计价依据和办法，按设计施工图纸计算的对招标工程限定的最高工程造价，也可称其为拦标价、预算控制价或最高报价等。

招标控制价应符合以下要求：

①国有资金投资的工程建设项目应实行工程量清单招标，并应编制招标控制价。这是因为：根据《招标投标法》的规定，国有资金投资的工程进行招标，招标人可以设招标控制价（标底）。当招标人不设招标控制价（标底）时，为有利于客观、合理地评审投标报价和避免哄抬标价，造成国有资产流失，招标人应编制招标控制价作为招标人能接受的最高交易价格；

②招标控制价超过批准的概算时，招标人应将其报原概算审批部门审核。这是由于我国对国有资金投资项目的投资控制实行的是投资概算审批制度，国有资金在投资的工程原则上不能超过批准的投资概算；

③投标人的投标报价高于招标控制价时，其投标应予以拒绝；

④招标控制价应由具有编制能力的招标人编制或受其委托，由具有相应资质的工程造价咨询人编制；

⑤招标控制价应在招标文件中公布，不应上调或下浮，招标人应将招标控制价及有关资料报送工程所在地工程造价管理机构备查；

⑥投标人经复核认为招标人公布的招标控制价未按照《建设工程工程量清单计价规范》（GB 50500-2013）的规定进行编制时，应在开标前 5 日向招投标监督机构或（和）工程造价管理机构投诉。

（2）招标控制价的计价依据

①《建设工程工程量清单计价规范》（GB 50500-2013）；

②国家或省级行业建设主管部门颁发的计价定额和计价方法；

③建设工程设计文件及相关资料；

④招标文件中的工程量清单及有关要求；

⑤与建设项目相关的标准、规范、技术资料；

⑥工程造价管理机构发布的工程造价信息，工程造价信息没有发布的参照市场价；

⑦其他的相关资料。

（3）招标控制价的编制内容

招标控制价的编制内容包括分部分项工程费、措施项目费、其他项目费、规费和税金。各个部分都有不同的计价要求。

①分部分项工程费的编制要求。分部分项工程费应根据招标文件中的分部分项工程量清单及有关要求，按照《建设工程工程量清单计价规范》（GB 50500-2013）的有关规定确定综合单价计价。这里所说的综合单价，是指完成一个规定计量单位的分部分项工程量清单项目（或措施清单项目）所需的人工费、材料费、施工机械使用费和企业管理费与利润，以及一定范围内的风险费用；

②措施项目费的编制要求。措施项目费中的安全文明施工费应当按照国家或省级、行业建设主管部门的规定标准计价；

措施项目应按照招标文件中提供的措施项目清单确定，措施项目采用分部分项工程综合计价的形式进行计价的工程量，应按照措施项目清单中的工程量，并按与分部分项工程工程量清单单价相同的方式确定综合单价；以“项”为单位的方式计价，依据有关规定按综合价格计算，其包括除规费、税金以外的全部费用。

③其他项目费的编制要求。

A. 暂列金额。暂列金额可根据工程的复杂程度、设计深度、工程环境条件（包括地质、气候条件等）进行估算，一般可以分部分项工程费的 10%~15% 为参考；

B. 暂估价。暂估价中的材料单价应按照工程造价管理机构发布的工程造价信息中的材料单价计算，工程造价管理信息为发布的材料单价，其单价应参考市场价格估算；暂估价中的专用工程暂估价应分不同专业，按有关计价规定估算；

C. 计日工。在编制招标控制价时，对计日工中的工人单价和施工机械台班单价应按省级行业建设主管部门或其授权的工程造价管理机构公布的单价计算；材料应按照工程造价管理机构发布的工程造价信息中的材料单价计算；

D. 总承包服务费。总承包服务费应按照省级行业建设主管部门的规定计算。

④规费和税金的编制要求。规费和税金必须按照国家或省级行业建设主管部门的规定计算。

3. 建筑工程招标的程序和要求

在现代工程中，工程招标程序已形成十分完备的招标投标程序和标准化的文件。在我国，住房和城乡建设部以及许多地方的建设管理部门都颁发了工程建设施工招标投标管理和合同管理法规，还颁布了招标文件以及各种合同文件范本。

建筑工程施工招标一般都包括招标准备、招标、决标成交三个主要阶段。

（1）招标准备阶段的主要工作

①建设单位向建设行政主管部门提出招标申请；

②建设单位组建招标机构；

③建设单位确定发包内容、合同类型、招标方式；

④建设单位准备招标文件：招标广告、资格预审文件及申请表、招标文件；

⑤建设单位编制招标控制价，报主管部门审批。

（2）发布招标通告或招标邀请

公开招标项目一般在公共媒体上发布招标通告，介绍招标工程的基本情况、资金来源、工程范围、招标投标工作的总体安排和资质预审工作安排。如果采用邀请招标方式，则要广泛调查，以确定拟邀请的对象。

（3）资格预审

资格预审是合同双方的初次互相选择。业主为全面地了解投标人的资信、企业各方面的情况以及工程经验，发布规定内容的资格预审文件，投标人按要求填写并提交，由业主作审查。按照诚实信用原则，投标人必须提供真实的资格审查资料。业主必须做出全面审查和综合评价，以确定投标人是否初选合格，并通知合格的投标人。

（4）投标人购买招标文件

只有通过资格预审，投标人才可以购买招标文件。

（5）标前会议和现场考察

标前会议是双方又一次重要的接触。通常在标前会议前，投标人已阅读分析了招标文件，将其中的问题在标前会议上向业主提出，由业主统一解答。会议结束后，招标人应该将会议纪要用书面通知的形式发给每一个投标人。在标前会议期间，业主应带领各个投标人考察现场。为了使投标人及时弄清楚招标文件和现场情况，以利于做标，标前会议和考察现场应在投标截止日期前一段时间进行。

（6）投标人做标和投标

从购得招标文件到投标截止日期，投标人的主要工作就是做标和投标。这是投标人在合同签订前的一项最重要的工作。在这一阶段，投标人完成招标文件分析、现场考察和环境调查，确定实施方案和计划，作工程预算，确定投标策略，并按业主要求的格式、内容做标，按时将投标书送达投标人须知中指定的地点。

（7）投标截止和开标

在招标投标阶段和工程施工中，投标截止期是一个重要的里程碑。

①投标人必须在该时间前提交标书，否则投标无效；

②投标人的投标从该时间开始正式作为要约文件，如果投标人不履行投标人须知中的规定，业主可以没收其投标保函；而在该时间前，投标人可以撤回、修改投标文件；

③国际工程规定，投标人做标是以投标截止期前 28 天当日（即“基准期”）的法律、汇率、物价状态为依据的。如果基准期之后法律、汇率等发生变化，承包商有权调整合同价格。通常，开标仅是一项事务性工作。一般当众检查各投标书的密封及表面印鉴，剔除不合格的标书，再当场拆开并宣读所有合格的标书标价、工期等指标。

（8）投标文件分析和澄清会议

投标文件分析是业主在签订合同前最重要的工作之一。业主委托咨询工程师对入围的投标书从价格、工期、实施方案、项目组织等各个角度进行全面的分析。在市场经济条件下，特别是对专业性比较强的大型工程，这个工作的重要性不言而喻。在投标文件分析中发现的报价问题、施工方案问题、项目组织问题等，业主可以要求投标人澄清。

进入投标文件分析阶段，这个阶段通常有以下工作：

①投标文件总体审查。

A. 投标书的有效性分析，如印章、授权委托书是否符合要求；

B. 投标文件的完整性，即投标文件中是否包括招标文件规定应提交的全部文件，特别是授权委托书、投标保函和各种业主要求提交的文件；

C. 投标文件与招标文件一致性的审查。一般招标文件都要求投标人完全按照招标文件的要求投标报价，完全响应招标要求。这里必须分析是否完全报价，有无修改或附带条件。

总体评审确定了投标文件是否合格。如果合格，即可进入报价和技术性评审阶段；如果不合格，则作为废标处理，不做进一步审查。

②报价分析。报价分析是通过对各家报价进行数据处理和对比分析，找出其中的问题，对各家报价做出评价，为澄清会议、评标、定标、标后谈判提供依据。

报价分析一般分为以下三步进行：

A. 对各报价本身的正确性、完整性、合理性进行分析。通过对各报价进行详细复核、审查，找出存在的问题，例如明显的数字运算错误，单价、数量与合价之间不一致，合同总价累计出现错误等；

B. 对各种报价进行对比分析。在市场经济中，如果没有定额，则这项分析极为重要，是整个报价分析的重点。如果标底也做得比较详细，则可以把它也纳入各投标人的报价中一起进行分析；

C. 写出报价分析报告。将上述报价分析的结果进行整理、汇总，对各家报价做出评价，并对议价谈判、合同谈判和签订提出意见和建议。

通过报价分析，将各家报价解剖来分析对比，使决策者一目了然，能够有效地防止决标失误。通过议价谈判，可以使各家报价更低、更合理。

③技术性评审。技术性评审主要对施工组织与计划进行审查分析。一般业主都要求投标人在投标书后附有施工方案、施工组织和计划的较详细的说明。它们是报价的依据，同时，又是为完成合同责任所作的详细计划和安排。

9. 评标、决标、发中标函

（1）评标。业主通过澄清会议，可以全面了解各投标人的标书内容，其中包括报价、方案、组织的细节问题，在此基础上进行评标，做评标报告。其是在对各投标文件分析、澄清会议的基础上，按照预定的评价指标做出的；

（2）决标。按照评标报告的分析结果，根据招标规则规定确定中标单位。现在一般多采用多指标评分的办法，综合考虑价格、工期、实施方案、项目组织等方面因素，分别赋予不同的权重，进行评分，以确定中标单位；

（3）发中标函。对选定的中标单位发出通知，发出中标函是业主的承诺。按照国际惯例，这时合同已正式生效。

第二节　建筑工程投标文件的编制

一、研究招标文件

投标人取得投标资格，获取投标文件之后的首要工作就是仔细阅读招标文件，充分地了解其内容和要求，以便有针对性地安排投标工作。投标人应该重点注意以下几个方面的问题：

1. 投标人须知：明确招标工程的详细内容和范围，避免漏报或多报；了解投标文件的组成，避免因提供的资料不全而被作为废标处理；注意招标答疑时间、投标截止时间等重要信息。

2. 投标书附录与合同条件：这是招标文件的重要组成部分，其中可能标明招标人的特殊要求，即投标人在中标后应享受的权利、所需要承担的义务和责任，投标人在报价时需要考虑这些因素。

3. 技术说明：主要研究招标文件中的施工技术说明，熟悉所采用的技术规范，了解技术说明中有无特殊施工技术要求和特殊材料、设备要求，以及有关选择代用材料、设备的规定，以便根据相应的定额和市场确定价格。

4. 永久性工程之外的报价补充文件：不同的业主可能会对承包商提出额外的要求，这些主要包括：对旧有建筑物设施的拆除，工程师的现场办公室及各项开支、模型、广告、工程照片和会议费用等。如果有，则需要将其费用列入工程总价，以免漏项。

二、进行各项调查研究

投标人应对招标工程的自然、经济和社会条件进行调查，这些都是工程施工的制约因素，必然会影响到工程成本，所以这是投标报价之前必须考虑和了解清楚的。

1. 市场宏观经济环境调查：应调查工程所在地的经济状况，包括与投标工程实施有关的法律法规、劳动力和材料的供应情况、设备市场的租赁状况、专业施工单位的经营状况与价格水平。

2. 工程所在地区的环境考察：认真考察施工现场，认真调查具体工程所在地区的环境，包括自然环境、施工环境，譬如地质地貌、气候、交通、水电等的供应和其他资源情况等。

3. 工程业主方和竞争对手公司的调查：主要调查业主项目资金的落实情况、参加竞争的其他公司与工程所在地的工程公司的情况。

三、复核工程量清单

对于单价合同，尽管是以实测工程结算工程价款，但投标人仍然应根据图纸仔细核算工程量。当发现偏差较大时，投标人应向招标人要求澄清。

对于总价合同，更要特别重视，工程量估算的错误可能带来无法弥补的经济损失。因为总价合同是以总报价为基础进行结算的，如果工程量出现差异，可能对施工方极为不利。对于总价合同，如果业主在投标前对争议工程量不予更正，而且其对施工方不利，投标者在投标时应附上申明：工程量表中有错误，施工结算应按照实际完成工程量计算。

承包商在核算工程量时，还要结合招标文件的技术规范明确工程量清单中每一细目的具体内容，以避免出现错误和遗漏。

四、选择施工方案

施工方案是报价的基础和前提，同时也是招标人评标时要考虑的重要因素之一。有什么样的方案，就有什么样的人工、机械和材料消耗，也就会有相应的报价。因此，必须弄清楚分项工程的内容、工程量、所包含的相关工作、工程进度计划的各项要求、机械设备状态、劳动与组织状况等关键环节，据此制定施工方案。

施工方案应该由投标方的技术负责人主持制定，主要应考虑施工方法、主要施工机具的配置、各工种劳动力的安排及现场施工人员的平衡、施工进度与分批竣工的安排、安全措施等。施工方案的制定应在技术、工期和质量保证等方面对投标人有吸引力；同时，又有利于降低施工成本。

1. 要根据工程的实际情况选择经济合理的施工方法，以便有利于工期、成本、进度目标的实现；

2. 根据施工方法选择相应的机具设备的数量和周期，研究确定是采购新设备还是租赁当地设备；

3. 要考虑工程分包计划。估算劳动力消耗量、来源和进场时间安排。根据劳动力消耗量，估算所需要的生活临时设施的数量和标准；

4. 要用概略指标估算主要的和大宗建筑材料的需用量，考虑其来源和分批进场的时间安排，从而尽可能地估算现场用于存储和加工的临时设施，譬如仓库、露天堆放场、加工场或工棚等；

5. 根据现场设备、高峰人数和一切生产和生活方面的需要，估算现场用水、用电量，确定临时供水供电和排水设施；考虑外部和内部材料供应的运输方式，估计运输和交通车辆的需要和来源；考虑其他临时工程的需要和建设方案；提出某些特殊条件下保证正常施工的措施，譬如冬、雨期施工措施以及临时围墙，夜间照明，警卫设施等。

五、投标计算

投标计算是投标人对招标工程施工所发生的各项费用的计算。在进行投标计算时，必须首先根据招标文件复核或计算工程量。作为投标计算的必要条件，应预先确定施工方案和施工进度；另外，投标计算还必须与采用的合同形式相协调。

六、确定投标报价

建筑工程投标报价是投标人对招标工程报出的工程价格，其是投标企业的竞争价格，反映了建筑企业的经营管理水平，体现了企业产品的个别价值。

建筑工程施工项目投标报价是建筑工程施工项目投标工作的重要环节，报价合适与否对投标的成败和将来实施工程的盈亏起着决定性的作用。

1. 建筑工程投标报价的依据

其包括招标文件、施工组织设计、发包人的招标倾向、招标会议记录、风险管理规则、市场价格信息、政府的法律法规及制度、企业定额、竞争态势预测、预期利润。

2. 建筑工程投标报价的组成

投标报价应该是项目投标范围内，投标人完成承包工作所需的总金额。工程招标文件一般都规定，关于投标价格，除合同中另有规定外，具有标价的工程量清单中所报的单价和合价，以及报价汇总表中的价格应包括施工设备、劳务、管理、材料、安装、维护、保险、利润、税金、政策性文件规定及合同保函的所有风险、责任等各项费用，工程量清单中的每一单项均须计算，填写单价和合价，投标单位没有填写单价和合价的项目将不予支付，并认为此项费用已包括在工程量清单的其他单价和合价当中。

3. 建筑工程投标报价的原则

（1）建筑工程投标报价按照招标要求的计价方式确定报价内容及各细目的计算深度；

（2）建筑工程投标报价按照经济责任确定报价的费用内容；

（3）建筑工程投标报价充分利用调查资料和市场行情资料；

（4）投标报价计算方法应简明、适用。

4. 建筑工程投标报价的工作程序

建筑工程投标报价的工作程序包括：进行工程项目调查、制定投标策略、复核工程量清单、编制施工组织设计、确定联营或分包询价及计算分项工程直接费、分摊项目费用、编制综合单价分析表、计算投标基础价、进行获胜分析及盈亏分析、提出备选投标报价方案、确定投标报价方案。

5. 建筑工程工程量清单报价的确定方法

投标人应当根据招标文件的要求和招标项目的具体特点，结合市场情况和自身竞争实力自主报价，但不得以低于成本的价格竞标。

投标报价计算是投标人对承揽招标项目所发生的各种费用的计算，其包括分析单价、计算成本、确定利润方针，最后确定标价。在进行标价计算时，必须首先根据招标文件复核或计算工作量；同时，要结合现场勘查情况考虑相应的费用。标价计算必须与采用的合同形式相协调。

按照《建筑工程施工发包与承包计价管理办法》的规定，建筑工程施工发包与承包价在政府宏观调控下，由市场竞争形成。投标报价由成本（直接费和间接费）、利润和税金构成，其编制可以采用工程量清单计价方法。

（1）核实工程量。对工程量清单中的工程量进行计算校核，如有错误或遗漏，应及时通知招标人。

（2）有关费用问题。考虑人工、材料、机械台班的价格变动因素，特别是材料市场，并应计入各种不可预见的费用等。

工程保险费用一般由业主承担，应在招标文件的工程量清单总则中单列；承包人的装备和材料到场后的保险费用，一般由承包人自行承担，应分摊到有关分项工程单价中。

编制标书所需费用包括：现场考察、资料情报收集、标书编制、公关等费用。

各种保证金的费用包括：投标保函、履约保函、预付款保函等。保证金手续费一般占保证金的 4%~6%，承包商应事先存在账户上且不计利息。

其他有关要求增加的费用包括：赶工、交通和临时用地费用，二次搬运费，仓库保管费用等。

（3）施工组织设计或施工方案的编制。施工组织设计的编制总原则是高效率、低消耗。其基本原则具有连续性、均衡性、协调性和经济性。投标竞争是比技术、比管理的竞争，技术和管理的先进性充分体现在其编制的施工组织设计中，先进的施工组织设计可以达到降低成本、缩短工期、确保工程质量的目的。

（4）确定分部分项工程综合单价，计算合价、规费、税费，最终形成投标总价。

七、正式投标

投标人按照招标人的要求完成标书的准备与填报之后，就可以向招标人正式提交投标文件。在投标时需要注意以下几个方面：

1. 注意投标的截止日期

投标人所规定的投标截止日期就是提交标书的最后期限。投标人在招标截止日期之前所提交的标书是有效的，超过该日期之后就会被视为无效投标。对在招标文件要求提交投标文件的截止时间之后送达的投标文件，招标人可以拒收。

2. 注意投标文件的完备性

投标人应按照招标文件的要求编制投标文件。投标文件应对招标文件提出的实质性要求和条件做出响应。投标不完备或者没有达到招标人的要求、在招标范围以外提出新的要求，均视为对招标文件的否定，不会被招标人接受。投标人要对自己投出的标负责，一旦中标必须按照投标文件中所阐述的方案来完成工程，这其中包括质量标准、进度和工期计划、报价限额等基本指标以及招标人提出的其他要求。

3. 注意标书的标准

标书的提交有固定的要求，其基本内容包括签章、密封。如果不密封或者密封不满足要求，投标是无效的。投标书还需要按照要求签章，投标书需要盖有投标企业公章及企业法人签名。如果项目所在地与企业距离较远，则由当地项目经理组织投标，且需要提交企业法人对投标项目经理的授权委托书。

4. 注意投标的担保

通常投标需要提交投标担保。

第三节　建筑工程索赔及反索赔文件的编制

一、建筑工程索赔的概念

建筑工程索赔通常是指在建设工程合同履行过程中，合同当事人一方因对方不履行或未能正确履行合同或者其他非自身因素而受到经济损失或权利损害，通过合同规定的程序向对方提出经济或时间补偿要求的行为。索赔是一种正当的权利要求，还是合同当事人之间一项正常而且普遍存在的合同管理业务，同时也是一种以法律和合同为依据的合情合理的行为。

1. 索赔的起因

索赔可能由以下一个或者几个方面的原因引起：

（1）合同对方违约，不履行或者未能完全履行；

（2）合同错误，如合同条文不全、错误、矛盾等，设计图纸、技术规范错误等；

（3）合同变更；

（4）工程环境变化，包括法律、物价和自然条件的变化等；

（5）不可抗力因素，包括恶劣的气候条件、地震、洪水、战争等。

2. 索赔的分类

（1）按索赔目的分类，可以分为工期索赔和费用索赔。工期索赔，一般指承包人向业主或者分包人向承包人要求延长工期；费用索赔，即要求补偿经济损失，调整合同价格；

（2）按索赔事件的性质分类，可以分为工程延期索赔、工程加速索赔、工程终止索赔、不可预见的外部障碍或者条件索赔、不可抗力事件引起的索赔、其他索赔（譬如货币贬值、汇率变化、物价变化、政策法令变化等原因引起的索赔）；

（3）按索赔当事人分类，可以分为业主向承包商的索赔、承包商向业主的索赔、承包商与分包商之间的索赔、承包商与供货商之间的索赔。

3. 反索赔的概念

反索赔就是反驳、反击或者防止对方提出索赔，不让对方索赔成功或者全部成功。一般认为，索赔是双向的，业主和承包商都可以向对方提出反索赔要求，任何一方也可以对对方提出的索赔要求进行反驳和反击，这种反驳或者反击就是反索赔。

4. 索赔成立的条件

（1）构成施工项目索赔条件的事件

索赔事件又称为干扰事件，是指使实际情况和合同规定不符合，最终引起工期和费用发生变化的各类事件。通常，承包商可以提起索赔的事件有以下几项：

①发包人违反合同，给承包人造成工期、费用的损失；

②工程变更（含设计变更、发包人提出的工程变更、监理工程师提出的工程变更，以及承包人提出的经监理工程师批准的变更）造成的工期、费用损失；

③监理工程师对合同文件的歧义解释、技术资料不确切，或不可抗力导致施工条件的改变，造成时间、费用的增加；

④发包人提出提前完成项目或缩短工期而造成承包人费用的增加；

⑤发包人延误支付对承包人造成的损失；

⑥对合同规定以外的项目进行检验，且检验合格，或非承包人的原因导致项目缺陷的修复所发生的损失或者费用；

⑦非承包人的原因导致工程暂时停工。

（8）物价上涨、法规变化及其他。

2. 索赔成立的前提条件

索赔的成立应该同时具备以下三个条件：

（1）与合同对照，事件造成了承包商工程项目成本的额外支出，或直接工期损失；

（2）造成费用增加或者工期损失的原因，按合同规定不属于承包商的行为责任或风险责任；

（3）承包人按合同规定的程序和时间提交索赔意向通知书和索赔报告。

二、建筑工程索赔的程序

通常情况下，将索赔程序分为两个阶段，即内部处理阶段和解决阶段。每个阶段又可分为许多工作。在国际工程中，索赔工作可分为以下几步：

1. 索赔意向通知

在干扰事件发生后，承包商必须抓住索赔机会，迅速做出反应，在一定时间内（FIDIC 条件规定为 28 天），向工程师和业主递交索赔意向通知。该项通知是承包商就具体的干扰事件向工程师和业主表示的索赔愿望和要求，是保护自己索赔权利的措施。如果超过这个期限，工程师和业主有权拒绝承包商的索赔要求。在国际工程中，许多承包商由于未能遵守这个期限规定，致使合理的索赔要求无效。

2. 索赔的内部处理

若有干扰事件发生，承包商就应进行索赔处理工作，直到正式向工程师和业主提交索赔报告。具体包括以下几项：

（1）事态调查，即寻找索赔机会。通过对合同实施的跟踪、分析、诊断，发现了索赔机会，则应对它进行详细的调查和跟踪，以了解事件经过、前因后果，掌握事件详细情况。在实际工作中，事态调查可以用合同事件调查表进行；

（2）干扰事件原因分析，即分析这些干扰事件是由谁引起的，它的责任该由谁来负担。一般只有对非承包商责任的干扰事件才有可能提出索赔。如果干扰事件责任是多方面的，则必须划分各人的责任范围，并按责任大小分担损失；

（3）索赔根据，即索赔理由。其主要是指合同条文，必须按合同判明干扰事件是否违约，是否在合同规定的赔（补）偿范围之内。只有符合合同规定的索赔要求才有合法性，才能成立。对此必须全面地分析合同，对一些特殊的事件必须做合同扩展分析；

（4）损失调查，即干扰事件的影响分析。其主要表现为工期的延长和费用的增加。如果干扰事件不造成损失，则无索赔可言。损失调查的重点是收集、分析、对比实际和计划的施工进度、工程成本和费用方面的资料，在此基础上计算索赔值；

（5）收集证据。一旦干扰事件发生，承包商即应按工程师的要求，做好并在干扰事件持续期间保持完整的当时记录，接受工程师的审查。证据是索赔有效的前提条件。如果在索赔报告中提不出证据，索赔要求是不能成立的。按 FIDIC 条件，承包商最多只能获得有证据能够证实的那部分索赔要求的支付，所以，承包商必须对这个问题足够重视；

（6）起草索赔报告。索赔报告是上述各项工作的结果和总括。其是由合同管理人员在其他项目管理职能人员的配合和协助下起草的。它表达了承包商的索赔要求和支持这个要求的详细依据。它将由工程师、业主或调解人或仲裁人审查、分析、评价。所以，它决定了承包商的索赔地位，是索赔要求能否获得有利和合理解决的关键。

3. 提交索赔报告

承包商必须在合同规定的时间内向工程师和业主提交索赔报告。FIDIC 条件规定，承包商必须在索赔意向通知发出后的 28 天内，或经工程师同意的合理时间内递交索赔报告。如果干扰事件持续时间长，则承包商应按工程师要求的合理时间间隔，提交中间索赔报告（或阶段索赔报告），并在干扰事件影响结束后的 28 天内提交最终的索赔报告。

4. 解决索赔

从递交索赔报告到最终获得赔偿的支付是索赔的解决过程。这个阶段工作的重点是：通过谈判、调解或仲裁，使索赔得到合理的解决。具体包括以下几项：

（1）工程师审查分析索赔报告，评价索赔要求的合理性和合法性。如果觉得理由不足，或证据不足，可以要求承包商做出解释，或进一步补充证据，或要求承包商修改索赔要求，工程师做出索赔处理意见，并提交业主；

（2）根据工程师的处理意见，业主审查、批准承包商的索赔报告。业主也可以反驳、否定或部分否定承包商的索赔要求。承包商常常需要做进一步的解释和补充证据；工程师也需就处理意见做出说明。三方就索赔的解决进行磋商，达成一致，这里可能有复杂的谈判过程。对达成一致的，或经工程师和业主认可的索赔要求（或部分要求），承包商有权在工程进度付款中获得支付；

（3）如果承包商和业主双方对索赔的解决无法达成一致，有一方或双方都不满意工程师的处理意见（或决定），则会产生争执。双方必须按照合同规定的程序解决争执，最典型的和在国际工程中通用的是 FIDIC 合同条件规定的争执解决程序。

第四节　建筑工程施工合同的编制

一、建筑工程施工合同的概念和特点

1. 建筑工程施工合同的概念

建筑工程施工合同是发包人（建设单位、业主或总包单位）与承包人（施工单位）之间为完成商定的建设工程项目，确定双方权利和义务的协议。建筑工程施工合同也称为建筑安装承包合同，建筑是指对工程进行营造的行为；安装主要是指与工程有关的线路、管道、设备等设施的装配。依照施工合同，承包人应完成一定的建筑、安装工程任务，发包人应提供必要的施工条件并支付工程价款。

建筑工程施工合同是建筑工程合同中最重要，同时也是最复杂的合同。其在工程项目中的持续时间长，标的物特殊，价格高。在整个建筑工程合同体系中，它起主干合同的作用。施工合同和其他建设工程合同一样，是一种劳务合同，在订立时也应遵循自愿、公平、诚实信用等原则。

建筑工程施工合同是建设工程的主要合同，是工程建设质量控制、进度控制、投资控制的主要依据。在市场经济条件下，建设市场主体之间相互的权利和义务关系主要是通过合同确立的，因此，在建设领域加强对施工合同的管理具有十分重要的意义。

施工合同的当事人是发包人和承包人，双方是平等的民事主体，双方签订施工合同，必须具备相应资质条件和履行施工合同的能力。

发包人是在协议书中约定、具有工程发包主体资格和支付工程价款能力的当事人，以及取得该当事人资格的合法继承人。发包人可以是具备法人资格的国家机关、事业单位、国有企业、集体企业、私营企业、经济联合体和社会团体，也可以是依法登记的个人合伙、

个体经营户或个人，即一切以协议、法院判决或其他合法完备手续取得发包人的资格，承认全部合同条件，能够而且愿意履行合同规定义务的合同当事人。与发包人合并的单位、兼并发包人的单位、购买发包人合同和接受发包人出让的单位和人员（合法继承人），均可成为发包人，履行合同规定的义务，享有合同规定的权利。发包人必须具备组织协调能力或委托给具备相应资质的监理单位承担。

承包人是在协议书中约定、被发包人接受的具有工程施工承包主体资格的当事人，以及取得该当事人资格的合法继承人。承包人必须具备有关部门核定的资质等级并持有营业执照等证明文件。《中华人民共和国建筑法》（以下简称《建筑法》）第13条规定，从事建筑活动的建筑施工企业、勘察单位、设计单位和工程监理单位，按照其拥有的注册资本、专业技术人员、技术装备和已完成的建筑工程业绩等资质条件，划分为不同的资质等级，经资质审查合格，取得相应等级的资质证书后，方可在其资质等级许可的范围内从事建筑活动。在施工合同实施过程中，工程师受发包人委托对工程进行管理。在施工合同中的工程师是指本工程监理单位委派的总监理工程师或发包人指定的履行本合同的代表，其具体身份和职权由发包人和承包人在专用条款中共同约定。

2. 建筑工程施工合同的特点

（1）合同标的物的特殊性

施工合同的“标的物”是特定建筑产品，不同于其他一般商品。首先，建筑产品的固定性和施工生产的流动性是其区别于其他商品的根本特点。建筑产品是不动产，其基础部分与大地相连，不能移动，这就决定了每个施工合同具有不可替代性，而且施工队伍、施工机械必须围绕着建筑产品不断移动；其次，由于建筑产品各有其特定的功能要求，其实物形态千差万别，种类庞杂，其外观、结构、使用目的、使用人都各不相同，这就要求每一个建筑产品都需要单独设计和施工，即使对于可重复利用的标准设计或可重复使用的图纸，也应采取必要的修改设计才能施工，从而造成建筑产品的单体性和生产的单件性；再次，建筑产品体积庞大，消耗的人力、物力、财力多，一次性投资额大。所有这些特点，必然在施工合同中表现出来，使得施工合同在明确标的物时，需要将建筑产品的幢数、面积、层数或高度、结构特征、内外装饰标准和设备安装要求等一并规定清楚。

（2）合同内容的多样性和复杂性

施工合同实施过程涉及的主体有多种，且其履行期限长、标的额大。施工合同实施过程涉及的法律关系，除承包人与发包人的合同关系外，还涉及监理单位、分包人、保证单位等。施工合同除应当具备合同的一般内容外，还应对安全施工，专利技术的使用，地下障碍和文物的发现，工程分包，不可抗力，工程设计变更，材料设备的供应、运输和验收等内容作出规定。所有这些，都决定了施工合同的内容具有多样性和复杂性的特点，要求合同条款必须具体、明确和完整。

（3）合同履行期限的长期性

建设工程结构复杂、体积庞大、材料类型多、工作量大，这使工程生产周期都较长。

工程建设的施工应当在合同签订后才开始，且需加上合同签订后到正式开工前的施工准备时间和工程竣工验收后办理竣工结算及保修的时间。在工程的施工过程中，还可能因为不可抗力、工程变更、材料供应不及时、一方违约等原因而导致工期延误，因此，施工合同的履行具有期限时间长、变更较频繁、合同争议和纠纷比较多的特点。

（4）合同监督的严格性

由于施工合同的履行对国家经济发展、公民的工作与生活都有重大的影响，因此，国家对施工合同的监督十分严格。其具体表现在以下几个方面：

①对合同主体监督的严格性。建设工程施工合同主体一般是法人。发包人一般是经过批准进行工程项目建设的法人，必须有国家批准的建设项目，落实投资计划，并且应当具备相应的协调能力；承包人则必须具备法人资格，而且应当具备相应的从事施工的资质。无营业执照或无承包资质的单位不能作为建设工程施工合同的主体，资质等级低的单位不能越级承包建设工程。

②对合同订立监督的严格性。订立建设工程施工合同必须以国家批准的投资计划为前提，即使是国家投资以外的、以其他方式筹集的投资也要受到当年的贷款规模和批准限额的限制，纳入当年投资规模的平衡，并经过严格的审批程序。建设工程施工合同的订立，还必须符合国家关于建设程序的规定。

考虑到建设工程的重要性和复杂性，在施工过程中经常会发生影响合同履行的各种纠纷，因此，《中华人民共和国合同法》（以下简称《合同法》）规定，建设工程施工合同应当采用书面形式。

③对合同履行监督的严格性。在施工合同的履行过程中，除合同当事人应当对合同进行严格的管理外，合同的主管机关（工商行政管理部门）、建设主管部门、合同双方的上级主管部门、金融机构、解决合同争议的仲裁机关或人民法院，还有税务部门、审计部门及合同公证机关或签证机关等机构和部门，都要对施工合同的履行进行严格的监督和审查。

3. 建筑工程施工合同的订立

①订立施工合同应具备的条件

A. 初步设计已经批准；

B. 工程项目已经列入年度建设计划；

C. 订立施工合同时有能够满足施工需要的设计文件和有关技术资料；

D. 建设资金和主要建筑材料设备来源已经落实；

E. 对于招投标工程，中标通知书已经下达。

②订立施工合同应遵守的原则

A. 遵守国家法律、法规和国家计划的原则。订立施工合同，必须遵守国家法律、法规，也应遵守国家的建设计划和其他计划（如贷款计划）。建设工程施工对经济发展、社会生活有多方面的影响，国家有许多强制性的管理规定，施工合同当事人都必须遵守；

B. 平等、自愿、公平的原则。签订施工合同的当事人双方都具有平等的法律地位，任何一方都不得强迫对方接受不平等的合同条件。当事人有权决定是否订立合同和合同内容，合同内容应当是双方当事人真实意思的体现，还应当是公平的，不能损害任何一方的利益。对于显失公平的施工合同，当事人一方有权申请人民法院或仲裁机构予以变更或撤销；

C. 诚实守信的原则。当事人订立施工合同应当诚实守信，不得有欺诈行为，双方应当如实将自身和工程的情况介绍给对方。在施工合同履行过程中，当事人也应守信用，严格履行合同。

（3）订立施工合同的程序

施工合同的订立同样包括要约和承诺两个阶段，其订立的方式有直接发包和招标发包两种。对于必须进行招标的建设项目，工程建设的施工都应通过招标、投标确定承包人。

中标通知书发出后，中标人应当与招标人及时签订合同。《招标投标法》规定，招标人和中标人应当自中标通知书发出之日起 30 天内，按照招标文件和中标人的投标文件订立书面合同。招标人和中标人不得再行订立背离合同实质性内容的其他协议。

二、建筑工程施工合同的主要内容

住房和城乡建设部和国家市场监督管理总局于 2013 年发布了《建设工程施工合同（示范文本）》（GF-2013-0201）（以下简称《示范文本》），其适用于施工承包合同。该《示范文本》由合同协议书、通用合同条款和专用合同条款三部分组成。

1. 合同协议书

《示范文本》的合同协议书共计 13 条，主要包括：工程概况、合同工期、质量标准、签约合同价格和合同价格形式、项目经理、合同文件构成、承诺以及合同生效条件等重要内容。它集中约定了合同当事人基本的合同权利和义务。

2. 通用合同条款

通用合同条款是合同当事人根据《建筑法从合同法》等法律、法规的规定，就工程建设的实施及相关事项，对合同当事人的权利和义务做出的原则性约定。

通用合同条款共计 20 条，具体条款分别为：一般约定、发包人、承包人、监理人、工程质量、安全文明施工与环境保护、工期和进度、材料与设备、试验与检验、变更、价格调整、合同价格、计量与支付、验收和工程试车、竣工结算、缺陷责任与保修、违约、不可抗力、保险、索赔和争议解决。上述条款安排既考虑了现行法律、法规对工程建设的有关要求，同时也考虑了建设工程施工管理的特殊需要。

3. 专用合同条款

专用合同条款是对通用合同条款原则性约定进行细化、完善、补充、修改或另行约定的条款。合同当事人可以根据不同建设工程的特点及具体情况，通过双方的谈判、协商对相应的专用合同条款进行修改补充。在使用专用合同条款时，应注意以下事项：

（1）专用合同条款的编号应与相应的通用合同条款的编号一致；

（2）合同当事人可以通过对专用合同条款的修改，满足具体建设工程的特殊要求，避免直接修改通用合同条款；

（3）在专用合同条款中有横道线的地方，合同当事人可针对相应的通用合同条款进行细化、完善、补充、修改或另行约定；如无细化、完善、补充、修改或另行约定，则填写“无”或划“/”。

三、建筑工程施工合同通用合同条款的内容

1.通用合同条款的组成

通用合同条款是根据《合同法从建筑法建设工程施工合同管理办法》等法律、法规对承发包双方的权利和义务做出的具体规定，除双方协商一致对其中的某些条款做修改、补充或取消外，双方都必须履行。通用合同条款共有20部分117个条款，基本适用于各类建筑工程。

2.通用合同条款的主要内容

（1）关于质量控制的条款

工程施工中的质量控制是合同履行中的重要环节。施工合同的质量控制涉及许多方面的因素，任何一个方面的缺陷和疏漏，都会使工程质量无法达到预期的标准。承包人应按照合同约定的标准、规范、图纸、质量等级以及工程师发布的指令认真施工，并达到合同约定的质量等级。在工程施工过程中，承包人要随时接受工程师对材料、设备、中间部位、隐蔽工程、竣工工程等质量的检查、验收与监督。

①工程质量标准。工程质量应当达到协议书约定的质量标准，质量标准的评定以国家或专业的质量检验评定标准为依据。由于承包人原因导致工程质量达不到约定的质量标准，由承包人承担违约责任。发包人对部分或全部工程质量有特殊要求的，应支付由此增加的追加合同价款（在专用条款中写明计算方法），对工期有影响的应给予相应顺延。

双方对工程质量有争议时，应由双方同意的工程质量检测机构鉴定，所需的费用及由此造成的损失，由责任方承担。双方均有责任时，则由双方根据其责任分别承担。

②检查和返工。在工程施工过程中，工程师及其委派人员对工程的检查检验，是一项日常工作和重要职能。承包人应认真按照标准、规范和设计图纸的要求以及工程师依据合同发出的指令施工，随时接受工程师的检查检验，并为检查检验提供便利条件。工程质量达不到约定的质量标准的部分，工程师一旦发现，应要求承包人拆除和重新施工，承包人应按工程师的要求拆除和重新施工，直至符合约定标准。由于承包人原因导致工程质量达不到约定的质量标准，由承包人承担拆除和重新施工的费用，工期不予顺延。

工程师的检查检验不应影响施工正常进行，如影响施工正常进行，检查检验不合格时，影响正常施工的费用由承包人承担。除此之外，影响正常施工的追加合同价款由发包人承

担，相应顺延工期。

由于工程师指令失误或其他非承包人原因发生的追加合同价款，由发包人承担。以上检查检验合格后，又发现由承包人原因引起的质量问题，仍由承包人承担责任和发生的费用，赔偿发包人的直接损失，工期不予顺延。

③隐蔽工程和中间验收。由于隐蔽工程在施工中一旦完成隐蔽，很难再对其进行质量检查（这种检查成本很大），因此必须在隐蔽前进行检查验收。对于中间验收，双方可在专用条款中约定验收的单项工程和部位的名称、验收的时间、操作程序和要求，以及发包人应该提供的便利条件等。

工程具备隐蔽条件或达到专用条款约定的中间验收部位，承包人进行自检，并在隐蔽或中间验收前 48 小时以书面形式通知工程师验收。通知包括隐蔽和中间验收的内容、验收的时间和地点。承包人准备验收记录，验收合格，工程师在验收记录上签字后，承包人方可进行隐蔽和继续施工。若验收不合格，承包人应在工程师限定的时间内修改后重新验收。

若工程师不能按时进行验收，应在验收前 24 小时以书面形式向承包人提出延期要求，延期不能超过 48 小时。工程师未能按照以上时间提出延期要求，不进行验收，承包人可自行组织验收，工程师应承认验收记录。若经工程师验收，工程质量符合标准、规范和设计图纸等的要求，而验收 24 小时后，工程师没有在验收记录上签字，视为工程师已经认可验收记录，承包人可进行隐蔽或继续施工。

④重新检验。无论工程师是否进行验收，当其提出对已经隐蔽的工程重新检验的要求时，承包人应按要求进行剥离或开孔，并在检验后重新覆盖或修复。检验合格，发包人承担由此发生的全部追加合同价款，赔偿承包人的损失，并相应顺延工期；检验不合格，承包人承担发生的全部费用，工期不予顺延。

⑤工程试车。双方约定需要试车的，应当组织试车。试车内容应与承包人承包的安装范围一致。

A. 单机无负荷试车。设备安装工程具备单机无负荷试车条件时，由承包人组织试车，并在试车前 48 小时以书面形式通知工程师。通知包括试车的内容、时间、地点。承包人准备试车记录，发包人根据承包人的要求为试车提供必要条件。试车合格后，工程师在试车记录上签字。只有单机试运转达到规定的要求，才能进行联试。若工程师不能按时参加试车，需在开始试车前 24 小时以书面形式向承包人提出延期要求，延期不能超过 48 小时。若工程师未能按以上时间提出延期要求，不参加试车，承包人可自行组织试车，工程师应承认试车记录；

B. 联动无负荷试车。设备安装工程具备无负荷联动试车条件时，发包人组织试车，并在试车前 48 小时以书面形式通知承包人。通知包括试车的内容、时间、地点和对承包人的要求。承包人按要求做好准备工作。试车合格后，双方在试车记录上签字；

C. 投料试车。投料试车应在工程竣工验收后由发包人负责。发包人要求在工程竣工验收前进行或需要承包人配合时，应当征得承包人的同意，双方另行签订补充协议。

双方责任如下：

a. 若由于设计原因导致试车达不到验收要求，发包人应要求设计单位修改设计，承包人按修改后的设计重新安装。发包人承担修改设计、拆除及重新安装的全部费用和追加合同价款，工期相应顺延；

b. 若由于设备制造原因导致试车达不到验收要求，由该设备采购一方负责重新购置或修理，承包人负责拆除和重新安装。设备由承包人采购的，由承包人承担修理或重新购置、拆除及重新安装的费用，工期不予顺延；设备由发包人采购的，由发包人承担上述各项追加合同价款，工期相应顺延；

c. 若由于承包人施工原因导致试车达不到验收要求，承包人按工程师的要求重新安装和试车，并承担重新安装和试车的费用，工期不予顺延；

d. 试车费用除已包括在合同价款之内或专用条款另有约定外，且均由发包人承担；

e. 若工程师在试车合格后不在试车记录上签字，试车结束 24 小时后，视为工程师已经认可试车记录，承包人可继续施工或办理竣工手续。

⑥竣工验收。竣工验收是全面考核建设工作，检查其是否符合设计要求和工程质量的重要环节。工程未经竣工验收或竣工验收未通过的，发包人不得使用。发包人强行使用时，由此发生的质量问题及其他问题，由发包人承担责任。但在此情况下发包人主要是对强行使用直接产生的质量问题和其他问题承担责任，不能免除承包人对工程的保修等责任。

《建筑法》第 58 条规定，建筑施工企业对工程的施工质量负责；第 60 条规定，建筑物在合理使用寿命内，必须确保地基基础工程和主体结构的质量。建筑工程竣工时，屋顶、墙面不得留有渗漏、开裂等质量缺陷，对已发现的质量缺陷，建筑施工企业应当及时修复。

⑦质量保修。承包人应按法律、行政法规或国家关于工程质量保修的有关规定，对交付发包人使用的工程在质量保修期内承担质量保修责任。建筑工程办理交工验收手续后，在规定的期限内，由于勘察、设计、施工、材料等原因导致的质量缺陷，应当由施工单位负责维修。所谓质量缺陷是指工程不符合现行国家或行业的有关技术标准、设计文件以及合同对质量的要求。

承包人应在工程竣工验收之前，与发包人签订质量保修书作为合同附件，质量保修书的主要内容包括以下几项：

A. 质量保修范围和内容。质量保修范围包括地基基础工程、主体结构工程、屋面防水工程和双方约定的其他土建工程，以及电气管线、上下水管线的安装工程，供热、供冷系统工程等项目。具体质量保修内容由双方约定；

B. 质量保修期。质量保修期从工程实际竣工之日算起。单项竣工验收的工程，按单项工程分别计算质量保修期；

C. 质量保修责任。

a. 对属于保修范围和内容的项目，承包人应在接到修理通知之日后 7 天内派人修理。

承包人不在约定期限内派人修理，发包人可委托其他人员修理，保修费用从质量保修金内扣除；

b. 发生需紧急抢修事故（如上水跑水、暖气漏水漏气、燃气漏气等）时，承包人接到事故通知后，应立即到达事故现场抢修。非承包人施工质量引起的事故，抢修费用由发包人承担；

c. 在国家规定的工程合理使用期限内，承包人确保地基基础工程和主体结构的质量。由于承包人原因导致工程在合理使用期限内造成人身和财产损害的，承包人应承担损害赔偿责任；

D. 质量保修金的支付方法等。

⑧材料设备供应的质量控制。

A. 发包人供应材料设备。实行发包人供应材料设备的，双方应当约定发包人供应材料设备的一览表，并作为本合同的附件。一览表应包括发包人供应材料设备的品种、规格、型号、数量、单价、质量等级、提供时间和地点。发包人应按一览表约定的内容提供材料设备，并向承包人提供产品合格证明，并对其质量负责。发包人在所供材料设备到货前24小时，以书面形式通知承包人，由承包人派人与发包人共同清点。

对发包人供应的材料设备，承包人派人参加清点后由承包人妥善保管，发包人支付相应保管费用。若由于承包人原因发生丢失损坏，由承包人负责赔偿。若发包人未通知承包人清点，承包人不负责材料设备的保管，丢失损坏由发包人负责。

如果发包人供应的材料设备与一览表不符，发包人应承担有关责任。发包人应承担责任的具体内容，双方可根据以下情况在专用条款内约定：

a. 材料设备的单价与一览表不符时，由发包人承担所有价差；

b. 材料设备的品种、规格、型号、质量等级与一览表不符时，承包人可拒绝接收保管，由发包人运出施工场地并重新采购；

c. 发包人供应的材料规格、型号与一览表不符时，经发包人同意，承包人可代为调剂串换，由发包人承担相应费用；

d. 到货地点与一览表不符时，由发包人负责将材料设备运至一览表指定地点；

e. 供应数量少于一览表约定的数量时，由发包人补齐。供应数量多于一览表约定的数量时，发包人负责将多余部分运出施工场地；

f. 到货时间早于一览表约定时间时，由发包人承担因此产生的保管费用。到货时间迟于一览表约定的供应时间时，由发包人赔偿因此造成的承包人损失。造成工期延误的，工期相应顺延。

发包人供应的材料设备在使用前，由承包人负责检验或试验，不合格的不得使用，检验或试验费用由发包人承担。发包人供应材料设备的结算方法，双方在专用条款内约定。

B. 承包人采购材料设备。承包人负责采购材料设备时，应按照专用条款的约定及设计和有关标准的要求采购，并提供产品合格证明，对材料设备质量负责。承包人在材料设备到货前 24 小时通知工程师清点。承包人采购的材料设备与设计或标准要求不符时，承包人应按工程师要求的时间将其运出施工场地，重新采购符合要求的产品，承担由此产生的费用，因此延误的工期不予顺延。

承包人采购的材料设备在使用前，承包人应按工程师的要求进行检验或试验，不合格的不得使用，检验或试验费用由承包人承担。工程师发现承包人采购并使用不符合设计或标准要求的材料设备时，应要求由承包人负责修复、拆除或重新采购，并承担发生的费用，由此延误的工期不予顺延。

根据工程需要，承包人需要使用代用材料时，应经工程师认可才能使用，由此增减的合同价款双方以书面形式议定。由承包人采购的材料设备，发包人不得指定生产厂或供应商。

（2）施工合同的投资控制条款

①施工合同价款及调整。施工合同价款是指发包人、承包人在协议书中约定，发包人用以支付承包人按照合同约定完成承包范围内全部工程，并承担质量保修责任的款项。招标工程的合同价款由发包人、承包人依据中标通知书中的中标价格在协议书内约定。非招标工程的合同价款由发包人、承包人依据工程预算书在协议书内约定。合同价款在协议书内约定后，任何一方不得擅自改变。下列三种确定合同价款的方式，双方可以在专用合同条款内约定采用其中任何一种：

A. 固定价格合同。双方在专用合同条款内约定合同价款所包含的风险范围和风险费用的计算方法，在约定的风险范围内合同价款不再调整。风险范围以外的合同价款调整方法，应当在专用合同条款内约定。如果发包人对施工期间可能出现的价格变动采取一次性付给承包人一笔风险补偿费用的方法，可在专用合同条款内写明补偿的金额和比例，写明补偿后是全部不予调整还是部分不予调整以及可以调整项目的名称。

B. 可调价格合同。合同价款可根据双方的约定而调整，双方在专用合同条款内约定合同价款的调整方法。可调价格合同中合同价款的调整因素包括以下几项：

a. 法律、行政法规和国家有关政策变化影响合同价款；

b. 工程造价管理部门（指国务院有关部门、县级以上人民政府建设行政主管部门或其委托的工程造价管理机构）公布的价格调整；

c. 一周内非承包人原因的停水、停电、停气造成停工累计超过 8 小时；

d. 双方约定的其他因素。

此时，双方在专用合同条款中可写明调整的范围和条件：除材料费外是否包括机械费、人工费、管理费等，对通用合同条款中所列出的调整因素是否还有补充，如对工程量增减和工程变更的数量有限制，还应写明限制的数量；调整的依据，写明是哪一级工程造价管理部门公布的价格调整文件；写明调整的方法、程序，承包人提出调价通知的时间，工程师批准和支付的时间等。

承包人应当在上述情况发生后 14 天内，将调整原因、金额以书面形式通知工程师，工程师确认调整金额后将其作为追加合同价款，与工程款同期支付。若工程师在收到承包人通知后 14 天内不予确认，也不提出修改意见，视为其已经同意该项调整。

C. 成本加酬金合同。合同价款包括成本和酬金两部分。双方在专用合同条款内约定成本构成和酬金的计算方法。

②工程预付款。工程预付款是在工程开工前发包人预先支付给承包人用来进行工程准备的一笔款项。实行工程预付款的，双方应当在专用合同条款内约定发包人向承包人预付工程款的时间和数额，开工后按约定的时间和比例逐次扣回。预付时间应不迟于约定的开工日期前 7 天。发包人不按约定预付的，承包人在约定预付时间 7 天后向发包人发出要求预付的通知，若发包人收到通知后仍不能按要求预付，承包人可在发出通知 7 天后停止施工，发包人应从约定应付之日起向承包人支付应付款的贷款利息，并承担违约责任。工程款的预付可根据主管部门的规定，双方协商确定后把预付工程款的时间（如于每年的 1 月 15 日前按预付款额度比例支付），金额或占合同价款总额的比例（如为合同价款总额的 5%~15%）方法（如根据承包人的年度承包工作量）和扣回的时间、比例、方法（预付款一般应在工程竣工前全部扣回，可采取当工程进展到某一阶段，从完成合同价款总额的 60%~65% 时开始起扣，也可从每月的工程付款中扣回）在专用合同条款内写明。如果发包人不预付工程款，在合同价款中可以考虑承包人垫付工程费用的补偿。

③工程进度款。

A. 工程量的确认。对承包人已完成工程量进行计量、核实与确认，是发包人支付工程款的前提。工程量具体的确认程序如下：

a. 承包人应按专用合同条款约定的时间，向工程师提交已完工程量的报告；

b. 工程师在接到报告后 7 天内按设计图纸核实已完工程量（计量），并在计量前 24 小时通知承包人。承包人为计量提供便利条件，并派人参加。若承包人在接到通知后不参加计量，计量结果有效，作为工程价款支付的依据；

c. 若工程师在收到承包人报告后 7 天内未进行计量，从第 8 天起，承包人报告中开列的工程量即视为已被确认，作为工程价款支付的依据；

d. 工程师不按约定时间通知承包人，致使承包人未能参加计量的，计量结果无效；

e. 对承包人超出设计图纸范围和由于承包人原因导致返工的工程量，工程师不予计量。

B. 工程款（进度款）结算方式。

a. 按月结算。这是国内外常见的一种工程款支付方式，一般在每个月月末，承包人提交已完工程量报告，经工程师审查确认，签发月度付款证书后，由发包人按合同约定的时间支付工程款；

b. 按形象进度分段结算。这是国内常见的一种工程款支付方式，实际上是按工程形象进度分段结算。当承包人完成合同约定的工程形象进度时，承包人提出已完工程量报告，经工程师审查确认，签发付款证书后，由发包人按合同约定的时间付款。如专用合同条款中可以约定：当承包人完成基础工程施工时，发包人支付合同价款的 20%；完成主体结构工程施工时，支付合同价款的 50%；完成装饰工程施工时，支付合同价款的 15%；工程竣工验收通过后，再支付合同价款的 10%。其余 5% 作为工程保修金，在保修期满后返还给承包人；

c. 竣工后一次性结算。当工程项目工期较短或合同价格较低时，可以采用工程价款每月月中预支、竣工后一次性结算的方法；

d. 其他结算方式。结算双方可以在专用合同条款中约定采用经开户银行同意的其他结算方式。

C. 工程款（进度款）支付的程序和责任。在确认计量结果后 14 天内，发包人应向承包人支付工程款（进度款）。同期用于工程的发包人供应的材料设备价款、按约定时间发包人应扣回的预付款，与工程款（进度款）同期结算。合同价款调整、工程师确认增加的工程变更价款及追加的合同价款、发包人或工程师同意确认的工程索赔款等，也应与工程款（进度款）同期调整支付。

发包人超过约定的支付时间未支付工程款（进度款）的，承包人可以向发包人发出要求付款的通知，若发包人收到承包人通知后仍不能按要求付款，可以与承包人协商签订延期付款协议，经承包人同意后可延期支付。协议应明确延期支付的时间并从计量结果确认后第 15 天起计算应付款的贷款利息。发包人不按合同约定支付工程款（进度款），双方又未达成延期付款协议，导致施工无法进行的，承包人可停止施工，由发包人承担违约责任。

④变更合同价款的确定。承包人在工程变更确定后 14 天内，提出变更工程价款的报告，经工程师确认后调整合同价款。变更合同价款按下列方法进行：

A. 合同中已有适用于变更工程的价格，按合同已有的价格计算变更合同价款；

B. 合同中只有类似变更工程的价格，可以参照类似价格变更合同价款；

C. 合同中没有适用或类似变更工程的价格，由承包人提出适当的变更价格，经工程师确认后执行。

承包人在双方确定变更后 14 天内不向工程师提出变更工程价款的报告时，视为该项变更不涉及合同价款的变更。工程师应在收到变更工程价款报告之日起 14 天内予以确认，工程师无正当理由不确认时，自变更工程价款报告送达之日起 14 天后视为变更工程价款报告已被确认。工程师不同意承包人提出的变更价款时，则按照通用合同条款约定的争议解决办法进行处理。

由承包人自身原因导致的工程变更，承包人无权要求追加合同价款。

⑤施工中涉及的其他费用

A. 安全施工。承包人应遵守工程建设安全生产有关管理的规定，并严格按安全标准组织施工，并随时接受行业安全检查人员依法实施的监督检查，采取必要的安全防护措施，消除事故隐患，由于承包人安全措施不力导致事故的责任而产生的费用，由承包人承担。

发包人应对其在施工场地的工作人员进行安全教育，并对他们的安全负责。发包人不得要求承包人违反安全管理的规定进行施工。由于发包人原因导致的安全事故，由发包人承担相应责任及产生的费用。

承包人在动力设备、输电线路、地下管道、密封防震车间、易燃易爆地段以及临街交通要道附近施工时，施工开始前应向工程师提出安全保护措施，经工程师认可后实施，由发包人承担防护措施费用。

实施爆破作业，在放射、毒害性环境中施工（含储存、运输、使用）及使用毒害性、腐蚀性物品施工时，承包人应在施工前 14 天以书面形式通知工程师，并提出相应的安全防护措施，经工程师认可后实施，由发包人承担安全防护措施费用。

发生重大伤亡及其他安全事故时，承包人应按有关规定立即上报有关部门并通知工程师，同时按政府有关部门的要求处理，由事故责任方承担产生的费用。双方对事故责任有争议时，应按政府有关部门认定处理。

B. 专利技术或特殊工艺。发包人要求使用专利技术或特殊工艺时，应负责办理相应的申报手续，承担申报、试验、使用等费用。承包人应按发包人的要求使用，并负责试验等有关工作。承包人提出使用专利技术或特殊工艺，应取得工程师认可，承包人负责办理申报手续并承担有关费用。擅自使用专利技术侵犯他人专利权的，责任者应依法承担相应责任。

C. 文物和地下障碍物。在施工中发现古墓、古建筑遗址等文物及化石或其他有考古、地质研究等价值的物品时，承包人应立即保护好现场，并于 4 小时内以书面形式通知工程师，工程师应于收到书面通知后 24 小时内报告当地文物管理部门，发包人、承包人按文物管理部门的要求采取妥善保护措施。发包人承担由此产生的费用，延误的工期相应顺延。如发现后隐瞒不报，致使文物遭受破坏，责任者依法承担相应责任。

施工中如果发现影响施工的地下障碍物时，承包人应于 8 小时内以书面形式通知工程师，同时提出处置方案，工程师在收到处置方案后 24 小时内予以认可或提出修正方案。发包人承担由此产生的费用，延误的工期相应顺延。所发现的地下障碍物有归属单位时，发包人应报请有关部门协同处置。

⑥竣工结算

A. 竣工结算程序。工程竣工验收报告经发包人认可后 28 天内，承包人向发包人递交竣工结算报告及完整的结算资料，双方按照协议书约定的合同价款及专用合同条款约定的合同价款调整内容，并进行工程竣工结算。发包人在收到承包人递交的竣工结算报告及结算资料后 28 天内进行核实，给予确认或者提出修改意见。发包人确认竣工结算报告后通知经办银行向承包人支付工程竣工结算价款。承包人在收到竣工结算价款后 14 天内将竣工工程交付给发包人。

B. 竣工结算相关的违约责任。

a. 若发包人在收到竣工结算报告及结算资料后 28 天内无正当理由不支付工程竣工结算价款，从第 29 天起按承包人同期向银行贷款利率支付拖欠工程价款的利息，并承担违约责任；

b. 若发包人在收到竣工结算报告及结算资料后 28 天内不支付工程竣工结算价款，承包人可以催告发包人支付结算价款。若发包人在收到竣工结算报告及结算资料后 56 天内仍不支付，承包人可以与发包人协议将该工程折价，也可以由承包人申请人民法院将该工程依法拍卖，承包人就该工程折价或者拍卖的价款优先受偿。目前在建设领域，拖欠工程款的情况十分严重，承包人应采取有力措施，保护自己的合法权益是十分重要的；

c. 若工程竣工验收报告经发包人认可后 28 天内，承包人未能向发包人递交竣工结算报告及完整的结算资料，造成工程竣工结算不能正常进行或工程竣工结算价款不能及时支付，发包人要求交付工程的，承包人应当交付，发包人不要求交付工程的，承包人承担保管责任；

d. 承、发包双方对工程竣工结算价款发生争议时，按通用合同条款关于争议的约定处理。

⑦质量保修金

保修金（或称保留金）是发包人在应付承包人工程款内扣留的金额，其目的是约束承包人在竣工后履行竣工义务。有关保修项目，保修期，保修的内容、范围、期限及保修金额（一般不超过施工合同价款的 3%）等均应在工程质量保修书中约定。

保修期满，承包人履行了保修义务，发包人应在质量保修期满后 14 天内结算，将剩余保修金和按工程质量保修书约定的以银行利率计算的利息一起返还承包人，不足部分由承包人交付。

（3）施工合同的进度控制条款

进度控制是施工合同管理的重要组成部分。施工合同的进度控制可以分为施工准备阶段、施工阶段和竣工验收阶段的进度控制三方面。

①施工准备阶段的进度控制。

A. 合同工期的约定。工期是指发包人、承包人在协议书中约定，按总日历天数（包括法定节假日）计算的承包天数。合同工期是施工的工程从开工起到完成专用合同条款约定的全部内容，工程达到竣工验收标准所经历的时间。

承、发包双方必须在协议书中明确约定工期，其中包括开工日期和竣工日期。开工日期是指发包人、承包人在协议书中约定，承包人开始施工的绝对或相对的日期；竣工日期是指发包人、承包人在协议书中约定，承包人完成承包范围内工程的绝对或相对的日期。若工程竣工验收通过，实际竣工日期为承包人送交竣工验收报告的日期；工程按发包人要求修改后通过竣工验收的，实际竣工日期为承包人修改后提请发包人验收的日期。合同当事人应当在开工日期前做好一切开工的准备工作，承包人则应当按约定的开工日期开工。

对于群体工程，双方应在合同附件一中具体约定不同单位工程的开工日期和竣工日期。对于大型、复杂的工程项目，除约定整个工程的开工日期、竣工日期和合同工期的总日历天数外，还应约定重要里程碑事件的开工日期与竣工日期，以确保工期总目标的顺利实现。

B. 进度计划。承包人应按专用合同条款约定的日期，将施工组织设计和工程进度计划提交给工程师，工程师按专用合同条款约定的时间予以确认或提出修改意见，逾期不确认也不提出书面意见的，则视为已经同意。群体工程中单位工程分期进行施工的，承包人应按照发包人提供图纸及有关资料的时间，按单位工程编制进度计划，其具体内容在专用合同条款中约定，分别向工程师提交。

工程师对进度计划予以确认或者提出修改意见，并不免除承包人施工组织设计和工程进度计划本身的缺陷所应承担的责任。工程师对进度计划予以确认的主要目的是为工程师对进度控制提供依据。

C. 其他准备工作。在开工前，合同双方还应做好其他各项准备工作，如发包人应当按照专用合同条款的约定使施工场地具备施工条件、开通公共道路，承包人应当做好施工人员和设备的调配工作，按合同规定完成材料设备的采购等。

工程师需要做好水准点与坐标控制点的交验，按时提供标准、规范。为了能够按时向承包人提供设计图纸，工程师需要做好协调工作，组织图纸会审和设计交底等。

D. 开工及延期开工。

a. 承包人要求的延期开工。承包人应当按照协议书约定的开工日期开始施工。若承包人不能按时开工，应当不迟于协议书约定的开工日期前 7 天，以书面形式向工程师提出延期开工的理由和要求。工程师应当在接到延期开工申请后的 48 小时内以书面形式答复承包人。如果工程师在接到申请后 48 小时内不答复，视为其已同意承包人的要求，工期相应顺延；如果工程师不同意延期要求或承包人未在规定时间内提出延期开工要求，工期不予顺延。

b. 发包人要求的延期开工。若因发包人原因不能按照协议书约定的开工日期开工，工程师应以书面形式通知承包人，推迟开工日期。承包人对延期开工的通知没有否决权，但发包人应当赔偿由此给承包人造成的损失，并相应顺延工期。

②施工阶段的进度控制

A. 工程师对进度计划的检查与监督。开工后，承包人必须按照工程师确认的进度计划组织施工，接受工程师对进度的检查、监督。检查、监督的依据一般是双方已经确认的月度进度计划。一般情况下，工程师每月检查一次承包人的进度计划执行情况，由承包人提交一份上月进度计划实际执行情况和本月的施工计划；同时，工程师还应进行必要的现场实地检查。

工程实际进度与经确认的进度计划不符时，承包人应按工程师的要求提出改进措施，经工程师确认后执行。但是，由于承包人自身的原因导致实际进度与进度计划不符时，所有的后果都应由承包人自行承担，承包人无权就改进措施追加合同价款，工程师也不应对改进措施的效果负责。如果采用改进措施后，经过一段时间工程实际进展赶上了进度计划，则仍可按原进度计划执行。如果采用改进措施一段时间后，工程实际进展仍明显与进度计划不符，则工程师可以要求承包人修改原进度计划，并经工程师确认后执行。但是，这种确认并不是工程师对工程延期的批准，而仅仅是要求承包人在合理的状态下施工。因此，如果承包人按修改后的进度计划施工不能按期竣工的，承包人仍应承担相应的违约责任。

工程师应当随时了解施工进度计划执行过程中所存在的问题，并帮助承包人予以解决，特别是承包人无力解决的内外关系协调问题。

B. 暂停施工。

a. 工程师要求的暂停施工。工程师认为确实有必要暂停施工时，应当以书面形式要求承包人暂停施工，并在提出要求后 48 小时内提出书面处理意见。承包人应当按工程师的要求停止施工，并妥善保护已完工程。承包人实施工程师做出的处理意见后，可以书面形式提出复工要求，工程师应当在 48 小时内给予答复。若工程师未能在规定时间内提出处理意见，或在收到承包人复工要求后 48 小时内未给予答复，承包人可自行复工。

由于发包人原因导致停工的，由发包人承担所发生的追加合同价款，赔偿由此给承包人造成的损失，相应顺延工期；由于承包人原因导致停工的，由承包人承担产生的费用，工期不予顺延。因工程师不及时做出答复，导致承包人无法复工，由发包人承担违约责任。

b. 发包人违约导致承包人主动暂停施工。当发包人出现某些违约情况时，承包人可以暂停施工，这是合同赋予承包人保护自身权益的有效措施。如发包人不按合同约定及时向承包人支付工程预付款，发包人不按合同约定及时向承包人支付工程进度款且双方未达成延期付款协议，在承包人发出要求付款通知后仍不付款的，经过一段时间后，承包人均可暂停施工。这时，发包人应当承担相应的违约责任。当出现这种情况时，工程师应当尽量督促发包人履行合同，以求减少双方的损失。

c. 意外事件导致的暂停施工。在施工过程中出现一些意外情况，如果需要承包人暂停施工，承包人则应该暂停施工。此时工期是否给予顺延，应视风险责任由谁承担而确定。如发现有价值的文物、发生不可抗力事件等，风险责任应由发包人承担，故应给予承包人顺延工期。

C. 工程设计变更。工程师在其可能的范围内应尽量减少设计变更，以避免影响工期。如果必须对设计进行变更，应当严格按照国家的规定和合同约定的程序进行。

a. 发包人对原工程设计进行变更。施工中发包人如果需要对原工程设计进行变更，应提前 14 天以书面形式向承包人发出变更通知。变更超过原设计标准或者批准的建设规模时，发包人应报规划管理部门和其他有关部门重新审查批准，并由原设计单位提供变更的相应图纸和说明。承包人按照工程师发出的变更通知及有关要求，进行下列需要的变更：

更改工程有关部分的标高、基线、位置和尺寸；

增减合同中约定的工程量；

改变有关工程的施工时间和顺序；

进行其他有关工程变更需要的附加工作。

发包人对原工程设计进行变更所导致的合同价款的增减及其所造成的承包人的损失，由发包人承担，延误的工期相应顺延。

合同履行中发包人要求变更工程质量标准及发生其他实质性变更时，则由双方协商解决。

B. 承包人要求对原设计进行变更。承包人应当严格按照设计图纸施工，不得对原工程设计进行变更。承包人擅自变更设计所产生的费用和由此导致的发包人的直接损失，由承包人承担，延误的工期不予顺延。承包人在施工中提出的合理化建议涉及对设计图纸或施工组织设计的更改及对材料、设备的换用时，需经工程师同意。工程师同意变更后，还需取得有关主管部门的批准，并由原设计单位提供相应的变更图纸和说明。当未经同意擅自变更或换用时，承包人承担由此产生的费用，并赔偿发包人的有关损失，延误的工期不予顺延。工程师同意采用承包人的合理化建议时，所产生的费用和获得的收益，发包人、承包人另行约定分担或分享。

C. 工期延误。承包人应当按照合同工期完成工程施工，如果由于其自身原因导致工期延误，则应由自身承担违约责任，但由于以下原因导致工期延误，经工程师确认，工期相应顺延；

a. 发包人未能按专用合同条款的约定提供图纸及开工条件；

b. 发包人未能按约定日期支付工程预付款、进度款，致使施工不能正常进行；

c. 工程师未按合同约定提供所需指令、批准等，致使施工不能正常进行；

d. 设计变更和工程量增加；

e. 一周内非承包人原因的停水、停电、停气造成停工累计超过 8 小时；

f. 不可抗力；

g. 专用合同条款中约定或工程师同意工期顺延的其他情况。

在上述情况下工期可以顺延的原因在于：这些情况属于发包人违约或者应当由发包人承担风险。

承包人在以上情况发生后 14 天内，就延误的工期以书面形式向工程师提出报告，工程师在收到报告后 14 天内予以确认，若逾期不予以确认也不提出修改意见，视为同意顺延工期。

工程师确认的工期顺延期限应当基于事件所造成的合理延误，由工程师根据发生事件的具体情况和工期定额、合同等的规定确认。经工程师确认的顺延工期应纳入合同总工期，如果承包人不同意工程师的确认结果，则可按合同约定的争议解决方式进行处理。

③竣工验收阶段的进度控制。在竣工验收阶段，工程师进度控制的任务是督促承包人完成工程扫尾工作，协调竣工验收中的各方关系，参加竣工验收。

A. 竣工验收的程序。承包人必须按照协议书约定的竣工日期或者工程师同意顺延的工期竣工。由于承包人原因不能按照协议书约定的竣工日期或者工程师同意顺延的工期竣工的，承包人应当承担违约责任。

a. 承包人提交竣工验收报告。当工程按合同要求全部完成，并具备竣工验收条件时，承包人按国家工程竣工验收的有关规定，向发包人提供完整的竣工资料和竣工验收报告。双方约定由承包人提供竣工图的，承包人应按专用条款内约定的日期和份数向发包人提交竣工图；

b. 发包人组织验收。发包人在收到竣工验收报告后 28 天内组织有关单位验收，并在验收后 14 天内给予认可或提出修改意见，承包人应当按要求进行修改，并承担由于自身原因所产生的修改费用。中间交工工程的范围和竣工时间，由双方在专用合同条款内约定。验收程序同上；

c. 发包人不能按时组织验收。发包人在收到承包人送交的竣工验收报告后 28 天内不组织验收，或者在验收后 14 天内不提出修改意见，则视为竣工验收报告已经被认可。若发包人在收到承包人竣工验收报告后 28 天内不组织验收，从第 29 天起承担工程保管及一切意外责任。

B. 提前竣工。施工中发包人如需提前竣工，双方协商一致后应签订提前竣工协议，将其作为合同文件的组成部分。提前竣工协议应包括以下几项：

a. 要求提前的时间；

b. 承包人所采取的赶工措施；

c. 发包人为提前竣工所提供的条件；

d. 承包人为保证工程质量和安全所采取的措施；

e. 提前竣工所需的追加合同价款等。

C. 甩项工程。由于特殊原因，发包人要求部分单位工程或工程部位需甩项竣工时，双方应另行订立甩项竣工协议，明确双方责任和工程价款的支付办法。

四、建筑工程项目施工合同的履行与变更

工程项目施工合同的履行是指当事人双方按照工程项目合同条款的规定，全面完成各自义务的活动。工程项目施工合同履行的关键在于工程项目变更的处理。

合同的变更是由于设计变更、实施方案变更、发生意外风险等原因导致的双方责任、权利、义务的变化在合同条款上的反映。适当且及时的变更可以弥补初期合同条款的不足，但频繁或失去控制的合同变更会给项目带来重大损失甚至导致项目失败。

1. 合同变更的类型

（1）正常和必要的合同变更。工程项目甲、乙双方根据项目目标的需要，对必要的设计变更或项目工作范围调整等所引起的变化，经过充分协商对原订合同条款进行适当的修改或补充新的条款。这种有益的项目变化所引起的原合同条款的变更是为了保证工程项目的正常实施，是有利于实现项目目标的积极变更；

（2）失控的合同变更。如果合同变更过于频繁，或变更未经甲、乙双方协商同意，则其往往会导致项目受损或使项目执行产生困难。这种由项目变化所引起的原合同条款的变更不利于工程项目的正常实施。

2. 合同变更的内容与范围

（1）工作项目的变化。由于设计失误、变更等原因增加的工程任务在原合同范围内，

并应有利于工程项目的完成；

（2）材料的变化。为便于施工和供货，有关材料方面的变化一般由施工单位提出要求，通过现场管理机构审核，在不影响项目质量、不增加成本的条件下，双方需用变更书加以确认；

（3）施工方案的变化。在工程项目实施过程中，设计变更、施工条件改变、工期改变等，可能引起原施工方案的改变。如果是由建设单位原因所引起的变更，应该以变更书加以确认，并给施工单位补偿因变更而增加的费用。如果是由施工单位自身原因所引起的施工方案的变更，其增加的费用由施工单位自己承担；

（4）施工条件的变化。由施工条件变化所引起的费用的增加和工期延误，应该以变更书加以确认。对不可预见的施工条件的变化，其所引起的额外费用应由建设单位审核后给予补偿，延误的工期由双方经协商共同采取补救措施加以解决。当施工条件变化可预见时，应该是谁的原因由谁负责；

（5）国家立法的变化。当国家立法发生变化导致工程成本增加时，建设单位应该根据具体情况进行必要的补偿和收费。

五、建筑工程项目合同纠纷的处理

对于工程项目合同纠纷的处理，通常有协商、调解、仲裁和诉讼四种方式。

1. 协商

协商是指合同当事人在自愿互谅的基础上，按照法律和行政的规定，通过摆事实、讲道理解决纠纷的一种方法。自愿、平等、合法是协商解决的基本原则，这是解决合同纠纷的最简单的一种方式。

2. 调解

调解是指在第三者的主持下，通过劝说引导，在互谅互让的基础上达成协议，从而解决争端的一种方式。

3. 仲裁

当合同双方的争端经过双方协商和中间人调解等办法，仍得不到解决时，可以申请仲裁机构进行仲裁，由仲裁机构做出具有法律约束力的裁决行为。

4. 诉讼

凡是合同中没有订立仲裁条款、事后也没有达成书面仲裁协议的，当事人可以向法院提起诉讼，由法院根据有关法律条文做出判决。

第七章　建筑工程施工质量管理

第一节　施工准备阶段质量控制方案的编制

一、建筑工程项目质量管理概述

1. 建筑工程项目质量的概念及特点

（1）质量的概念

质量是指反映实体满足明确或隐含需要能力的特性之总和，国际化标准组织 ISO 9000 族标准中对质量的定义是：质量是一组固有特性满足要求的程度。

质量的主体是“实体”。实体可以是活动或过程，如监理单位受业主委托实施建设工程监理或承包商履行施工合同的过程；也可以是活动或过程结果的有形产品，如已建成的厂房；或者是无形产品，如监理规划等；还可以是某个组织体系，以及以上各项的组合。

“需要”通常被转化为有规定准则的特性，如适用性、可靠性、经济性、美观性及与环境的协调性等方面。在许多情况下，“需要”随时间、环境的变化而变化，这就要求定期修改反映这些“需要”的各项文件。

“明确需要”是指在合同、标准、规范、图纸、技术文件中已经做出明确规定的要求。“隐含需要”则应加以识别和确定：一是指顾客或社会对实体的期望；二是指被人们所公认的、不言而喻的、不必作出规定的需要，如住宅应满足人们最起码的居住需要，此即属于“隐含需要”。

获得令人满意的质量通常要涉及全过程各阶段众多活动的影响，有时为了强调不同阶段对质量的作用，可以称某阶段对质量的作用或影响，如“设计阶段对质量的作用或影响”“施工阶段对质量的作用或影响”等。

（2）建筑工程项目质量

建筑工程项目质量是现行国家的有关法律、法规、技术标准、设计文件及工程合同中对建筑工程项目的安全、使用、经济、美观等特性的综合要求。工程项目一般是按照合同条件承包建设的，因此，建筑工程项目质量是在“合同环境”下形成的。合同条件中对建筑工程项目的功能、使用价值及设计、施工质量等的明确规定都是业主的“需要”，因而它们都是质量的内容。

①工程质量。工程质量是指能满足国家建设和人民需要所具备的自然属性，其通常包括适用性、可靠性、经济性、美观性和环境保护性等；

②工序质量。工序质量是指在生产过程中，人、材料、机具、施工方法和环境对装饰产品综合起作用的过程，这个过程所体现的工程质量称为工序质量。工序质量也要符合“设计文件”、建筑施工及验收规范的规定。工序质量是形成工程质量的基础；

③工作质量。工作质量并不像工程质量那样直观，其主要体现在企业的一切经营活动中，通过经济效果、生产效率、工作效率和工程质量集中体现出来。

工程质量、工序质量和工作质量是三个不同的概念，但三者却有着密切的联系。工程质量是企业施工的最终成果，其取决于工序质量和工作质量。工作质量是工序质量和工程质量的保证和基础，必须努力提高工作质量，以工作质量来保证和提高工序质量，从而保证和提高工程质量。提高工程质量是为了提高经济效益，为社会创造更多的财富。

（3）建筑工程项目质量的特点

建筑工程项目质量的特点是由建筑工程项目的特点决定的。由于建筑工程项目具有单项性、一次性以及高投入性等特点，故建筑工程项目质量具有以下特点：

①影响因素多。设计、材料、机械、环境、施工工艺、施工方案、操作方法、技术措施、管理制度、施工人员素质等均直接或间接地影响建筑工程项目的质量；

②质量波动大。建筑工程建设因其具有复杂性、单一性，不像一般工业产品的生产那样有固定的生产流水线，有规范化的生产工艺和完善的检测技术，有成套的生产设备和稳定的生产环境，有相同系列规格和相同功能的产品，所以，其质量波动大；

③质量变异大。影响建筑工程质量的因素较多，任一因素出现质量问题，均会引起工程建设系统的质量变异，造成建筑工程质量问题；

④质量具有隐蔽性。建筑工程项目在施工过程中，由于工序交接多、中间产品多、隐蔽工程多，若不及时检查并发现其存在的质量问题，事后看表面质量可能很好，但容易产生第二判断错误，即将不合格的产品认为是合格的产品；

⑤终检局限大。建筑工程项目建成后，不可能像某些工业产品那样，可以拆卸或解体来检查内在的质量，因此，建筑工程项目终检验收时难以发现工程内在的、隐蔽的质量缺陷。

所以，对建筑工程质量更应重视事前、事中控制，防患于未然，将质量事故消灭于萌芽之中。

2. 建筑工程项目质量控制的分类

质量管理是在质量方面进行指挥、控制、组织、协调的活动。这些活动通常包括制定质量方针和质量目标以及质量策划、质量控制、质量保证与质量改进等一系列活动。质量控制是质量管理的一部分，是致力于满足质量要求的一系列活动，主要包括设定标准、测量结果、评价和纠偏。

建筑工程项目质量控制是指建筑工程项目企业为达到工程项目质量要求所采取的作业技术和活动。

建筑工程项目质量要求主要表现为工程合同、设计文件、技术规范规定的质量标准。因此，建筑工程项目质量控制就是为了保证达到工程合同规定的质量标准而采取的一系列措施、手段和方法。

建筑工程项目质量控制按其实施者的不同，可分为以下三个方面：

（1）业主方面的质量控制

业主方面的质量控制包括以下两个层面的内容：

①监理方的质量控制。目前，业主方面的质量控制通常通过委托工程监理合同，委托监理单位对工程项目进行质量控制；

②业主方的质量控制。其特点是外部的、横向的控制。工程建设监理的质量控制，是指监理单位受业主委托，为保证工程合同规定的质量标准对工程项目进行的质量控制。其目的是保证工程项目能够按照工程合同规定的质量要求达到业主的建设意图，并取得良好的投资效益。其控制依据除国家制定的法律、法规外，主要是合同、设计图纸。在设计阶段及其前期的质量控制以审核可行性研究报告和设计文件、图纸为主，审核项目设计是否符合业主的要求。在施工阶段驻现场实地监理，检查是否严格按图施工，并达到合同文件规定的质量标准。

（2）政府方面的质量控制

政府方面的质量控制是指政府监督机构的质量控制，其特点是外部的、纵向的控制。政府监督机构的质量控制是按城镇或专业部门建立有权威的工程质量监督机构，根据有关法规和技术标准对本地区（本部门）的工程质量进行监督检查。其目的是维护社会公共利益，保证技术性法规和标准贯彻执行，其控制依据主要是有关的法律文件和法定技术标准。在设计阶段及其前期的质量控制以审核设计纲要、选址报告、建设用地申请与设计图纸为主。在施工阶段以不定期的检查为主，审核是否违反城市规划，是否符合有关技术法规和标准的规定，对环境影响的性质和程度大小，有无防止污染、公害的技术措施。因此，政府质量监督机构根据有关规定，有权对勘察单位、设计单位、监理单位、施工单位的行为进行有效监督。

（3）承建商方面的质量控制

承建商方面的质量控制是内部的、自身的控制。承建商方面的质量控制主要是施工阶段的质量控制，这也是工程项目全过程质量控制的关键环节，其中心任务是通过建立健全有效的质量监督工程体系，来确保工程质量达到合同规定的标准和等级要求。

3. 建筑工程项目质量管理的原则

（1）坚持“质量第一，用户至上”的原则；

（2）坚持“以人为核心”的原则；

（3）坚持“以预防为主”的原则；

（4）坚持质量标准、严格检查和“一切用数据说话”的原则；

（5）坚持贯彻科学、公正和守法的原则。

二、建筑工程项目的全面质量管理

1. 全面质量管理的概念

全面质量管理（简称 TQM），是指为了获得使用户满意的产品，综合运用一整套质量管理体系、手段和方法所进行的系统管理活动。其特点是“三全”（全企业职工、全生产过程、全企业各个部门）、具有一整套科学方法与手段（数理统计方法及电算手段等）、属于广义的质量观念，其与传统的质量管理相比有显著的成效，为现代企业管理方法中的一个重要分支。

全面质量管理的基本任务是建立和健全质量管理体系，通过企业经营管理的各项工作，以最低的成本、合理的工期生产出符合设计要求并使用户满意的产品。

全面质量管理的具体任务，主要有以下几个方面：

（1）进行完善质量管理的基础工作；

（2）建立和健全质量保证体系；

（3）确定企业的质量目标和质量计划；

（4）对生产过程各工序的质量进行全面控制；

（5）严格把控质量检验工作；

（6）开展群众性的质量管理活动，如质量管理小组活动等；

（7）建立质量回访制度。

2. 全面质量管理的工作方法

全面质量管理的工作方法是 PDCA 循环工作法，其是美国质量管理专家戴明博士在 20 世纪 60 年代提出来的。

PDCA 循环工作法把质量管理活动归纳为 4 个阶段，即计划阶段（Plan）、实施阶段（Do）、检查阶段（Check）和处理阶段（Action），其中共有 8 个步骤。

（1）计划阶段（P）

在计划阶段，首先要确定质量管理的方针和目标，并提出实现它们的具体措施和行动计划。计划阶段主要包括以下 4 个步骤：

第一步：分析现状，找出存在的质量问题，以便进行调查研究。

第二步：分析影响质量的各种因素，将其作为质量管理的重点对象。

第三步：在影响的诸多因素中找出主要因素，将其作为质量管理的重点对象。

第四步：制定改革质量的措施，提出行动计划并预计效果。

（2）实施阶段（D）

在实施阶段中，要按既定措施下达任务，并按措施去执行，这是 PDCA 循环工作法的第五个步骤。

（3）检查阶段（C）

检查阶段的工作是对执行措施的情况进行及时的检查，通过检查与原计划进行比较，找出成功的经验和失败的教训，这是PDCA循环工作法的第六个步骤。

（4）处理阶段（A）

处理阶段，就是对检查之后的各种问题加以处理。处理阶段可分为以下两个步骤：第七步：总结经验、巩固措施、制定标准、形成制度，以便遵照执行。

第八步：将尚未解决的问题转入下一个循环，重新研究措施、制订计划、予以解决。

3. 质量保证体系

（1）质量保证和质量保证体系的概念

①质量保证的概念。质量保证是指企业向用户保证产品在规定的期限内能正常使用。按照全面质量管理的观点，质量保证还包括上道工序提供的半成品保证满足下道工序的要求，即上道工序对下道工序实行质量保证。

质量保证体现了生产者与用户之间、上道工序与下道工序之间的关系。通过质量保证，将产品的生产者和使用者密切地联系在一起，促使企业按照用户的要求组织生产，以达到全面提高质量的目的。

用户对产品质量的要求是多方面的，它不仅指交货时的质量，更主要的是在使用期限内产品的稳定性，以及生产者提供的维修服务质量等。因此，建筑装饰装修企业的质量保证，包括装饰装修产品交工时的质量和交工以后在产品的使用阶段所提供的维修服务质量等。

质量保证的建立，可以使企业内部各道工序之间、企业与用户之间有一条质量纽带，带动各方面的工作，为不断地提高产品质量创造条件。

②质量保证体系的概念。质量保证不是生产的某一个环节问题，其涉及企业经营管理的各项工作，需要建立完整的系统。质量保证体系，就是企业为保证提高产品质量，运用系统的理论和方法建立的一个有机的质量工作系统。这个系统将企业各部门、生产经营各环节的质量管理职能组织起来，形成一个目标明确、责权分明、相互协调的整体，从而使企业的工作质量和产品质量紧密地联系在一起；生产过程与使用过程紧密地联系在一起；企业经营管理的各个环节紧密地联系在一起。

由于有了质量保证体系，企业便能在生产经营的各个环节及时地发现和掌握质量管理的目的。质量保证体系是全面质量管理的核心。全面质量管理实质上就是建立质量保证体系，并使其正常运转。

（2）质量保证体系的内容

建立质量保证体系，必须与质量保证的内容相结合。建筑施工企业的质量保证体系的内容包括以下三部分：

①施工准备过程的质量保证。其主要内容有以下几项：

A. 严格审查图纸。为了避免设计图纸的差错给工程质量带来影响，必须对施工图纸进行认真审查。通过审查，及时发现错误，采取相应的措施加以纠正；

B. 编制好施工组织设计。编制施工组织设计之前，要认真分析企业在施工中存在的主要问题和薄弱环节，分析工程的特点，有针对性地提出防范措施，编制出切实可行的施工组织设计，以便指导施工活动；

C. 做好技术交底工作。在下达施工任务时，必须向执行者进行全面的质量交底，使执行人员了解任务的质量特性，做到心中有数，避免盲目行动；

D. 严格控制材料、构配件和其他半成品的检验工作。从原材料、构配件、半成品的进场开始，就应严格把好质量关，为工程施工提供良好的条件；

E. 施工机械设备的检查维修工作。施工前，要做好施工机械设备的检修工作，使机械设备经常保持良好的工作状态，不致于发生故障，影响工程质量和进度。

②施工过程的质量保证。施工过程是建筑工程产品质量的形成过程，是控制建筑产品质量的重要阶段。这个阶段的质量保证工作，主要有以下几项：

A. 加强施工工艺管理。严格按照设计图纸、施工组织设计、施工验收规范、施工操作规程施工，坚持质量标准，保证各分项工程的施工质量；

B. 加强施工质量的检查和验收。按照质量标准和验收规程，对已完工的分部工程，特别是隐蔽工程，及时进行检查和验收。不合格的工程，一律不得验收，促使操作人员重视问题，严把质量关。质量检查可采取群众自检、互检和专业检查相结合的方法；

C. 掌握工程质量的动态。通过质量统计分析，找出影响质量的主要原因，总结产品质量的变化规律。统计分析是全面质量管理的重要方法，同时也是掌握质量动态的重要手段。针对质量波动的规律，采取相应对策，以防止质量事故发生。

③使用过程的质量保证。工程产品的使用过程是产品质量经受考验的阶段。施工企业必须保证用户在规定的期限内，正常地使用建筑产品。在这个阶段，主要有两项质量保证工作：

A. 及时回访。工程交付使用后，企业要组织对用户进行调查、回访，认真听取用户对施工质量的意见，收集有关资料，并对用户反馈的信息进行分析，从中发现施工质量问题，了解用户的要求，并采取措施加以解决并为以后的工程施工积累经验；

B. 实行保修。对于施工原因造成的质量问题，建筑施工企业应负责无偿维修，取得用户的信任；对于设计原因或用户使用不当造成的质量问题，应当协助维修，提供必要的技术服务，保证用户正常使用。

（3）质量保证体系的运行

在实际工作中，质量保证体系是按照 PDCA 循环工作法运行的。

（4）质量保证体系的建立

建立质量保证体系，要求做好以下工作：

①建立质量管理机构。质量管理机构的主要任务是：统一组织、协调质量保证体系的

活动；编制质量计划并组织实施；检查、督促各动态，协调各环节的关系；开展质量教育，组织群众性的管理活动。在建立综合性的质量管理机构的同时，还应设置专门的质量检查机构，负责质量检查工作。

②制订可行的质量计划。质量计划是实现质量目标和具体组织与协调质量管理活动的基本手段，也是企业各部门、生产经营各环节质量工作的行动纲领。企业的质量计划是一个完整的计划体系，既有长远的规划，又有近期的质量计划；既有企业总体规划，又有各环节、各部门具体的行动计划；既有计划目标，又有实施计划的具体措施。

③建立质量信息反馈系统。质量信息是质量管理的根本依据，它反映了产品质量形成过程的动态。质量管理就是根据信息反馈的问题，采取相应的措施，对产品质量形成过程实施控制。没有质量信息，也就谈不上质量管理。企业质量信息主要来自两部分：一是外部信息，包括用户、原材料和构配件供应单位、协作单位、上级组织的信息；二是内部信息，包括施工工艺、各分部分项工程的质量检验结果、质量控制中的问题等。企业必须建立一整套质量信息反馈系统，准确、及时地收集、整理、分析、传递质量信息，为质量管理体系的运转提供可靠的依据。

三、工程质量形成的过程与影响因素分析

1. 工程建设各阶段对质量形成的作用与影响

工程建设的不同阶段，对工程项目质量的形成有着不同的作用和影响。

（1）项目可行性研究阶段

项目可行性研究阶段是对与项目有关的技术、经济、社会、环境等各方面进行调查研究，在技术上分析论证各方案是否可行，在经济上是否合理，以供决策者选择。项目可行性研究阶段对项目质量产生直接影响。

（2）项目决策阶段

项目决策是从两个及两个以上的可行性方案中选择一个更合理的方案。比较两个方案时，主要比较项目投资、质量和进度，三者之间的关系。因此，决策阶段是影响工程建设质量的关键阶段。

（3）工程勘察、设计阶段

设计方案技术是否可行、在经济上是否合理、设备是否完善配套、结构是否安全可靠，都将决定建成后项目的使用功能。因此，设计阶段是影响建筑工程项目质量的决定性环节。

（4）工程施工阶段

工程施工阶段是根据设计文件和图样要求，通过相应的质量控制把质量目标和质量计划付诸实施的过程。施工阶段是影响建筑工程项目质量的关键环节。

（5）工程竣工验收阶段

工程竣工验收是对工程项目质量目标的完成程度进行检验、评定和考核的过程。竣工

验收不认真，就无法实现规定的质量目标。因此，工程竣工验收是影响建筑工程项目的一个重要环节。

（6）使用保修阶段

保修阶段要对使用过程中存在的施工遗留问题及发现的新质量问题予以解决，最终保证建筑工程项目的质量。

2. 影响工程质量的因素

影响工程质量的因素归纳起来主要有 5 个方面，即人（Man）、材料（Material）、机械（Machine）、方法（Method）和环境（Environment），简称为“4M1E”因素。

（1）人

人是指施工活动的组织者、领导者及直接参与施工作业活动的具体操作者。人员因素的控制就是对上述人员的各种行为的控制。

（2）材料

材料是指在工程项目建设中使用的原材料、成品、半成品、构配件等，其是工程施工的物质保证条件。

①材料质量控制的规定

A. 在质量计划确定的合格材料供应商目录中，按计划招标采购原材料、成品、半成品和构配件；

B. 材料的搬运和储存应按搬运储存的规定进行，并应建立台账；

C. 项目经理部应对材料、半成品和构配件进行标识；

D. 未经检验和已经检验为不合格的材料、半成品和构配件等，不得投入使用；

E. 对发包人提供的材料、半成品、构配件等，且必须按规定进行检验和验收；

F. 监理工程师应对承包人自行采购的材料进行验证。

②材料质量控制的方法。加强材料的质量控制是保证和提高工程质量的重要保障，同时也是控制工程质量影响因素的有效措施。

A. 认真组织材料采购。材料采购应根据工程特点、施工合同、材料的适用范围、材料的性能要求和价格因素等进行综合考虑。根据施工进度计划的要求适当提前安排材料供应计划（每月），并对厂家进行实地考察。

B. 严格材料质量检验。材料质量检验是通过一系列的检测手段，将所取得的材料数据与材料质量标准进行对比，以便在事先判断材料质量的可靠性，再据此决定能否将其用于工程实体。材料质量检验的内容包括以下几项：

a. 材料标准；

b. 检验项目。一般在标准中有明确规定。例如，对钢筋要进行拉伸试验、弯曲试验；对焊接件要进行力学性能试验；对混凝土要进行表观密度、坍落度、抗压强度试验；

c. 取样方法。材料质量检验的取样必须具有代表性，因此，材料取样应严格按规范规定的部位、数量和操作要求进行；

D. 检（试）验方法。材料检验的方法可分为书面检查、外观检查、理化检查、无损检查；

E. 检验程度。质量检验程度可分为免检、抽检、全检以下三种。

免检：对有足够质量保证的一般材料，以及实践证明质量长期稳定，且质量保证资料齐全的材料，可免去质量检验过程；

抽检：对性能不清楚或对质量保证资料有怀疑的材料，或对成批产品的构配件，均应按一定比例随机抽样进行检查；

全检：凡进口材料、设备和重要部位的材料以及贵重的材料应进行全检。

对材料质量控制的要求：所有材料、制品和构件必须有出厂合格证和材质化验单；对钢筋水泥等重要材料要进行复试；对现场配置的材料必须进行试配试验。

C. 合理安排材料的仓储保管与使用。保管不当会造成水泥受潮、钢筋锈蚀；使用不当会造成不同直径的钢筋混用。因此，应做好以下管理措施：

a. 合理调度，随进随用，做到现场材料不大量积压；

b. 搞好材料使用管理工作；

c. 做到不同规格品种的材料分类堆放，实行挂牌标志。

（3）机械

①机械设备控制规定。

A. 应按设备进场计划进行施工设备的准备；

B. 现场的施工机械应满足施工需要；

C. 应对机械设备操作人员的资格进行确认，无证或资格不符合的严禁上岗。

②施工机械设备的质量控制。施工机械设备的选用必须结合施工现场条件、施工方法工艺、施工组织和管理等各种因素综合考虑。

A. 机械设备选型。对施工机械设备型号的选择应本着因地制宜、因工程而异、满足需要的原则；

B. 主要性能参数。选择施工机械性能参数应结合工程项目的特点、施工条件和已确定的型号具体进行；

C. 使用操作要求。贯彻“三定”和“五好”原则。“三定”是指“定机、定人、定岗位责任”；“五好”是指“完成任务好、技术状况好、使用好、保养好、安全好”。

③生产机械设备的质量控制。

A. 对生产机械设备的检查主要包括：新购机械设备运输质量及供货情况的检查；对有包装的设备，应检查包装是否受损，对无包装的设备，应进行外观的检查及附件、备品的清点；

B. 对进口设备，必须进行开箱全面检查。对解体装运的自组装设备，在对总部件及随机附件、备品进行外观检查后，应尽快进行现场组装、检测试验；

C. 在工地交货的生产机械设备，一般都有设备厂家在工地进行组装、调试和生产性试验，自检合格后才能提请订货单位复检，待复检合格后，才能签署验收证明；

D. 调拨旧设备应基本达到完好设备的标准，才可予以验收；

E. 对于永久性和长期性的设备改造项目，应按原批准方案的性能要求，经一定的生产实践考验，并经签订合格后才可予以验收；

F. 对于自制设备，在经过 6 个月的生产考验后，按试验性能指标测试验收。

（4）方法

施工方案的选择必须结合工程实际，做到能解决工程难题、技术可行、经济合理、加快进度、降低成本、提高工程质量，其具体内容包括：确定施工流向、确定施工程序、确定施工顺序、确定施工工艺和施工环境。

（5）环境

环境条件是指对工程质量特性起重要作用的环境因素。影响施工质量的环境较多，主要有以下几项：

①自然环境，如气温、雨、雪、雷、电、风等；

②工程技术环境，如工程地质、水文、地形、地下水位、地面水等；

③工程管理环境，如质量保证体系和质量管理工作制度；

④工程作业环境，如作业场所、作业面等，以及前道工序为后道工序所提供的操作环境。

（5）经济环境，如地方资源条件、交通运输条件、供水供电条件等。

环境因素对施工质量的影响有复杂性、多变性的特点，必须具体问题具体分析。如气象条件变化无穷，温度、湿度、酷暑、严寒等都直接影响工程质量。在施工现场应建立文明施工和文明生产的环境，保持材料堆放整齐、道路畅通、工作环境清洁、施工顺序井井有条。

四、施工承包单位资质的分类

1. 施工总承包企业

获得施工总承包资质的企业，可以对工程实行施工总承包或者对主体工程实行施工承包，施工总承包企业可以将承包的工程全部自行施工，也可以将非主体工程或者劳务作业分包给具有相应专业承包资质或者劳务分包资质的其他建筑业企业。施工总承包企业的资质按专业类别共分为 12 个资质类别，每一个资质类别又可分为特级、一级、二级、三级。

2. 专业承包企业

获得专业承包资质的企业，可以承接施工总承包企业分包的专业工程或者建设单位按照规定发包的专业工程。专业承包企业可以对所承接的工程全部自行施工，也可以将劳务作业分包给具有相应劳务分包资质的劳务分包企业。专业承包企业资质按专业类别共分为 60 个资质类别，每一个资质类别又可分为一级、二级、三级。

3. 劳务分包企业

获得劳务分包资质的企业，可以承接施工总承包企业或者专业承包企业分包的劳务作业。

第二节　施工过程阶段质量控制方案的编制

一、建筑工程项目施工质量控制的方法

施工阶段质量控制是建筑工程项目施工质量控制的关键环节，工程质量在很大程度上取决于施工阶段的质量控制，其控制方法有旁站监督、测量、试验数据、指令文件、规定的质量监控工作程序以及支付控制手段等。

1. 旁站监督

旁站监督是驻地监理人员经常采用的一种主要的现场检查形式，即在施工过程中，在现场观察、监督与检查其施工过程，注意并及时发现质量事故的苗头和对质量有不利影响的因素的发展变化、潜在的质量隐患以及出现的质量问题等，以便及时有效地进行控制。特别对于隐蔽工程这一类的施工，进行旁站监督就显得尤为重要。

2. 测量

测量是对建筑对象的几何尺寸、方位等进行控制的重要手段。施工前，监理人员应对施工放线及高程控制进行检查，严格控制，不合格者不得施工，有些在施工过程中也应随时注意控制，发现偏差，及时纠正。中间验收时，对于几何尺寸、高程、轴线等不符合要求者，应责令施工单位整改或返工处理。

3. 试验数据

试验数据是监理工程师判断和确认各种材料和工程部位内在品质的主要依据。每道工序中诸如材料性能、拌和料配合比、成品的强度等物理力学性能以及打桩的承载能力等，常需通过试验手段取得试验数据来判断质量情况。

4. 指令文件

指令文件是运用监理工程师指令控制权的具体形式。所谓指令文件，是表达监理工程师对施工承包单位提出指示和要求的书面文件，用以向施工单位指出施工中存在的问题，提请施工单位注意，以及向施工单位提出要求或指示其做什么或不做什么等。监理工程师的各项指令都应是书面的或有文件记载方为有效，并作为技术文件资料存档。如因时间紧迫，来不及做出正式的书面指令，也可以将口头指令下达给施工单位，但随即应按合同规定，及时补充书面文件以对口头指令予以确认。

5. 质量监控工作程序

规定双方必须遵守的质量监控工作程序，使双方按规定的程序进行工作，这也是进行质量监控的必要手段和依据。例如，未提交开工申请单或申请单未得到监理工程师审查、

批准的不得开工；未经监理工程师签署质量验收单予以质量确认的，不得进行下道工序等。

6. 支付控制手段

支付控制手段既是国际上较通用的、重要的控制手段，同时也是业主或承包商合同赋予监理工程师的支付控制权。从根本上讲，国际上对合同条件的管理主要是采用经济手段和法律手段。因此，质量监理是以计量支付控制权为保障手段的。所谓支付控制权就是对施工承包单位支付任何工程款项，均需由监理工程师出具支付证明书；没有监理工程师签署的支付证明书，业主不得向承包方支付工程款。工程款支付的条件之一就是工程质量要达到规定的要求和标准。如果施工单位的工程质量达不到要求和标准，监理工程师就有权采取拒绝开具支付证明书的手段，停止对施工单位支付部分或全部工程款，由此造成的损失由施工单位负责。显然，这是十分有效的控制和约束手段。

二、作业技术准备状态的质量控制方案的编制

作业技术准备状态，是指各项施工准备工作在正式开展作业技术活动前，按预先计划的安排落实到位的状况，其包括配置的人员、材料、机具、场所环境、通风、照明、安全设施等。

1. 质量控制点的设置

（1）质量控制点的概念。质量控制点是指为了保证作业过程质量而确定的重点控制对象、关键部位或薄弱环节。对于质量控制点，一般要事先分析可能造成质量问题的原因，再针对原因制定对策和措施进行预控；

（2）选择质量控制点的一般原则。可作为质量控制点的对象涉及面广，它可能是技术要求高、施工难度大的结构部位，也可能是影响质量的关键工序、操作或某一环节。总之，不论是结构部位、影响质量的关键工序，还是操作、施工顺序、技术、材料、机械、自然条件、施工环境等均可作为质量控制点来控制。概括地说，应当选择保证质量难度大的、对质量影响大的或者发生质量问题时危害大的对象作为质量控制点；

（3）作为质量控制点重点控制的对象：

①人的行为；

②物的质量与性能；

③关键的操作；

④施工技术参数；

⑤施工顺序；

⑥技术间歇；

⑦新工艺、新技术、新材料的应用；

⑧易对工程质量产生重大影响的施工方法；

⑨特殊地基或特种结构。

2. 质量预控对策的检查

工程质量预控，就是针对所设置的质量控制点或分部分项工程，事先分析施工中可能发生的质量问题和隐患，分析可能产生的原因并提出相应的对策，采取有效的措施进行预先控制，以防在施工中发生质量问题。质量预控及对策的表达方式主要有以下几项：

（1）文字表达；

（2）表格形式表达；

（3）解析图形式表达。

3. 作业技术交底的控制

承包单位做好技术交底，是取得好的施工质量的条件之一。为此，每一分项工程开始施工前均要进行作业技术交底。

4. 进场材料构配件的控制

（1）凡运到施工现场的原材料、半成品或构配件，进场前应向项目监理机构提交《工程材料构配件 / 设备报审表》；同时，附有产品出厂合格证及技术说明书。由施工承包单位按规定进行检验或试验报告，经监理工程师审查并确认其质量合格后，方可进场。凡是没有产品出厂合格证明及检验不合格者，不得进场；

（2）进口材料的检查、验收，应会同国家商检部门进行；

（3）对材料构配件存放条件进行控制；

（4）对于某些当地材料及现场配置的制品，一般要求承包单位事先进行试验，以达到要求的标准，方可施工。

5. 环境状态的控制

（1）施工作业环境的控制；

（2）施工质量管理环境的控制；

（3）现场自然环境条件的控制。

6. 进场施工机械准备性能及工作状态的控制

（1）施工机械设备的进场检查；

（2）机械设备工作状态的检查；

（3）特殊设备安全运行的审核；

（4）大型临时设备的检查。

7. 施工测量及计量器具性能、精度的控制

（1）试验室的检查；

（2）工地测量仪器的检查。

8. 施工现场劳动组织及作业人员上岗资格的控制

（1）现场劳动组织的控制。劳动组织涉及从事作业活动的操作者及管理者，以及相应的各种制度。操作人员、管理人员要到位，相关制度要健全；

（2）作业人员上岗资格。从事特殊作业的人员，必须持证上岗。

三、作业技术活动运行过程的质量控制方案的编制

1. 承包单位自检与专检工作的监控

承包单位是施工质量的直接实施者和责任者。监理工程师的质量监督与控制就是使承包单位建立起完善的质量自检体系并使之运转有效。

2. 技术复核工作的监控

凡涉及施工作业技术活动基准和依据的技术工作，都应该严格进行由专人负责的复核性检查，以避免基准失误给整个工程质量带来难以补救的或全局性的危害。

3. 见证取样送检工作的监控

见证是指由监理工程师现场监督承包单位某工序全过程完成情况的活动。见证取样则是指对工程项目所使用的材料、半成品、构配件的现场取样，对工序活动效果的检查和对实施的见证。

（1）见证取样的工作程序。首先要确认试验室，然后将选定的试验室到当地质量监督机构备案并得到认可，同时，要将项目监理机构中负责见证取样的监理工程师在该质量监督机构备案；

（2）见证取样的要求如下：

①试验室要具有相应的资质并进行备案，得到认可；

②负责见证取样的监理工程师要具有材料、试验等方面的专业知识，且要取得从事监理工作的上岗资格（一般由专业监理工程师负责从事此项工作）；

③承包单位从事取样的人员一般应是试验室人员，或专职质检人员；

④要对送往试验室的样品填写送验单，送验单要盖有“见证取样”专用章，并有见证取样监理工程师的签字；

⑤试验室出具的报告一式两份，分别由承包单位和项目监理机构保存，并作为归档材料，其是工序产品质量评定的重要依据；

⑥对于见证取样的频率，国家或地方主管部门有规定的，执行相关规定；施工承包合同中有明确规定的，执行施工承包合同的规定。见证取样的频率和数量，包括在承包单位自检范围内，所占比例一般为 30%；

⑦见证取样的试验费用由承包单位支付；

⑧见证取样绝不能代替承包单位对材料、构配件进场时必须进行的自检。自检的频率和数量要按相关规范的要求执行。

4. 工程变更的监控

（1）施工承包单位提出要求及处理。在施工过程中，承包单位提出的工程变更要求可能是：

①要求作某些技术修改；

②要求作设计变更。

（2）设计单位提出对变更的处理意见

①设计单位首先将“设计变更通知”及有关附件报送建设单位；

②建设单位会同监理、施工承包单位对设计单位提交的“设计变更通知”进行研究，必要时设计单位还需提供进一步的资料，以便对变更做出决定；

③总监理工程师签发“工程变更单”，并将设计单位发出的“设计变更通知”作为该“工程变更单”的附件，施工承包单位则按新的变更图实施。

5. 见证点的实施控制

见证点（Witness Point）是国际上对重要程度不同及监督控制要求不同的质量控制点的一种区分方式。实际上它是质量控制点，但其重要性或其质量后果的影响程度不同于一般质量控制点，所以，在实施监督控制时其运作程序和监督要求与一般质量控制点有区别。

（1）见证点的概念。见证点监督也称为W点监督。凡是被列为见证点的质量控制对象，在规定的关键工序施工前，承包单位应提前通知监理人员在约定的时间内到达现场进行见证和对其施工实施监督。如果监理人员未能在约定的时间内到达现场见证和监督，则承包单位有权进行该W点的相应工序的操作和施工；

（2）见证点的监理实施程序。首先要确认试验室，然后将选定的试验室到当地质量监督机构备案并得到认可，同时，要将项目监理机构中负责见证取样的监理工程师在该质量监督机构备案。

6. 级配管理质量的监控

（1）拌和原材料的质量控制。使用的原材料除材料本身质量要符合规定外，材料本身的级配也必须符合相关规定，如粗集料的粒径级配、细集料的级配曲线都要在规定的范围内；

（2）材料配合比的审查；

（3）现场作业的质量控制。

7. 计量工作质量的监控

（1）施工过程中使用的计量仪器、检测设备、称重衡器的质量控制；

（2）从事计量作业人员技术水平资格的审核；

（3）现场计量操作的质量控制。

8. 质量记录资料的监控

（1）施工现场质量管理检查记录资料；

（2）工程材料质量记录；

（3）施工过程作业活动质量记录资料。

9. 工地例会的管理

工地例会是施工过程中参加建设项目各方沟通情况、解决分歧、达成共识、做出决定的主要渠道，同时也是监理工程师进行现场质量控制的重要场所。

四、作业技术活动结果的质量控制方案的编制

1. 作业技术活动结果的控制内容

（1）基槽（基坑）的验收；

（2）隐蔽工程的验收；

（3）工序交接的验收；

（4）检验批、分项、分部工程的验收；

（5）联动试车或设备的试运转；

（6）单位工程或整个工程项目的竣工验收；

（7）不合格品的处理；

（8）成品保护。所谓成品保护一般是指在施工过程中，有些分项工程已经完成，而其他一些分项工程尚在施工，或者在其分项工程施工过程中，某些部位已完成，而其他部位正在施工，在这种情况下，承包单位必须负责对已完成部分采取妥善措施予以保护，以免因成品缺乏保护或保护不善而造成操作损坏或污染，进而影响工程整体质量。根据需要保护的建筑产品的特点，可以分别对产品采取“防护”“覆盖”“封闭”等保护措施，以及合理安排施工顺序以达到保护成品的目的。

2. 作业技术活动结果检验的程序与方法

（1）检验程序。

①实测；

②分析；

③判断；

④纠正或认可。

（2）质量检验的主要方法。对于现场所用原材料、半成品、工序过程或工程产品质量进行检验的方法，一般可分为三类，即目测法、量测法以及试验法。

①目测法：即凭借感官进行检查，也可以叫作观感检验。这类方法主要是根据质量要求，采用看、摸、敲、照等手法对检查对象进行检查；

②量测法：就是利用量测工具或计量仪表，将实际量测结果与规定的质量标准或规范的要求相对照，从而判断质量是否符合要求。量测的手法可归纳为靠、吊、量、套；

③试验法：指通过进行现场试验或试验室试验等理化试验手段，取得数据，分析判断质量的情况。

第三节　竣工验收阶段质量控制方案的编制

一、施工质量验收的基本规定

1. 施工现场质量管理应有相应的施工技术标准、健全的质量管理体系、施工质量检验制度和综合施工质量水平评价考核制度，并做好施工现场质量管理检查记录。

2. 建筑工程施工质量应按下列要求进行验收：

（1）建筑工程施工质量应符合《建筑工程施工质量验收统一标准》（GB 50300-2013），以及相关专业验收规范的规定；

（2）建筑工程施工应符合工程勘察、设计文件的要求；

（3）参加工程施工质量验收的各方人员应具备规定的资格；

（4）工程质量的验收应在施工单位自行检查评定的基础上进行；

（5）隐蔽工程在隐蔽前应由施工单位通知有关方进行验收，并应形成验收文件；

（6）涉及结构安全的试块、试件以及有关材料，应按规定进行见证取样检测；

（7）检验批的质量应按主控项目和一般项目验收；

（8）对涉及结构安全和使用功能的分部工程应进行抽样检测；

（9）承担见证取样检测及有关结构安全检测的单位应具有相应资质；

（10）工程的观感质量应由验收人员通过现场检查，并应共同确认。

二、检验批的划分及质量验收

1. 检验批的划分

分项工程可由一个或若干个检验批组成，检验批可根据施工及质量控制和专业验收需要按楼层、施工段、变形缝等进行划分。

2. 检验批合格质量的质量规定

（1）主控项目和一般项目的质量抽样检验合格。

（2）具有完整的施工操作依据、质量检查记录。

从以上的规定可以看出，检验批的质量验收包括质量资料的检查和主控项目、一般项目的检验两个方面的内容。

3. 检验批按规定验收

（1）资料检查

质量控制资料反映了检验批从原材料到验收的各施工工序的施工操作依据，检查情况以及保证质量所必需的管理制度等。对其完整性的检查，实际上是对过程控制的确认，这是检验批合格的前提。所要检查的资料主要包括以下几项：

①图纸会审、设计变更、洽商记录；

②建筑材料、成品、半成品、建筑构配件、器具和设备的质量证明书及进场检（试）验报告；

③工程测量、放线记录；

④按专业质量验收规范规定的抽样检验报告；

⑤隐蔽工程检查记录；

⑥施工过程记录和施工过程检查记录；

⑦新材料、新工艺的施工记录；

⑧质量管理资料和施工单位操作依据等。

2. 主控项目和一般项目的检验

为确保工程质量、使检验批的质量符合安全和使用功能的基本要求，各专业质量验收规范对各检验批的主控项目和一般项目的子项合格质量都给予了明确规定。检验批的合格质量主要取决于对主控项目和一般项目的检验结果。主控项目是对检验批的基本质量起决定性影响的检验项目，因此，其必须全部符合有关专业工程验收规范的规定。这意味着主控项目不允许有不符合要求的检验结果，即这种项目的检查具有否决权；而其一般项目则可按专业规范的要求处理。

（3）检验批的质量验收记录

检验批的质量验收记录由施工项目专业质量检查员填写，监理工程师（建设单位专业技术负责人）组织项目专业质量检查员等进行验收。

三、分项工程的划分及质量验收

1. 分项工程的划分

分项工程应按主要工种、材料、施工工艺、设备类别等进行划分。建筑工程分部（子分部）工程、分项工程的具体划分见《建筑工程施工质量验收统一标准》（GB 50300-2013）。

2. 分项工程的质量验收

分项工程的质量验收在检验批的基础上进行。一般情况下，两者具有相同或相近的性质，只是批量的大小不同而已。因此，将有关的检验批汇集构成分项工程。分项工程合格质量的条件比较简单，只要构成分项工程的各检验批的验收资料文件完整，并且均已验收合格，则分项工程验收合格。

（1）分项工程质量验收合格应符合的规定

①分项工程所含的检验批均应符合合格质量规定；

②分项工程所含的检验批的质量验收记录应完整。

（2）分项工程质量验收记录

分项工程质量应由监理工程师（建设单位项目专业技术负责人）组织项目专业技术负责人等进行验收。

四、分部（子分部）工程的划分及质量验收

1. 分部（子分部）工程的划分

（1）分部（子分部）工程的划分应按专业性质、建筑部位确定；

（2）当分部（子分部）工程较大或较复杂时，可按施工程序、专业系统及类别等划分为若干子分部工程。

2. 分部（子分部）工程的质量验收

（1）分部（子分部）工程质量验收合格应符合的规定

①分部（子分部）工程所含各分项工程的质量均应验收合格；

②质量控制资料应完整；

③地基与基础、主体结构和设备安装等分部工程有关安全及功能的检验和抽样检测结果应符合有关规定；

④观感质量验收应符合要求。

分部（子分部）工程的质量验收在其所含各分项工程质量验收的基础上进行。首先，分部（子分部）工程的各分项工程必须已验收且相应的质量控制资料文件必须完整，这是验收的基本条件；另外，由于各分项工程的性质不尽相同，因此，对分部（子分部）工程不能简单地组合而加以验收，还需增加以下两类检查：对涉及安全和使用功能的地基基础、主体结构、有关安全及重要使用功能的安装分部工程，应进行有关见证取样、送样试验或抽样检测，如建筑物垂直度、标高、全高测量记录，建筑物沉降观测测量记录，给水管道通水试验记录，暖气管道、散热器压力试验记录，照明动力全负荷试验记录等。关于观感质量验收，这类检查往往难以定量，只能以观察、触摸或简单量测的方式进行，并依个人的主观印象判断，检查结果并不给出“合格”或“不合格”的结论，而是综合给出质量评价。评价的结论为“好”“一般”“差”三种。对于评价为“差”的检查点应通过返修等处理进行补救。

（2）分部（子分部）工程质量验收记录

分部（子分部）工程质量应由总监理工程师（建设单位项目专业负责人）组织施工项目经理和有关勘察、设计单位项目负责人进行验收。

五、单位工程的划分及质量验收

1. 单位工程的划分

①具备独立施工条件并能形成独立使用功能的建筑物及构筑物为一个单位工程；

②规模较大的单位工程，可将其能形成独立使用功能的部分划分为一个子单位工程；

③室外工程可根据专业类别和工程规模划分单位（子单位）工程。

2. 单位（子单位）工程质量验收

单位（子单位）工程质量验收合格应符合下列规定：

①单位（子单位）工程所含各分部（子分部）工程的质量均应验收合格；

②质量控制资料应完整；

③单位（子单位）工程所含各分部（子分部）工程有关安全和功能的检验资料均应完整；

④主要功能项目的抽查结果应符合相关专业质量验收规范的规定；

⑤观感质量验收应符合要求。

单位（子单位）工程质量验收也称质量竣工验收，是建筑工程投入使用前的最后一次验收，也是最重要的一次验收。验收合格的条件有五个，除构成单位（子单位）工程的各分部（子分部）工程应该合格、有关的资料文件应完整外，还应进行以下三个方面的检查：

（1）复查。对涉及安全和使用功能的分部（子分部）工程应进行检验资料的复查。不仅要全面检查其完整性（不得有漏检缺项），而且对分部工程（子分部）验收时补充进行的见证抽样检验报告也要复核。这种强化验收的手段体现了对安全和主要使用功能的重视；

（2）抽查。另外，对主要使用功能还需进行抽查。使用功能的检查是对建筑工程和设备安装工程最终质量的综合检查，同时也是用户最为关心的内容。因此，在分项分部工程验收合格的基础上，竣工验收时再做全面检查。抽查项目是在检查资料文件的基础上由参加验收的各方人员商定，并用计量、计数的抽样方法确定检查部位。检查要求按有关专业工程施工质量验收标准的要求进行；

（3）观感质量检查。最后，还需由参加验收的各方人员共同进行观感质量检查。检查的方法、内容、结论等应在分部（子分部）工程的相应部分中阐述，最后共同确定其是否通过验收。

六、工程施工质量不符合要求时的处理

一般情况下，不合格现象在检验批的验收时就应及时发现并及时处理，必须尽快地将所有质量隐患消灭在萌芽之中，否则将影响后续检验批和相关的分项工程、分部工程的验

收。在非正常情况可按下述规定进行处理：

1.经返工重做或更换器具、设备的检验批，应重新进行验收。这种情况是指主控项目不能满足验收规范规定或一般项目超过偏差限制的子项不符合检验规定的要求时，应及时处理检验批。其中，严重的缺陷应推倒重来，一般的缺陷可通过返修或更换器具、设备予以解决，应允许施工单位在采取相应的措施后重新验收。若能够符合相应的专业工程质量验收规范，则应认为该检验批合格。

2.经有资质的检测单位鉴定达到设计要求的检验批，应予以验收。这种情况是指个别检验批发现试块强度等级不满足要求的问题，难以确定是否验收时，应请具有资质的法定检测单位检测，当鉴定结果能够达到设计要求时，应允许该检验批通过验收。

3.经有资质的检测单位鉴定达不到设计要求，但经原设计单位核算认可并能满足结构安全和使用功能的检验批，可予以验收。这种情况是指：一般情况下，相关规范标准给出了满足安全和功能的最低限度要求，而设计往往在此基础上留有一些余量。不满足设计要求和符合相应规范标准的要求，两者并不矛盾。

4.经返修或加固的分部、分项工程，虽然改变外形尺寸但仍能满足安全使用的要求，可按技术处理方案和协商文件进行验收。这种情况是指更为严重的缺陷或范围超过检验批的更大范围内的缺陷，可能影响结构的安全性和使用功能，如经法定检测单位检测鉴定以后，认为达不到规范标准的相应要求，即不能满足最低限度的安全储备和使用功能，则必须按一定的技术方案进行加固处理，使之能满足安全使用的基本要求。这样会造成一些永久性的缺陷，如改变结构的外形尺寸、影响一些次要的使用功能等。为了避免社会财富更大的损失，在不影响安全和主要使用功能的条件下，可按处理技术方案和协商文件进行验收，但不能将其作为轻视质量而回避责任的一条出路，这是应该特别注意的。

5.通过返修或加固仍不能满足安全使用要求的分部（子分部）工程、单位（子单位）工程，严禁验收。

七、建筑工程施工质量验收的程序和组织

1.检验批及分项工程的验收程序与组织

检验批由专业监理工程师组织项目专业质量检验员等进行验收，分项工程由专业监理工程师组织项目专业技术负责人等进行验收。

检验批和分项工程是建筑工程施工质量的基础，因此，所有检验批和分项工程均应由监理工程师或建设单位项目技术负责人组织验收。验收前，施工单位先填好“检验批和分项工程的验收记录”（有关监理记录和结论不填），并由项目专业质量检验员和项目专业技术负责人，分别在检验批和分项工程质量检验记录的相关栏目中签字，然后再由监理工程师组织，严格按规定程序进行验收。

2. 分部工程的验收程序与组织

分部工程应由总监理工程师（建设单位项目负责人）组织施工单位项目负责人和项目技术、质量负责人等进行验收。由于地基基础、主体结构技术性能要求严格，技术性强，且关系到整个工程的安全，因此，规定与地基基础、主体结构分部工程相关的勘察、设计单位工程项目负责人和施工单位技术、质量部门负责人也应参加相关分部门工程的验收。

3. 单位（子单位）工程的验收程序与组织

（1）竣工初验收的程序

当单位（子单位）工程达到竣工验收条件后，施工单位应在自查、自评工作完成后，填写工程竣工报验单，并将全部竣工资料报送项目监理机构，申请竣工验收。总监理工程师应组织各专业监理工程师，对竣工资料及各专业工程的质量情况进行全面检查，对检查出的问题，应督促施工单位及时进行整改。对需要进行功能试验的项目（包括单机试车和无负荷试车），监理工程师应督促施工单位及时进行试验，并对重要项目进行监督、检查，必要时请建设单位和设计单位参加。监理工程师应认真审查试验报告单，并督促施工单位搞好成品保护和现场清理。

经项目监理机构对竣工资料及实物全面检查，验收合格后，由总监理工程师签署工程竣工报验单，并向建设单位提出质量评估报告。

（2）正式验收

建设单位收到工程验收报告后，应由建设单位（项目）负责人组织施工（含分包单位）、设计、监理等单位（项目）负责人进行单位（子单位）工程验收。单位（子单位）工程由分包单位施工时，分包单位对所承包的工程项目应按规定的程序检查评定，总包单位应派人参加。分包工程完成后，应将工程有关资料交总包单位。建设工程经验收合格，方可交付使用。

建设工程竣工验收应当具备下列条件：

①完成建设工程设计和合同约定的各项内容；

②有完整的技术档案和施工管理资料；

③有工程使用的主要建筑材料、建筑构配件和设备的进场试验报告；

④有勘察、设计、施工、工程监理等单位分别签署的质量合格文件；

⑤有施工单位签署的工程保修书。

在一个单位工程中，对满足生产要求或具备使用条件、施工单位已预验、监理工程师已初验通过的子单位工程，建设单位可组织进行验收。由几个施工单位负责施工的单位工程，当其中的施工单位所负责的子单位工程已按设计完成，并经自行检验，也可组织正式验收，办理交工手续。在整个单位工程进行全部验收时，已验收的子单位工程验收资料应作为单位工程验收的附件。

在竣工验收时，对某些剩余工程和缺陷工程，在不影响交付的前提下，经建设单位、设计单位、施工单位和监理单位协商，施工单位应在竣工验收后的限定时间内完成。

参加验收的各方对工程质量的验收意见不一致时，可请当地建设行政主管部门或工程质量监督机构协调处理。

房屋建筑工程质量保修范围及期限如下：

①地基基础工程和主体结构工程，其保修期限为设计文件规定的该工程的合理使用年限；

②屋面防水工程、有防水要求的卫生间、房间和外墙面的防渗漏，其保修期限为5年；

③供热和供冷系统，其保修期限为两个采暖期、供冷期；

④电气管线、给水排水管道、设备安装的保修期限为2年；

⑤装修工程的保修期限为2年。

房屋建筑工程的保修期限从工程竣工验收合格之日起开始计算。

4. 单位工程竣工验收备案

单位工程质量验收合格后，建设单位应在规定时间内，将工程竣工验收报告和有关文件报建设行政管理部门备案。

①凡在中华人民共和国境内新建、改建、扩建各类房屋的建筑工程和市政基础设施工程的竣工验收，均应按有关规定进行备案；

②国务院建设行政主管部门和有关专业部门负责全国工程竣工验收的监督管理工作。县级以上地方人民政府建设行政主管部门负责本行政区域内工程的竣工验收备案管理工作。

第四节 建筑工程质量管理的统计方法

一、统计调查表法

统计调查表法又称统计调查分析法，它是利用专门设计的统计表对质量数据进行收集、整理和粗略分析质量状态的一种方法。

在质量活动中，利用统计调查表收集数据，其优点为简便灵活、便于整理、实用有效。它没有固定格式，可根据需要和具体情况，设计出不同的统计调查表。常用的有以下几种：

1. 分项工程作业质量分布调查表；

2. 不合格项目调查表；

3. 不合格原因调查表；

4. 施工质量检查评定用调查表。

统计调查表同分层法结合起来应用，可以更好、更快地找出问题的原因，以便采取改进的措施。如采用统计调查表法对地梁混凝土外观质量和尺寸偏差进行调查。

二、分层法

分层法又称分类法，是将调查收集的原始数据，根据不同的目的和要求，按某一性质进行分组、整理的分析方法。常用的分层标志有以下几种：

1. 按操作班组或操作者分层；
2. 按使用机械设备型号分层；
3. 按操作方法分层；
4. 按原材料供应单位、供应时间或等级分层；
5. 按施工时间分层；
6. 按检查手段、工作环境分层。

第八章　建筑施工安全生产管理

第一节　建筑工程安全生产管理概述

一、建筑工程安全生产的特点

建筑工程有着与其他生产行业明显不同的特点：

1. 建筑工程最大的特点就是产品固定，并附着在土地上，而且世界上没有完全相同的两块土地：建筑结构、规模、功能和施工工艺方法也是多种多样的，可以说建筑产品没有完全相同的。对人员、材料、机械设备、设施、防护用品、施工技术等也有不同的要求，而且建筑现场环境（如地理条件、季节、气候等）也千差万别，决定了建筑施工的安全问题是不断变化的。建筑产品是固定的、体积大、生产周期长。一座厂房、一幢楼房、一座烟囱或一件设备，一经施工完毕就固定不动了。生产活动都是围绕着建筑物、构筑物来进行的。这就形成了在有限的场地上集中了大量的工人、建筑材料、设备零部件和施工机具进行作业，这种情况一般持续几个月或一年甚至三五年，工程才能施工完成。

2. 流动性大是建筑工程的又一个特点。一座厂房、一栋楼房完成后，施工队伍就要转移到新的地点，去建新的厂房或住宅。这些新的工程，可能在同一个区域，也可能在另一个区域，甚至在另一个城市内。那么队伍就要相应地在区域内、城市内或者地区内流动。

3. 建筑工程施工大多是露天作业，以重体力劳动的手工作业为主。建筑施工作业的高强度，施工现场的噪声、热量、有害气体和尘土等，以及露天作业的环境不固定，高温和严寒使得作业人员体力和注意力下降，大风、雨雪天气还会导致工作条件恶劣，夜间照明不够，都会增加危险有害因素。在空旷的地方盖房子，没有遮阳棚，也没有避风的墙，工人常年在室外操作，一幢建筑物从基础、主体结构到屋面工程、室外装修等，露天作业约占整个工程的 70%。建筑物都是由低到高建起来的，以民用住宅每层高 2.9 m 计算，两层就是 5.8 m，现在一般都是多层建筑，甚至到十几层或几十层，所以绝大部分工人，都在十几米或几十米甚至百米以上的高空从事露天作业。

4. 手工操作，繁重的劳动，体力消耗大。建筑工程大多数工种至今仍是手工操作。例如一名瓦工，每天要砌筑一千块砖，以每块砖重 2.5 kg 计算，就得凭体力用两只手操作近

3 t重的砖，一块块砌起来，弯腰上千次。还有很多工种，如抹灰工、架子工、混凝土工、管道工等也都是从事繁重的体力劳动。

5. 建筑工程的施工是流水作业，变化大，规则性差。每栋建筑物从基础、主体到装修，每道工序不同，不安全因素也不同，建筑业的工作场所和工作内容是动态的且不断变化的，每一个工序都可以使得施工现场变化得完全不同。而随着工程的进度，施工现场可能会从地下的几十米到地上的几百米。在建筑过程中，周边环境、作业条件、施工技术等都是在不断地变化，施工过程的安全问题也是不停变化的，而相应的安全防护设施往往滞后于施工进度。而随着工程进度的发展，施工现场的施工状况和不安全因素也随着变化，每个月、每天甚至每个小时都在变化。建筑物都是由低到高建成的，从这个角度来说，建筑施工有一定的规律性，但作为一个施工现场就很不相同，为了完成施工任务，要采取很多的临时性措施，其规则性就比较差了。

6. 近年来，建设施工正由以工业建筑为主逐渐向民用建筑为主转变，建筑物由低层向高层发展，施工现场由较为广阔的场地向狭窄的场地变化。为适应这变化的条件，垂直运输的办法也随之改变。起重机械骤然增多，龙门架（或井字架）也得到了普遍的应用，施工现场吊装工作量增加了，交叉作业也随之大量的增加。木工机械，如电平刨、电锯等的应用。很多设备是施工单位自己制造的，没有统一的型号，也没有固定的标准。开始只考虑提高功效，没有设置安全防护装置，现在搞定型的防护设施，也较困难，施工条件变了，伤亡事故类别也变了。如过去是钉子扎脚较多，而现在是机械伤害较多。

二、建筑工程安全生产管理的现状

1. 市场不规范，影响了安全生产水平的提高

建筑市场环境与安全生产的关系十分密切，不规范的市场行为是引发安全事故的潜在因素。当前建筑市场中存在的垫资、拖欠工程款、肢解工程和非法挂靠、违法分包等行为，行业管理部门在查处力度上还难以达到理想的效果，这些行为还没有得到有效的遏制，市场监管缺乏行之有效的措施和手段。不良的市场环境必然影响安全生产管理，主要表现在一些安全生产制度、管理措施难以在施工现场落实，安全生产责任制形同虚设，总承包企业与分承包企业（尤其是建设方指定的分包商）在现场管理上缺乏相互配合的机制，因此给安全生产留下隐患。

2. 建筑企业对安全重视程度不够

（1）安全管理人员少，安全管理人员整体素质不高，建筑施工企业内部安全投入不足，在安全上少投入成为企业利润挖潜的一种变相手段，安全自查自控工作形式化，企业安全检查工作虚设，建筑企业过分地依赖监督机构和监理单位，安全工作在很大程度上就是为了应付上级检查。没有形成严格明确细化的过程安全控制，全过程安全控制运行体系无法得到有效运行；

（2）建筑工程的流水施工作业，使得作业人员经常更换工作地点和环境。建设工程的作业场所和工作内容是动态的且不断变化的。随着工程进展，作业人员所面对的工作环境、作业条件、施工技术等都在不断发生变化，这些变化给施工企业带来很大的安全风险；

（3）施工企业与项目部分离，使安全措施不能得到充分的落实。一个施工企业往往同时承担多个项目的施工作业，企业与项目部通常是分离状态。这种分离使安全管理工作更多地由项目部承担。但是，由于项目的临时性和建筑市场竞争的日趋激烈，经济压力也相应增大，公司的安全措施往往被忽视；

（4）建筑施工现在存在的不安全因素复杂多变。建筑施工的高能耗、施工作业的高强度、施工作业现场限制、施工现场的噪声、热量、有害气体和尘土，劳动对象规模大且高空作业多，以及工人经常露天作业，受天气、温度影响大，这些都是工人经常面对的不利工作环境和负荷；

（5）施工作业标准化程度达不到，使得施工现场危险因素增多。工程的建设是有许多方共同参与，需要多种专业技术知识；建筑企业数量多，其技术水平、人员素质、技术装备、资金实力参差不齐。这些使得建筑安全生产管理的难度增加，管理层次多，管理关系复杂。

3. 建设工程各方主体安全责任未落实到位

根据我国建筑工程的现状，许多项目经理实质上是项目利润的主要受益人，有时项目经理比公司还更加追逐利润，更加忽视安全。造成安全生产投入严重不足，安全培训教育流于形式，施工现场管理混乱，安全防护不符合标准要求，未能建立起真正有效运转的安全生产保证体系。一些建设单位，包括有些政府投资工程的建设单位，未能真正重视和履行法规规定的安全责任，未能按照法律法规要求付给施工单位必要的管理费和规费，任意压缩合理工期，忽视安全生产管理等。

4. 作业人员稳定性差、流动性大、生产技能和自我防护意识薄弱

近年来，越来越多的农村富余劳动力进城务工，建筑施工现场是这些务工者主要选择的场所。由于体制上的不完善和管理上的滞后，大量既没有进行劳动技能培训又缺乏施工现场安全教育的务工者上岗后，对现场的不安全因素一无所知，对安全生产的重要性没有足够认识、缺乏规范作业的知识，这是造成安全事故的重要原因。

5. 保障安全生产的各个环境要素不完善

企业之间恶性竞争，低价中标，违法分包、非法转包、无资质单位挂靠、以包代管现象突出；建筑行业生产力水平偏低，技术装备水平较落后，科技进步在推动建筑安全生产形势好转方面的作用还没有充分地体现出来。通过上述内容分析，针对存在的问题找到建筑施工安全生产监督管理的对策，当前建筑工程市场逐步规范，建筑工程安全生产的有效管理模式正在不断完善。

三、建筑工程安全生产管理采取的措施

针对建筑施工安全生产管理工作中暴露出的问题，如何做好依法监督、长效管理，我们除了要继续加强安全管理工作外，还要从源头出发，解决建筑施工中存在的问题。

1. 规范工程建设各方的市场行为

从招投标环节开始把关，采取有效的措施，保证建设资金的落实。加强施工成本管理，正确地界定合理成本价，避免无序竞争。参照国内外的成熟项目管理经验，在建设项目开工前，按规定提取安全生产的专项费用，专款专用，不得作为优惠条件和挪作他用，由专门部门负责。加大建设单位安全生产责任制的追究力度，明确其不良行为在安全事故中的连带责任，抑制目前存在的建设单位要求施工企业垫资、拖欠工程款、肢解工程项目发包等不良行为和不顾科学生产程序，一味地追求施工进度的现象。

2. 坚持“安全第一、预防为主”的方针、落实安全生产责任制

树立“以人为本”思想，做好安全生产工作，减少事故的发生，就必须坚持“安全第一、预防为主”的方针。在安全生产中要严格落实安全生产责任制：一是明确具体的安全生产要求；二是明确具体安全生产程序；三是明确具体的安全生产管理人员，责任落实到人；四是明确具体的安全生产培训要求；五是明确具体的安全生产责任；同时，应建立安全生产责任制的考核办法，通过考核，奖优罚劣，提高全体从业人员执行安全生产责任制的自觉性，使安全生产责任制的执行得到巩固，从源头上消除事故隐患，从制度上预防安全事故的发生。

3. 加强监理人员安全职责

工程监理单位应当按照法律、法规和建设强制性标准实施监理，并对建设工程安全生产承担监理责任，实现安全监理、监督互补，彻底解决监管不力和缺位问题。细化监理安全责任，并在审查施工企业相关资格、安全生产保证体系、文明措施费使用计划、现场防护、安全技术措施、严格检查危险性较大工程作业情况、督促整改安全隐患等方面，充分发挥监理企业的监管作用。

4. 加强对安全生产工作的行政监督

建设行政主管部门及质量安全监督机构在办理质量安全监督登记和施工许可证时，应按照中标承诺中人员保证体系进行登记把关。工程建设参与各方主体应重点监督施工现场是否建立健全上述保证体系；保证体系是否有效运行；是否具备持续改进功能。工程建设参与各方安全责任是否落实，施工企业各有关人员安全责任是否履行，如发现违法、违规，不履行安全责任，坚决处罚，做到有法可依、有法必依、执法必严、违法必究。对安全通病问题实行专项整治。充分发挥项目负责人的主观能动性；推行项目负责人安全扣分制；超过分值，进行强制培训，降低项目负责人资格等级，直至取消项目负责人执业资格。处罚企业时，同时处罚项目负责人；政府对企业上交罚款情况定期汇总公示；通报批评企业

与工程的同时，同时也要通报批评项目负责人甚至总监理工程师。

5. 加强企业安全文化建设，加大教育和培训力度，提高员工的安全生产素质

随着改革开放的深入和经济的快速发展，建筑施工企业的经济成分和投资主体日趋多元化。而目前，不少施工企业安全文化建设还比较落后，因此，要加强企业自身文化建设，重视安全生产，不断地学习行业的先进管理经验，加大安全管理人力和物力的投入，加大教育和培训力度，提高安全管理人员的水平，增强操作人员自我安全防护意识和操作技能，从而提高行业的安全管理水平。采取各种措施，提高建筑施工一线工人的安全意识。针对务工人员文化素质低、安全意识差、缺乏自我防护意识等现状，充分利用民工学校等教学资源，对建筑工人的建筑工程基础知识、安全基本要求进行强制性培训；鼓励技术工人参加技术等级培训，提高职业技能水平；大力组建多工种、多专业劳务分包企业，使建筑企业结构分类更趋合理，真正形成总承包、专业分包、劳务分包三级分工模式。项目部可定期开展经常性施工事故实例讲解，消除安全技术管理人员或班组长的“成功经验”误导；加强对安全储备必要性的认识，使“要人人安全”转变为“人人要求安全”的自觉行为。

目前，我国建筑施工安全生产形势依然严峻，其原因是多方面的。既与我国的经济、文化发展水平有关，也与安全管理法规、标准不健全，安全监督体制、安全信息建设体系不完善有关。同时，施工企业的安全管理和技术水平较低；对安全生产重要性认识不足，安全管理投入的人力、物力太少；人素质较低，安全保护意识差；施工安全管理不规范、不严格。而工程建设的新材料、新工艺、新技术的应用，使得施工难度不断加大，也在一定程度上制约了建筑施工安全管理水平的提高。针对我国建筑施工安全生产的特点，要从整顿建筑市场、落实安全生产责任制、强化监理职责、加强行政监督、加强企业安全文化建设来提高职工安全意识。

第二节　建筑工程安全生产管理制度

一、安全生产管理制度概述

从我国的建筑法规和安全生产法规来看，工程项目的安全是指工程建筑本身的质量安全，即质量是否达到了合同、法规的要求，勘察、设计、施工是否符合工程建设强制性标准，能否在设计规定的年限内安全使用。实际上，施工阶段的安全问题最为突出，所以，从另一方面来讲，工程项目安全就是指工程施工过程中人员的安全，特指合同有关各方在施工现场工作人员的生命安全。建筑工程安全生产管理制度主要包括：

1. 建设工程安全生产责任制度和群防群治制度；

2. 建设工程安全生产许可制度；

3. 建设工程安全生产教育培训制度；

4. 建设工程安全生产检查制度；

5. 建设工程安全生产意外伤害保险制度；

6. 建设工程安全伤亡事故报告制度；

7. 建设工程安全责任追究制度。

二、建筑施工企业安全生产许可证制度

为了严格规范安全生产条件，进一步加强对建筑施工企业安全生产监督管理，防止和减少生产安全事故，根据《安全生产许可证条例》《建设工程安全生产管理条例》《中华人民共和国安全生产法》等有关法律、行政法规，制定建筑施工企业安全生产许可证制度。《建筑施工企业安全生产许可证管理规定》(以下简称《规定》)于 2004 年 6 月 29 日建设部（2008 年改为住房和城乡建设部）第 37 次部常务会议讨论通过，2004 年 7 月 5 日建设部令第 128 号发布，自公布之日起施行。

1. 建筑施工企业安全生产许可证的适用对象

在中华人民共和国境内从事土木工程、建筑工程、线路管道和设备安装工程及装修工程的新建、扩建、改建和拆除等有关活动，依法取得工商行政管理部门颁发的《企业法人营业执照》，符合《规定》要求的安全生产条件的建筑施工企业都必须按程序取得建筑施工企业安全生产许可证。

2. 建筑施工企业取得安全生产许可证，应当具备以下安全生产条件：

（1）建立健全安全生产责任制，制定完备的安全生产规章制度和操作规程；

（2）保证本单位安全生产条件所需资金的投入；

（3）设置安全生产管理机构，按照国家有关规定配备专职安全生产管理人员；

（4）主要负责人、项目负责人、专职安全生产管理人员经建设主管部门或者其他有关部门考核合格；

（5）特种作业人员经有关业务主管部门考核合格，取得特种作业操作资格证书；

（6）管理人员和作业人员每年至少进行一次安全生产教育培训并考核合格；

（7）建筑施工企业依法参加工伤保险，依法为施工现场从事危险作业的人员办理意外伤害保险，为从业人员缴纳保险费；

（8）施工现场的办公、生活区及作业场所和安全防护用具、机械设备、施工机具及配件符合有关安全生产法律、法规、标准和规程的要求，有生产安全事故应急救援预案、应急救援组织或者应急救援人员，配备必要的应急救援器材、设备；

（9）有职业危害防治措施，并为作业人员配备符合国家标准或者行业标准的安全防护用具和安全防护服装，有对危险性较大的分部分项工程及施工现场易发生重大事故的部位、环节的预防、监控措施和应急预案；

（10）法律、法规规定的其他条件。

3. 安全生产许可证的申请与颁发

建筑施工企业从事建筑施工活动前，应当依照规定向省级以上建设主管部门申请领取安全生产许可证。中央管理的建筑施工企业（集团公司、总公司）应当向国务院建设主管部门申请领取安全生产许可证。上述规定以外的其他建筑施工企业，包括中央管理的建筑施工企业（集团公司、总公司）下属的建筑施工企业，应向企业注册所在地省、自治区、直辖市人民政府建设主管部门申请领取安全生产许可证。建筑施工企业申请安全生产许可证时，应当向建设主管部门提供下列材料：

（1）建筑施工企业安全生产许可证申请表；

（2）企业法人营业执照；

（3）前面规定的相关文件、材料。

建筑施工企业申请安全生产许可证，应当对申请材料实质内容的真实性负责，不得隐瞒有关情况或者提供虚假材料。

建设主管部门应当自受理建筑施工企业的申请之日起 15 日内审查完毕；经审查符合安全生产条件的，颁发安全生产许可证；不符合安全生产条件的，不予颁发安全生产许可证，书面通知企业并说明理由。企业自接到通知之日起应当进行整改，整改合格后方可再次提出申请。建设主管部门审查建筑施工企业安全生产许可证申请，当涉及铁路、交通、水利等有关专业工程时，可以征求铁路、交通、水利等有关部门的意见。

三、建筑工程安全生产教育培训制度

施工企业职工必须定期接受安全培训教育，坚持先培训后上岗的制度。职工每年必须接受一次专门的安全培训。安全教育与培训的实施主要分为内部培训和外部培训。内部培训是指公司的有关专业人员或公司聘请的专业人士对职工的一种培训；外部培训是指公司劳动人事部委托培训单位对部分职工进行培训，从而取得上岗证或是继续教育，提高业务水平。

1. 安全教育对象

安全教育培训对象可分为以下四类：

（1）单位主要负责人

对于单位的主要负责人，要求他必须进行过安全培训，掌握相关的安全技术方面的知识和安全管理方面的知识，如果是特种行业安全生产的主要负责人，还必须考试合格，取得安全资格的证书以后才能任职。像矿山建筑施工企业、危险化学品生产企业，对主要人员有持证的要求，矿长要有安全资格证书方可上岗。

（2）安全管理人员

安全管理人员的安全教育培训要求和单位主要负责人的要求是一样的，只不过他在培训的时候侧重点有所不同，同样也要求应具备安全的资格证书，才能够担任安全生产的管理人员。

（3）从业人员

从业人员的安全教育培训，这是更广泛的教育培训，实际上是全员的安全教育培训，只要是在生产当中所涉及的人员，必须进行培训，其主要包括上岗之前的培训、日常的教育培训。

（4）特种作业人员

特种作业人员有特殊的要求，要求必须经过培训考核合格以后，获得特种作业人员的操作证。

2. 安全教育与培训的时间要求

（1）公司法定代表人、项目经理每年接受安全培训的时间，不得少于 30 学时；

（2）公司专职安全管理人员取得岗位合格证书并持证上岗外，每年还必须接受安全专业技术业务培训，时间不得少于 40 学时；

（3）其他管理人员每年接受安全培训的时间，不得少于 20 学时；

（4）特殊工种（包括电工、焊工、厂内机械操作工、架子工、爆破工、起重工等）在通过专业技术培训并取得岗位操作证后，每年仍须接受有针对性的安全培训，时间不得少于 20 学时；

（5）其他职工每年接受安全培训的时间，不得少于 15 学时；

（6）待岗、转岗、换岗的职工，在重新上岗前，必须接受一次安全培训，时间不得少于 20 学时；

（7）新进场的职工，必须接受公司、分公司、项目部的三级安全培训教育，方能上岗。

①公司安全培训教育的主要内容是：国家和地方有关安全生产的方针、政策、法规、标准、规范、规程和企业的安全规章制度等。培训教育的时间不得少于 15 学时；

②分公司安全培训教育的主要内容是：工地安全制度、施工现场环境、工程施工特点及可能存在的不安全因素等。培训教育的时间不得少于 15 学时；

③项目部安全培训教育的主要内容是：本工程、本岗位的安全操作规程、事故案例剖析、劳动纪律和岗位讲评等。培训教育的时间不得少于 20 学时。

四、建筑工程安全生产检查制度

1. 建筑施工安全生产检查目的

通过检查，发现施工中的不安全、不卫生问题，从而采取对策，消除不安全因素，保障安全生产；通过检查，增强领导和群众安全意识，纠正违章指挥，违章作业，提高安全生产的自觉性和责任感；通过检查了解安全动态，分析安全生产形势、互相学习、总结经验、吸取教训、取长补短，以促进安全生产工作的开展。

2. 建筑施工安全生产检查目标

预防伤亡事故或把事故降下来，把伤亡事故频率和经济损失率降到低于社会容许的范围，提高经济效益和社会效益；通过安全检查对施工中存在的不安全因素进行预测、预报和预防，从而不断地改善生产条件和作业环境，以达到最佳的安全状态。

3. 建筑施工安全生产检查的内容

安全检查的内容应根据施工特点，制定检查项目和标准。主要查思想、制度、机械设备、安全设施、安全教育培训、操作行为、劳保用品使用、伤亡事故的处理和文明施工（防火、卫生及场容场貌）等。

4. 建筑施工安全生产检查的形式

根据检查目的、内容一般由部门组织，公司领导带队，会同工会、工程部共同参加。检查形式可分为经常性、定期性、专业性和季节性等多种形式。

（1）经常性安全检查。施工过程中进行经常性的预防检查，能及时发现隐患，消除隐患，保证施工正常进行。通常包括班组进行班前、班后岗位安全检查；各级安全人员及安全值日人员日常巡回安全检查；

（2）定期性安全检查。根据安全工作需要，工程施工单位在以一定频率组织安全检查，如每季度组织一次安全检查评比，工地每旬组织一次等；

（3）专业性安全检查。专业安全检查应由有关业务部门组织有关专业人员对某项专业的安全问题或在施工中存在的普遍性安全问题进行单项检查。主要由专业技术人员、懂行的安全技术人员和有实际操作、维修能力的工人参加；

（4）季节性及节假日前后安全检查。季节性安全检查是针对气候特点（如冬季、夏季、雨季、风季等）可能给施工（生产）带来危害而组织的安全检查。节假日（特别是重大节假日，如元旦、春节、劳动节、国庆节）前后防止职工纪律松懈，思想麻痹等；

（5）施工现场还要经常进行自检、互检和交接检查。

①自检：班组作业前后对自身所处的环境和工作程序进行安全检查，可随时消除安全隐患；

②互检：班组之间开展的安全检查，做到互相监督，共同遵章守纪；

③交接检查：上道工序完毕，交给下道工序使用前，应由工地负责人组织工长、安全员、班组长及其他有关人员参加，进行安全检查或验收，确认无误或合格后，方能交给下道工序使用。如脚手架、龙门架（井字架）等，在搭设好使用前，都必须经过交接检查；

5. 建筑施工安全生产检查的内容检查记录及整改措施

（1）安全检查需要认真、全面地进行系统分析，用定性定量进行安全评价，检查记录是安全评价的依据，因此，需认真、详细，特别是对隐患的记录必须具体，如隐患的部位、危险程度及处理意见等；

（2）建筑施工安全生产整改措施。安全检查中查出的隐患除进行登记外，还应发出《隐患整改通知书》。对凡是有即发性事故危险的隐患，检查人员应责令停工，被检查单位必须立即整改。对于违章指挥、违章作业行为，检查人员可以当场指出，进行纠正。对查出的事故隐患应做到定人、定时、定措施进行整改，并要有复查情况记录。被检的必须如期整改并上报检查部门，现场应有整改回执单。对重大事故隐患的整改必须如期完成，并上报给公司和有关部门。

五、建筑工程安全伤亡事故报告制度

《建设工程安全生产管理条例》第五十条对建设工程生产安全事故报告制度的规定为："施工单位发生生产安全事故，应当按照国家有关伤亡事故报告和调查处理的规定，及时、如实地向负责安全生产监督管理的部门、建设行政主管部门或者其他有关部门报告；特种设备发生事故的，还应当同时向特种设备安全监督管理部门报告。接到报告的部门应当按照国家有关规定，如实上报。"本条是关于发生伤亡事故时的报告义务的规定。一旦发生安全事故，应及时报告有关部门是及时组织抢救的基础，同时也是认真进行调查分清责任的基础。因此，施工单位在发生安全事故时，不能隐瞒事故情况。对于生产安全事故报告制度，我国《安全生产法》《建筑法》等对生产安全事故报告做了相应的规定，同时，《生产安全事故报告和调查处理条例》也对生产安全事故做了相应的规定。

《建设工程安全生产管理条例》(简称《条例》)还规定了实行施工总承包的施工单位发生安全事故时的报告义务主体。《条例》第二十四条规定："建设工程实行施工总承包的，由总承包单位对施工现场的安全生产负总责。"因此，一旦发生安全事故，施工总承包单位应当负起及时报告的义务。

六、建筑工程安全责任追究制度

我国的法律法规规定实行生产安全事故责任追究制度，对生产安全事故的调查处理，首先需要对生产安全事故的责任确认。

1. 事故责任的种类与划分

(1) 按违法行为的性质、产生危害后果的大小来划分，有行政责任、民事责任和刑事责任。

①行政责任。行政责任是指行为人有违反有关安全生产管理的法律法规规定，但尚未构成犯罪的行为所依法应当承担的法律后果。行政责任制裁的方式有行政处分和行政处罚两种。

A. 行政处分：行政处分又称纪律处分，是指行政机关、企事业单位根据行政隶属关系，依据有关行政法规或内部规章对犯有违法失职和违纪行为的下属人员给予的一种行政制裁；

B. 行政处罚：行政处罚是由特定的行政机关或法律法规授权或行政机关委托授权的管理机构对违反有关安全生产管理的法律法规或规章尚未构成犯罪的公民、法人或其他组织所给予的一种行政制裁。

②民事责任。民事责任是指民事主体因违反合同或不履行其法律义务，侵害国家、集体或他人的财产、人身权利而依法应当承担的民事法律后果，即违反民事规范和不履行民事义务的法律后果。生产安全事故的民事责任属于侵权民事责任，主要指财产损失赔偿责任和人身伤害民事责任。

③刑事责任。刑事责任是违反刑事法律规定已构成犯罪所依法应当承担的法律后果。

（2）按事故发生的因果关系来划分，有直接责任和间接责任。

①直接责任：直接责任是指行为人的行为与事故有着直接的因果关系。一般根据事故发生的直接原因确定直接责任者；

②间接责任：间接责任是指行为人的行为与事故有着间接的因果关系。一般根据事故发生的间接原因确定间接责任者。

（3）按事故责任人的过错严重程度来划分，有主要责任与次要（重要）责任，全部责任与同等责任。

①主要责任：主要责任是指行为人的行为导致事故的直接发生，对事故的发生起主要作用。一般由肇事者或有关人员负主要责任；

②次要（重要）责任：次要（重要）责任是指行为人的行为不一定导致事故的发生，但由于不履行或不正确履行其职责，对事故的发生起重要作用或间接作用；

③全部责任：全部责任是指行为人的行为导致事故的直接发生，与其他行为人的行为无关；

④同等责任：同等责任是指两个或两个以上行为人的行为共同导致事故的发生，对事故的发生起同等的作用，承担相同的责任。

（4）按领导的隶属关系或管理与被管理的关系来划分，有直接领导责任与领导责任。

①直接领导责任：直接领导责任是指事故行为人的直接领导者对事故的发生应当承担的责任；

②领导责任：领导责任是指除事故行为人的直接领导外的有层级管理关系的其他领导者对事故的发生应当承担的责任。

（5）按建设工程的安全责任主体来划分，有建设单位、勘察单位、设计单位、监理单位、施工单位以及为建设工程提供机械设备和配件的单位、安拆起重机械或整体脚手架等有关服务单位的安全责任。

2. 事故责任的认定

根据现行的法律法规规定，对建设工程安全事故责任的认定，一般为：

（1）建设工程各责任主体之间的事故责任认定

①建设单位承担事故责任的认定。建设单位有下列情形之一的，应负相应管理责任：

A. 工程没有领取施工许可证擅自施工；

B. 建设单位违章指挥；

C. 提出压缩合同工期等不符合建设工程安全生产法律法规和强制性标准要求；

D. 将工程发包给不具备相应资质等级或无安全生产许可证的单位施工；

E. 将工程勘察、设计业务发包给不具备相应资质等级的勘察、设计单位；

F. 施工前未按要求向承包方提供与工程施工作业有关的资料，致使承包方未采取相应安全技术措施；

G. 建设单位直接发包的施工单位与同一施工现场其他施工单位进行交叉作业或建设单位直接将分包工程发包给分包施工单位（总承包方又不收取管理费用）发生生产安全事故。

②勘察单位承担事故责任的认定。勘察单位有下列情形之一的，负相应勘察责任或主要责任：

A. 在勘察作业时，未采取相应的安全技术措施，致使各类管线、设施和周边建筑物或构筑物破坏或坍塌；

B. 未按工程建设强制性标准进行勘察，提供的勘察文件不实或严重错误，导致发生生产安全事故。

③设计单位承担事故责任的认定。设计单位有下列情形之一的，负相应设计责任或连带责任：

A. 未根据勘察文件或未按工程建设强制性标准进行设计，提供的设计文件不实或严重错误导致发生生产安全事故；

B. 对涉及施工的重点部位、环节，在提供的设计文件中未注明预防生产安全事故措施意见；

C. 指定的建筑材料、构配件是发生生产安全事故的因素：

D. 监理单位承担事故责任的认定。监理单位有下列情形之一的，负相应监理责任或连带责任：

A. 未对安全技术措施或专项施工方案进行审查签字；

B. 未对施工企业的安全生产许可证和项目经理、技术负责人等资格进行审查；

C. 发现安全隐患未及时要求施工企业整改或暂停施工；

D. 施工企业对安全隐患拒不整改或不停止施工时，未及时向有关管理部门报告；

E. 未依照法律法规和工程建设强制性标准实施监理。

⑤施工单位承担事故责任的认定。

A. 总承包与分包施工单位间的事故责任的认定。按下列不同情形认定：

a. 总承包方向分包方收取管理费用，分包方发生安全事故的，总承包方负连带管理责任，分包方负主要责任；

b. 总承包方违法分包或转包给不具备相应资质等级或无安全生产许可证的单位施工发生安全事故的，总承包方负主要责任；

c. 总承包方在施工前未按要求向分包方提供与工程施工作业有关的资料，致使分包方未采取相应安全技术措施发生安全事故的，总承包方负主要责任；

d. 总承包方与分包方在同一施工现场发生塔式起重机碰撞的，总承包方负主要责任，但由于违章指挥、违章作业发生塔式起重机碰撞的，由违章指挥、违章作业人员所在单位负主要责任；

e. 作业人员任意拆改安全防护设施发生安全事故的，由拆改人员所在单位负主要责任；

f. 由于前期施工质量缺陷或隐患发生安全事故的，由前期施工的单位负主要责任。

B. 非总包与分包关系，在同一施工区域的两个施工单位间的事故责任认定。按下列不同情形认定：

a. 双方未履行职责的有过错的，由双方共同承担事故责任；

b. 由于安管责任不落实或安全技术措施不当发生安全事故的，由肇事单位负全部责任或主要责任；

c. 发生塔式起重机碰撞的，由后安装塔式起重机的单位负主要责任。

（2）安全责任人的直接责任或主要责任的认定

有下列情形之一的，负直接责任或主要责任：

①违章指挥、违章冒险作业造成安全事故；

②忽视安全、忽视警告，操作错误造成安全事故；

③不进行安全技术交底。

3. 事故责任的追究

（1）追究的原则

A. 因果原则。有因果关系的才认定与追究，无因果关系的不认定与追究；

B. 法定原则。法无明文规定不处罚、不定罪；

C. 公开、公正原则。执法的依据、程序事先公开公布，责任与违法行为相衡相当；

D. 及时原则。追究应在法定的时效内进行。

（2）建设工程事故责任追究的依据

现行的法律法规主要有：《行政监察法》《公务员法》《国务院关于特大安全事故行政责任追究的规定》《建筑法》《安全生产法》《建设工程安全生产管理条例》《特种设备安全监察条例》《建设工程勘察设计管理条例》《安全生产许可证条例》《建设工程质量管理条例》《生产安全事故报告和调查处理条例》《中华人民共和国民事诉讼法》和《刑法》等。对事故责任的追究，要遵循规定。

第三节　建筑施工现场料具安全管理

一、建筑施工现场料具安全管理概述

建筑施工现场料具安全管理是建筑企业进行正常施工，加速流动资金周转，减少资金占用，提高劳动生产率，提高企业经济效益的重要保证。其主要包括以下几个方面的内容：

1. 编制合理的料具使用管理计划

计划是优化资源配置、组合及管理的重要手段，项目管理人员应制定合理的资源管理计划，对资源的投入量、投入时间、投入步骤及其采购、保管、发放做出合理的安排，以满足企业生产实施的需要。

2. 抓好料具的采购、租赁、保管制度

对工程必需的材料应根据材料采购供应计划进行采购；对一些施工机具可予以购买，也可向租赁公司租赁。从料具的来源到投入施工项目，项目管理人员应制定相应的制度，以督促工程料具管理计划的落实。

3. 抓好料具的运输、保管及使用管理

根据每种材料的特性及机械的性能，制定出科学的、符合客观规律的措施，进行动态配置和组合，协调投入、合理使用，以尽可能少的资源满足项目的使用。

4. 进行经济核算

在保证材料性能及机具使用功能的同时，料具管理的一项重要内容是进行料具投入、使用和产出的核算，发现偏差要及时纠正并不断改进，以实现节约资源、降低产品成本、提高经济效益的目的。

5. 做好管理效果的分析、总结工作

通过对建筑材料、施工机具的管理，应从中找出经验和存在的问题，并对其进行有效分析和总结，以便于以后的管理活动，为进一步提高管理工作效率打下坚实基础。

二、施工现场料具运输、堆放、保管、租赁与使用

1. 材料的运输

（1）材料运输的原则

材料运输管理是对材料运输过程，运用计划、组织、指挥和调节职能进行管理，使材料运输遵循“及时、准确、安全、经济”的原则，具体规定如下：

①及时：是指用最少的时间，把材料从产地运到施工、用料地点，及时供应使用；

②准确：是指材料在整个运输过程中，防止发生各种差错事故，做到不错、不乱、不

差，准确无误地完成运输任务；

③安全：是指材料在运输过程中保证质量完好，数量无缺，不发生受潮、变质、残损、丢失、爆炸和燃烧事故，保证人员、材料、车辆等安全；

④经济：是指经济合理地选用运输路线和运输工具，充分利用运输设备，降低运输费用。“及时、准确、安全、经济”四项原则是互相关联、辩证统一的关系，在组织材料运输时应全面考虑，不要顾此失彼。

（2）材料运输机具的选择

根据建筑材料的性质，材料运输可分为普通材料运输和特种材料运输两种。

①普通材料运输。普通材料运输是指不需要采用特殊运输工具装运就可运输的一般材料运输，如砂、石、砖、瓦等，均可采用铁路的敞车、普通货船及一般载货汽车运输。铁路的运输能力大、运行速度快，一般不受气候、季节的影响，连续性强，管理高度集中，运行比较安全准确，适宜于大宗材料的长距离运输。公路运输基本上是地区性运输。地区公路运输网和铁路、水路干线及其他运输方式相配合，构成全国性的运输体系，担负着极其广泛的中、短途运输任务。由于运费较高，不宜长距离运输；

②特种材料运输。特种材料主要是指超限材料和危险品材料。超限材料即超过运输部门规定标准尺寸和标准重量的材料；危险品材料是指具有自燃、腐蚀、有毒、易燃、爆炸和放射特性，在运输过程中会造成人身伤亡及人民财产损毁的材料。特种材料的运输必须按交通运输部门颁发的超长、超限、超重材料运输规则和危险品材料运输规则办理，用特殊结构的运输工具或采取特殊措施进行运输。

（3）材料进场质量验收

①材料进场验收主要是检验进场材料的品种、规格、数量和质量。材料进场后，材料管理人员应按以下步骤进行验收：

A. 检查送料单，查看是否有误送；

B. 核对实物的品种、规格、数量和质量，是否和凭证一致；

C. 检查原始凭证是否齐全、正确；

D. 做好原始记录，逐项详细填写收料日记，其中验收情况登记栏，必须将验收过程中发生的问题填写清楚。

②水泥进场质量验收时，应以出厂质量保证书为凭，验查单据上水泥品种、强度等级与水泥袋上印的标志是否一致，不一致的应分开码放，待进一步查清；检查水泥出厂日期是否超过规定时间，超过的要另行处理；遇到两个单位同时到货的，应详细验收，分别码放，以防止品种不同而混杂使用。

③砂、石料进场质量验收时，一般应先进行目测，其质量检验要求如下：

砂：颗粒坚硬洁净，一般要求中粗砂，除特殊需用外，一般不用细砂。黏土、泥灰、粉末等不超过 3%~5%。

石：颗粒级配应合理，粒形以近似立方块的为好。针片状颗粒不得超过 25%，在强度等级大于 C30 的混凝土中，不得超过 15%。注意鉴别有无风化石、石灰石混入。含泥量一般混凝土不得超过 2%；大于 C30 的混凝土中，不得超过 1%。

砂石含泥量的外观检查，如砂子颜色灰黑，手感发黏，抓一把能粘成团，手放开后，砂团散开，发现有粘连小块，用手指捻开小块，手指上留有明显泥污的，表示含泥量过高。石子的含泥量，用手握石子摩擦后无尘土粘于手上，表示合格。

④砖进场质量验收时，其抗压、抗折、抗冻等数据一般以产品质量保证书为凭证。现场砖的外观颜色：未烧透或烧过火的砖，即色淡和色黑的红砖不能使用。外形规格：按砖的等级要求进行验收。

⑤木材的质量验收包括材种验收和等级验收。木材的品种很多，首先要辨认材种及规格是否符合要求。对照木材质量标准，查验其腐朽、弯曲、钝棱、裂纹以及斜纹等缺陷是否与标准规定的等级相符。

⑥钢材质量验收分外观质量验收和化学成分、力学性能的验收。在外观质量验收中，由现场材料验收人员，通过眼看、手摸，或使用简单工具，如钢刷、木棍等，检查钢材表面是否有缺陷。钢材的化学成分、力学性能均应经有关部门复验，与国家标准对照后，判定其是否合格。

2. 材料堆放与保管

（1）材料进场前，应检查现场施工便道有无障碍及平整通畅，车辆进出、转弯、调头是否方便，还应适当考虑回车道，以保证材料能顺利进场；

（2）按照施工组织设计的场地平面布置图的要求，选择好堆料场地，要求平整、没有积水。准备好装卸设备、计量设备、遮盖设备等；必须进现场临时仓库的材料，按照“轻物上架，重物近门，取用方便”的原则，准备好库位；防潮、防霉材料要事先铺好垫板；易燃、易爆材料，一定要准备好危险品仓库；夜间进料时，要准备好照明设备，在道路两侧及堆料场地，都有足够的亮度，以保证安全生产。

（3）水泥应入库保管，仓库地坪要高出室外地面 20~30 cm，四周墙面要有防潮措施，码垛时一般码放 10 袋，最高不得超过 15 袋；散装水泥要有固定的容器。不同品种、强度等级和日期的，要分开码放，挂牌标明。在特殊情况下，水泥需在露天临时存放的，必须有足够的遮垫措施，切要做到防水、防雨、防潮；

（4）水泥库房要经常保持清洁，落地灰要及时清理、收集、灌装，并应另行收存使用。根据使用情况安排好进料和发料的衔接，严格遵守先进先发的原则，防止发生长时间不动的死角。水泥的储存时间不能太长，出厂后超过 3 个月的水泥，要及时抽样检查，经化验后按重新确定的强度使用。如有硬化的水泥，经处理后降级使用。水泥应避免与石灰、石膏以及其他易于飞扬的粒状材料同存，以防混杂，影响质量。包装如有损坏应及时更换，以免散失；

（5）砂、石料材料一般应集中堆放在混凝土搅拌机和砂浆机旁，不宜放置过远。堆放要成方、成堆，避免成片。平时要经常清理，并督促班组清底使用；

（6）按施工现场平面布置图，砖应码放在垂直运输设备附近，以便于起吊。不同品种规格的砖，应分开码放，基础墙、底层墙的砖可沿墙周围码放。使用中要注意清底，用一垛清一垛，断砖要充分利用；

（7）木材应按材种规格等级不同分开码放，要便于抽取和保持通风。板材、方材的垛顶部要遮盖，以防日晒雨淋。经过烘干处理的木材，应放进仓库。木材存料场地要高、通风要好，应随时清除腐木、杂草和污物，必要时用 5% 的漂白粉溶液喷洒；

（8）钢材在保管中必须分清品种、规格、材质，不能混淆。保持场地干燥，地面不得有积水，要及时清除污物。钢材中优质钢材，小规格钢材，如镀锌板、镀锌管、薄壁电线管等，最好入库入棚保管，若条件不允许，只能露天存放时，应做好铺垫；

（9）成品、半成品主要是指工程使用的混凝土制品以及成型的钢筋等，其堆放与保管要求如下：

①混凝土构件一般在工厂生产，再运到现场安装。由于其具有笨重、量大和规格型号多的特点，一般按工程进度进场并验收。构件应分层分段配套码放，且应码放在吊车的悬臂回转半径范围以内。构件存放场地要平整，垫木规格一致且位置上、下对齐，保持平整和受力均匀；

②成形钢筋，是指由工厂加工成形后运到现场绑扎的钢筋。钢筋的存放场地要平整，没有积水，规格码放整齐，用垫木垫起，以防止浸水锈蚀。

（10）现场材料的包装容器一般都有利用价值，如纸袋、麻袋、布袋、木箱、铁桶等，现场必须建立回收制度，保证包装品的成套、完整，提高回收率和完好率。对拆开包装的方法要有明确的规章制度，如铁桶不开大口、盖子不离箱、线封的袋子要拆线、粘口的袋子要用刀割等。

3. 料具使用管理

（1）料具的发放

①建立料具领发台账，严格限额领发料具制度。收、发料具要及时入账上卡，手续齐全；

②坚持余料入库的原则，详细记录料具领发状况和节超情况；

③建筑施工设施所需料具应以设施用料计划进行控制，并实行限额发料，严禁超支；

④作业人员超限额用料时，必须事先办理相关手续，填写限额领料单，注明超耗原因。经批准后，方可领发料具。

（2）料具的使用

①材料使用过程中，必须按分部工程或按层数分阶段进行材料使用分析和核算，以便及时地发现问题，防止材料超用；

②材料管理人员可根据现场条件，要求将混凝土、钢筋、木材、石灰、玻璃、油漆、砂、石等的具体使用情况不同程度地集中加工处理，以扩大成品供应；

③现场材料管理人员应对现场材料使用状况进行监督和检查。其检查内容如下：

A. 现场材料是否按施工现场平面图堆放料具，并按要求设置防护措施；

B. 核查材料使用台账，检查材料使用人员是否认真执行材料领发手续；

C. 施工现场是否严格执行材料配合比，合理用料；

D. 施工技术人员是否按规定进行用料交底和工序交接；

E. 根据“谁做谁清，随做随清，操作环境清，工完场地清”的原则，检查现场做工状况。

④将检查情况如实记录，要求责任明确，原因分析清楚，如有问题必须及时处理。

4. 料具的租赁

料具租赁是指在一定期限内，料具产权所有人向租赁方提供符合使用性能和规格的材料和机具，出让其使用权，但不改变所有权，双方各自承担一定的义务并享有相关权利的一种经济关系。

（1）项目确定需要租赁的料具后，应根据料具使用方案制订需求计划，并由专人向租赁部门签订租赁合同，并做好周转料具进入施工现场的各项准备工作，如存放及拼装场地等。

（2）周转料具租赁后，应分类摆放整齐；对需入库保管的周转料具，应分别建档，并保存账册、报表等原始记录；同时，应防火、防盗、防止霉烂变质等现象发生；

（3）料具保管场所应场容整洁，对各次使用的钢管、钢模板等应派专人定期进行修整、涂漆等保养工作；

（4）在使用期间，周转料具不得随意被切割、开洞焊接或改制。对钢管、钢模板等料具，不能从高空抛下或挪作他用；

（5）在周转料具租赁期间，对不同的损坏情况应做出相应的赔偿规定，对严重变形的料具应做报废处理；

（6）进出场（库）的钢管、木材、机具等均应有租方与被租方双方专人收发，并做好记录，其内包括料具的型号、数量、进（出）场（库）日期等。周转料具一经收发完毕，双方人员应签字办理交（退）款手续。

三、施工机械的使用管理

1. 施工机械的使用与监督

（1）“三定”制度的形式

“三定”制度是指在机械设备使用中定人、定机、定岗位责任的制度，也就是把机械设备使用、维护、保养等各环节的要求都落实到具体的人身上，主要内容包括坚持人机固定的原则、实行机长负责制和贯彻岗位责任制。

人机固定就是把每台机械设备和它的操作者相对固定下来，无特殊情况不得随意变动。根据机械类型的不同，定人、定机有下列三种形式：

①单人操作的机械，实行专机专责制，其操作人员承担机长职责；

②多班作业或多人操作的机械，均应组成机组，实行机组负责制，其机组长即为机长；

③班组共同使用的机械以及一些不宜固定操作人员的设备，应指定专人或小组负责保管和保养，限定具有操作资格的人员进行操作，实行班组长领导下的分工负责制。

（2）施工机械凭证操作

①为了加强对施工机械使用和操作人员的管理，更好地贯彻“三定”责任制，保障机械合理使用，施工机械操作人员均需参加该机种技术考核，考核合格且取得操作证后，方可上机独立操作。

②凡符合下列条件的人员，经培训考试合格，取得合格证后方可独立操作机械设备：

A. 年满十八周岁，具有初中以上文化程度；

B. 身体健康，听力、视力、血压正常，适合高空作业和无影响机械操作的疾病；

C. 经过一定时间的专业学习和专业实践，懂得机械性能、安全操作规程、保养规程和有一定的实际操作技能。

③技术考核方法主要是现场实际操作，同时进行基础理论考核。考核内容主要是熟悉本机种操作技术，懂得本机种的技术性能、构造、工作原理和操作、保养规程以及进行必要的低级保养和故障排除。

④凡是操作下列施工机械的人员，都必须持有关部门颁发的操作证，起重工（包括塔式起重机、汽车起重机、龙门吊、桥吊等的驾驶员和指挥人员）、外用施工电梯、混凝土搅拌机、混凝土泵车、混凝土搅拌站、混凝土输送泵、电焊机、电工等作业人员及其他专人操作的专用施工机械。

⑤机械操作人员应随身携带操作证以备随时检查，如出现违反操作规程而造成事故，除按情节进行处理外，并对其操作证暂时收回或撤销。

⑥凡属国家规定的交通、劳动及其主管部门负责考核发证的驾驶证、起重工证、电焊工证、电工证等，一律由主管部门按规定办理，公司不再另发操作证。

⑦操作证每年组织一次审验，审验内容是操作人员的健康状况和奖惩、事故等记录，审验结果填入操作证有关记事栏。未经审验或审验不合格者，不得继续操作机械。

⑧严禁无证操作机械，更不能违章操作，如领导命其操作而造成事故，应由领导负全部责任。学员或学习人员必须在有操作证的指导师傅在场指挥下，方能操作机械设备，并指导师傅应对其实习人员的操作负责。

（3）施工机械监督检查

①公司设备处或质安处应每两月进行一次综合考评，以检查机械管理制度和各项技术规定的贯彻执行情况，保证机械设备的正确使用与安全运行；

②积极宣传有关机械设备管理的规章制度、标准、规范，并监督其在各项目施工中的贯彻执行。

2. 机械维护与保养

在编制施工生产计划时，要按规定安排机械保养时间，保证机械按时保养。机械使用中出现故障，要及时排除，严禁带病运行和只使用不保养的做法。

（1）汽车和以汽车底盘为底车的建筑机械，在走合期内公路行驶速度不得超过 30 km/h，工地行驶速度不得超过 20 km/h，载重量应减载 20%~25%，同时在行驶中应避免突然加速；

（2）电动机械在走合期内应减载 15%~20% 运行，齿轮箱也应采取黏度较低的润滑油，走合期满应检查润滑油状况，必要时更换（如装配新齿轮或更换全部润滑油）；

（3）机械上原定不得拆卸的部位走合期内不应拆卸，机械走合时应有明显标志；

（4）入冬前应对操作使用人员进行冬期施工安全教育和冬期操作技术教育，并做好防寒检查工作；

（5）对冬期使用的机械要做好换季保养工作，换用适合本地使用的燃油、润滑油和液压油等油料，安装保暖装备。凡带水工作的机械、车辆，停用后应将水放尽；

（6）机械启动时，先低速运转，待仪表显示正常后再提高转速和负荷工作。内燃发动机应有预热程序；

（7）机械的各种防冻和保温措施不得遗漏。冷却系统、润滑系统、液压传动系统及燃料和蓄电池，均应按各种机械的冬期使用要求进行使用和养护。机械设备应按冬期启动、运转、停机清理等规程进行操作。

第四节　文明施工与环境保护

1. 施工现场文明施工的要求

（1）施工现场必须设置明显的标牌，标明工程项目名称、建设单位、设计单位、施工单位、项目经理和施工现场总代表人的姓名、开竣工日期、施工许可证批准文号等。施工单位负责施工现场标牌的保护工作；

（2）施工现场的管理人员在施工现场应当佩戴证明其身份的证、卡；

（3）应当按照施工总平面布置设置各项临时设施。现场堆放的大宗材料、成品、半成品和机具设备不得侵占场内道路及安全防护等设施；

（4）施工现场的用电线路、用电设施的安装和使用必须符合安装规范和安全操作规程，并按照施工组织设计进行架设，严禁任意拉线接电。施工现场必须设有保证施工安全要求的夜间照明；危险潮湿场所的照明以及手持照明灯具，必须采用符合安全要求的电压；

（5）施工机械应当按照施工总平面布置图规定的位置和线路设置，不得任意侵占场内道路。施工机械进场须经过安全检查，经检查合格后方能使用。施工机械操作人员必须建立机组责任制，并依照有关规定持证上岗，禁止无证人员操作；

（6）应保证施工现场道路畅通，排水系统处于良好的使用状态；保持场容场貌的整洁，随时清理建筑垃圾。在车辆、行人通行的地方施工，应当设置施工标志，并对沟井坎穴进行覆盖；

（7）施工现场的各种安全设施和劳动保护器具，必须定期进行检查和维护，及时消除隐患，保证其安全有效的运行。

（8）施工现场应当设置各类必要的职工生活设施，并符合卫生、通风、照明等要求。职工的膳食、饮水供应等应当符合卫生要求；

（9）应当做好施工现场安全保卫工作，采取必要的防盗措施，在现场周边设立围护设施；

（10）在施工现场建立和执行防火管理制度，设置符合消防要求的消防设施，并保持完好的备用状态。在容易发生火灾的地区施工，或者储存、使用易燃易爆器材时，应当采取特殊的消防安全措施。

2. 施工现场环境保护的要求

（1）施工单位应加强管理，且最大限度地节约水、电、汽、油等能源消耗，杜绝浪费能源的事件发生，应尽量使用新型环保建材，保护环境；

（2）施工单位在施工中要保护好道路、管线等公共设施，建筑垃圾由施工单位负责收集后统一处理；

（3）施工单位应采取措施控制生活污水和施工废水的排放，不能任意排放而造成水污染，一般应先行修建好排水管道，落实好排放口后才能开始施工；

（4）施工单位在运输建材进场时，应在始发地做好建材的包装工作，禁止建材在运输过程中产生粉尘污染。在施工工地必须做好灰尘防治工作，在工地出入口处应铺设硬质地面，并设置专门的设施进行洒水固尘，并冲洗进、出车辆；

（5）施工单位应积极采用新技术、新型机械，同时采用隔声、吸声、消声等方法，以减少施工过程中产生的噪声，以达到环保要求。施工单位要求在夜间进行施工的，严禁使用打桩机。

3. 施工现场职业健康安全卫生的要求

《安全生产法》中规定，生产经营单位应具备国家规定的安全卫生条件。生产场所的安全卫生有具体的要求，主要包括以下几个方面：

（1）厂房或建筑物（包括永久性和临时性的）均必须安全稳固，各种厂房建筑物之间的间距和方位应该符合防火、防爆等有关安全卫生规定；

（2）生产场所应布局合理，保证安全作业的地面和空间，按有关规定设置安全人行通道和车辆通道；

（3）在室内的生产场所应设安全门，并有两个安全出口，在楼上作业或需登高作业的场所还应该设置安全梯；

（4）生产场所根据不同季节和天气，分别设置防暑降温、防冻保温、防雨雪、防雷击的设施；

（5）生产场所及出入口通道、楼梯、安全门、安全梯等均应有足够的采光和照明设施，易燃易爆的生产场所还必须符合防爆要求；

（6）有职业危害的生产场所，应根据危害的性质和程度，设置可靠的防护设施、监护报警装置、醒目的安全标志以及在紧急的情况下进行抢救和安全疏散的设施。

第五节　建设工程生产安全事故应急预案和事故处理

一、生产安全事故应急预案的内容

根据国家的有关法律、法规，为了贯彻落实“安全第一、预防为主、综合治理”的方针，规范应急管理工作，提高对风险和事故的防范能力，保证职工安全健康，最大限度地减少财产损失、环境损害和社会影响，建筑施工单位应该编制生产安全事故应急预案，提高安全事故处理能力。专项的应急预案编制主要包括以下内容：

1. 事故类型和危害程度分析

在危险源评估的基础上，对其可能发生的事故类型和可能发生的季节及事故严重程度进行确定。

2. 应急处置基本原则

明确处置安全生产事故应当遵循的基本原则。

3. 组织机构及职责

（1）应急组织体系

明确应急组织形式、构成单位和人员，并尽可能地以结构图的形式表示出来。

（2）指挥机构及职责

根据事故类型，明确应急救援指挥机构总指挥、副总指挥以及各成员单位和人员的具体职责。

应急救援机构可以设置相应的应急救援工作小组，明确各小组的工作任务及主要负责人的职责。

4. 预防与预警

（1）危险源监控

明确本单位对危险源监测监控的方式、方法以及采取的预防措施。

（2）预警行动

明确事故预警的条件、方式、方法和信息的发布程序。

5. 信息报告程序

（1）确定报警系统及程序；

（2）确定现场报警方式，如电话、警报器等；

（3）确定 24 小时与相关部门的通信、联络方式；

（4）明确相互认可的通告、报警形式和内容；

（5）明确应急反应人员向外求援的方式。

6. 应急处置

（1）响应分级

针对事故危害程度、影响范围和单位控制事态的能力，将事故分为不同的等级。按照分级负责的原则，明确应急响应级别。

（2）响应程序

根据事故的大小和发展态势，明确应急指挥、应急行动、资源调配、应急避险、扩大应急等响应程序。

（3）处置措施

针对本单位事故类别和可能发生的事故特点、危险性，制定相应的应急处置措施（如煤矿瓦斯爆炸、冒顶片帮、火灾、透水等事故应急处置措施，危险化学品火灾、爆炸、中毒等事故应急处置措施）。

7. 应急物资装备保障

明确应急处置所需的物资和装备数量、管理与维护、正确使用等。

二、生产安全事故应急预案的管理

生产安全事故应急预案的管理包括编制事故应急预案、培训演练、实施等整个过程。编制事故应急预案，首先要把它的前提条件摸清楚，而且要有一个正确、有序的程序，才能保证编制工作在符合国家要求的条件下顺利实施。从调查分析一直到最后预案的实施管理整个过程，都可以看成编制的整个程序。应急预案的制定和管理主要包括以下八个方面：

1. 编制前的准备

就是做好事先的分析，例如，法律法规的分析、危险性的分析，都可以看成准备阶段。

2. 成立预案编制工作组

必须有统一的一个领导机构来进行实际的编制工作，这个编制组的组成对于企业而言，必须包括各有关部门的人员来进行编制，如果是政府预案，那么应包括本级人民政府的各个部门的有关人员来进行编制。必须有一个预案编制的工作组，而且这个组长通常是负责人，他必须起到实际的具体指挥行动的作用，具体负责人要是说话算数的人，否则编制出来的预案也不能够得到实施。

3. 资料收集

在编制组成立以后，按照编制的要求去收集相关的一些资料，比如，企业当中用到的各种设备的安全使用情况、应急资源的准备情况、危险点的评价情况，这些都要收集。

4. 危险源和风险分析

这是一个重要的步骤，要进行危险源的辨识，然后在它的基础上进行风险的评价分析。

5. 应急能力的评估

根据现有的条件，应急能力到底是多大，要有一个总体的认识，首先要认清楚自己，估计自己的实际情况不能过高也不能过低。

6. 具体的编制工作

具体的编制工作就是按照编制的框架要求，一步一步地把预案编写下来的程序。

7. 预案的评审与发布

预案最后编制工作完成之后，一定要经过评审，包括内部评审和外部评审。所谓内部评审，即企业编写完预案之后，召集有关部门的有关人员，一般都是负责人，对这个预案是否认可，有何不足之处，做出评审。如果认可，则对大家都具有约束力。另外一种是外部评审，指的是政府预案，它的评审必须邀请有关的专家和有关部门的人员来进行，最后评审完成以后，如果通过了，则要进行发布。这个发布必须针对所有应急预案涉及的有关人员。

8. 应急预案的实施

应急预案的实施包括配备相关的机构和人员，配备有关的物质，进行预案的演练、培训等后续的一系列的工作。

三、职业健康安全事故的分类和处理

1. 职业健康安全事故的分类

（1）按伤害情况分类

①重大人身险肇事故。重大人身险肇事故是指险些造成重伤、死亡或多人死亡的事故；

②轻伤。轻伤是指负伤后需要休息一个工作日以上（含一个工作日），但未构成重伤的伤害；

③重伤。经医院诊断为残疾，或者可能为残疾，或虽不至于成为残废，但伤势严重的伤害。重伤的范围如下：

A. 伤势严重，需要进行较大手术才能挽救生命的；

B. 人体要害部位灼伤、烫伤或虽非要害部位，但灼伤、烫伤面积占全身 1/3 以上者；

C. 严重骨折（胸骨、肋骨、脊椎骨、锁骨、腕骨、腿骨等因受伤引起骨折）、严重脑震荡等；

D. 眼部受伤较重，有失明的可能；

E. 脚部伤害；

F. 内部伤害。内脏损伤、内出血或伤及腹膜等。

凡不在上述范围内的伤害，经医师诊断后，认为受伤较重，可根据实际情况，参考上述各点，由企业行政会同基层工会作个别研究后提出意见，报请当地劳动主管部门审查确定。

④死亡。

（2）按一次事故伤亡人数分类

①轻伤事故是指只有轻伤而无重伤的事故。

②特大火灾事故分类如下：

A. 死亡 10 人以上（含 10 人，下同）；

B. 重伤 20 人以上；

C. 死亡加重伤 20 人以上；

D. 受灾 50 户以上；

E. 直接财产损失 100 万元以上。

2. 职业健康安全事故的处理

（1）事故报告

①报告程序。施工现场发生生产安全事故，事故负伤者或事故现场有关人员要立即逐级或直接上报。

A. 轻伤事故：立即报告项目负责人；

B. 重伤事故：立即报告项目负责人和公司质量安全保证部；

C. 死亡事故：立即报告项目负责人和质量安全保证部，同时上报工程所在区县建委、安监局、公安等重大责任事故处理部门。

②报告内容：

A. 事故发生（或发现）时间、详细地点；

B. 发生事故的项目名称及所属单位；

C. 事故类别、事故严重程度；

D. 伤亡人数、伤亡人员基本情况；

E. 事故简要经过及抢救措施；

F. 报告人情况和联系电话。

（2）事故调查

建筑施工中发生了职工重伤和死亡的事故后，必须进行调查分析，掌握真实材料。调查的内容包括：

（3）事故分析

伤亡事故分析是对导致发生事故的主要原因和间接原因的分析。通过分析，找出事故主要原因和责任，从而采取有针对性的措施，以防止类似事故的发生。事故分析分三步进行：

①事故分析步骤。即整理、阅读调查材料，分析受害者的受伤部位、受伤性质、起因物、致害物、伤害方式、不安全行为，确定事故的直接原因、间接原因和责任者；

②事故原因分析。即机械、物质或环境的不安全状态和人的不安全行为，即技术和设计上有缺陷、缺乏或不懂安全操作技术知识、劳动组织不合理、对现场工作缺乏检查或指导错误、没有安全操作规程或规程不健全、没有或不认真实施事故防范措施、对事故隐患整改不力等；

③事故责任分析。从直接原因入手，并逐步深入到间接原因，以掌握事故全部原因。再根据事故调查所确认的事实，确定事故的直接责任者和领导责任者，而后根据他们在事故发生过程中的作用，确定主要责任，最后根据事故后果和事故责任者应负的责任提出处理意见。

④事故结案处理

A. 对事故责任者的处理，应根据其情节轻重和损失大小、谁有责任、主要责任、次要责任、重要责任、一般责任、领导责任等，并按规定给予处分；

B. 企业接到政府机关的结案批复后，进行事故建档，并接受政府主管部门的行政处罚。

第六节　安全教育

一、安全教育概述

针对不同人员的教育方式是不同的，一般包括新人进厂教育、安全生产日常教育、特殊安全教育。

1. 新人进厂教育

新人进厂以后，按照厂级、车间、班组这三级教育的模式来进行教育，这些人员的教育，不仅包括正式的工人、合同工也包括临时工、外包工，以及培训实习人员，这些都要进行日常的教育，只不过时间会有所不同。只要是厂里从事生产或者进行参观实习的这些人员，都要进行培训。

2. 安全生产日常教育

（1）安全生产宣传教育。宣传安全生产的重大意义，牢固树立“安全第一”的思想；宣传“安全生产、人人有责”，明确谁施工谁管安全，动员全体职工人人重视，人人动手抓安全生产，文明施工。教育职工克服麻痹思想，克服安全生产工作中轻视安全的毛病。教育职工尊重科学，按客观规律办事，不违章指挥，不违章作业，使职工认识到安全生产规章制度是长期实践经验的总结，因此，要自觉地学习规程、执行规程；

（2）普及安全生产知识宣传教育。防触电和触电后急救知识教育；防止起重物伤害事故基本知识，严格安全纪律，不准随意乱开动起重机械；不准随意乘坐起重物升降；脚手架安全使用知识，不准随意拆用架子的任何部件；防爆常识，不准乱拿、乱用炸药雷管；不准在乙炔发生器危险区内吸烟点火；防尘、防毒、防电光伤眼等基本知识；

（3）适时教育。季节性安全教育，如冬期、雨期施工的安全教育；节假日及晚上加班职工的安全教育；突击赶任务情况的安全教育。

3. 特殊安全教育

特种作业前，必须对工人进行安全技术操作规程教育；上岗时必须持有上岗证；工长必须对工人进行安全技术交底。

二、安全标志

1. 安全色

安全色是表达信息含义的颜色，用来表示禁止、警告、指令、指示等，其作用在于使人们能迅速发现或分辨安全标志，提醒人们注意，预防事故发生。

红色：表示禁止、停止、消防和危险；

蓝色：表示指令，必须遵守的规定；

黄色：表示注意、警告；

绿色：表示通行、安全和提供信息。

2. 安全标志

安全标志是指在操作人员容易产生错误，有造成事故危险的场所，为了确保安全，所采取的一种标识。此标识由安全色和几何图形符号构成，是用以表达特定安全信息的特殊标示，设置安全标志，是为了引起人们对不安全因素的注意，预防事故发生。

（1）危险牌示和识别标志

①危险牌示包括禁止、警告、指令和提示标志等。应设在醒目且与安全有关的地方；

②识别标志应采用清晰、醒目的颜色作为标记，充分利用四种传递安全信息的安全色，使员工一目了然；

③禁止标志：是不准或制止人们的某种行为（图形为黑色，禁止符号与文字底色为红色）；

④警告标志：是使人们注意可能发生的危险（图形警告符号及字体为黑色，图形底色为黄色）；

⑤指令标志：是告诉人们必须遵守的意思（图形为白色，指令标志底色均为蓝色）；

⑥提示标志：是向人们提示目标的方向，用于消防提示（消防提示标识的底色为红色，文字、图形为白色）。

三、安全检查

进行安全管理不是处理事故，而是在生产活动中，针对生产的特点，对生产因素采取管理措施，有效地控制不安全因素的发展与扩大，把可能发生的事故，消灭在萌芽状态，以确保生产活动中人的安全与健康。

安全检查就是为了减少安全事故的发生、降低事故造成的损失，结合生产的特点和要求，对施工现场和职工生活居住场所的安全状况，进行可能发生事故的各种不安全因素的检查。检查包括查思想、查制度、查纪律、查现场、查管理、查措施、查隐患等多项内容，其种类有经常性、专业性、定期性、季节性和临时性安全检查五大类。安全检查的基本方法有自检自查、交叉检查、抽查、辅助检查。安全检查要克服形式主义，不能满足于一般化要求、一般化号召，以文件来贯彻文件，以会议来落实会议，对查出的安全隐患，应制订出整改计划，落实人员、限期整改，这是落实安全工作的关键所在。

四、班前安全活动

班前安全活动是指班组长在班前进行上岗交流，上岗教育，做好上岗记录等一系列活动。召开班前会的目的，就是强化作业人员的安全防范意识，加强对作业现场安全风险的分析和预控。班前会的主要内容包括：布置、分配工作任务，检查施工作业人员的精神状态和身体健康情况，对经过勘察的现场危险点和控制措施进行分析讨论，对不足之处及时地加以修改。

1. 班前会应做好安全教育。施工负责人组织召开班前会和布置工作任务时，不仅要对作业人员讲清做什么、怎么做，还要交代作业过程中的危险因素，提醒作业人员注意安全事项。在施工作业过程中，最大的危险源就是“人”（作业人员本身），其他危险源的位置是相对固定的，有各种控制措施来保证作业安全。而人是活动的，如果作业人员的安全意识不强、自保互保能力弱，完全靠现场管理人员去提醒，很难保证不出现这样或那样的安全问题。因此，在施工作业现场控制好“危险人”这一隐患，是保证施工作业安全的前提；

2. 班前会应做好施工作业人的检查。作业人员健康状况如何是能否适合参加施工作业的前提。工程负责人、工作票签发人、安全工程小组负责人，均应由工作经验丰富、熟悉工作线路、熟悉设备状况的人员来担任；

3. 班前会应做好物的检查。检查施工机械、生产用具和安全工器具的数量是否充足、合适，是否试验合格，是否在实验和允许使用期内，安全防护装备是否齐全、可靠，所使用的材料的质量、规格是否满足施工作业要求，有无损坏等；

4. 班前会应做好措施检查。查施工现场的勘察记录是否与实际相符，安全、组织、技术措施中所列的危险点及控制措施是否正确完备，标准化作业指导书是否完备；

5. 班前会应做好环境检查。检查自然环境、工作环境是否存在危险，对塌方、坠落、雷电、有毒气体、粉尘等是否采取了有效措施。

此外，召开班前会，应提前做好准备工作，会议要有具体的安全内容和措施，避免走形式、走过场。安全管理部门要经常检查和指导班前会的召开情况，善于总结和积累经验，真正使班前会解决大问题，最终实现安全生产可控、能控、在控。

第九章　建筑工程施工质量验收

第一节　建筑工程施工质量验收概述

一、基本术语

建筑工程质量管理应以“突出质量策划、完善技术标准、强化过程控制、坚持持续改进”为指导思想，以提高质量管理要求为核心，力求在有效控制工程制造成本的前提下，使工程质量在施工过程中始终处于受控状态，质量验收是质量管理的重要环节，现行的质量验收规范中涉及众多术语，如《建筑工程施工质量验收统一标准》（GB 50300-2013）中给出了17个专业术语，正确理解相关术语的含义，有利于正确把握现行施工质量验收规范的执行。

1. 建筑工程

建筑工程是为新建、改建或扩建房屋建筑物和附属构筑物设施所进行的规划、勘察、设计和施工、竣工等各项技术工作和完成的工程实体以及与其配套的线路、管道、设备等的安装工程。

其中，“房屋建筑物”的建造工程包括厂房、剧院、旅馆、商店、学校、医院和住宅等，其新建、改建或扩建必须兴工动料，通过施工活动才能实现：“附属构筑物设施”是指与房屋建筑配套的水塔、自行车棚、水池等；“线路、管道、设备的安装”是指与房屋建筑及其附属设施相配套的电气、给排水、暖通、通信、智能化、电梯等线路、管道、设备的安装活动。

2. 检验

对检验项目中的性能进行量测、检查、试验等，并将结果与标准规定要求进行对比分析，以确定每项性能是否符合所进行的活动。

3. 进场检验

对进入施工现场的建设材料、构配件、设备及器具等，按相关标准规定要求进行检验，并对产品达到合格与否做出确认的活动。

4. 见证检验

在监理单位或建设单位的监督下，由施工单位有关人员现场取样，并送至具备相应资质的检测单位所进行的检测。涉及结构安全的试块、试件以及有关材料，应按规定进行见证取样检测。

5. 复验

建筑材料、设备等进入施工现场后，在外观质量检查和质量证明文件核查符合要求的基础上，按照有关规定从施工现场抽取试样送至试验室进行检验的活动。

6. 检验批

按统一的生产条件或按规定的方式汇总起来供检验用的，由一定数量样本组成的检验体。检验批是工程质量验收的基本单元（最小单位）。检验批通常按下列原则划分：

（1）检验批内质量基本均匀一致，抽样应符合随机性和真实性的原则；

（2）贯彻过程控制的原则，按施工次序、便于质量验收和控制关键工序的需要划分检验批。

7. 验收

建筑工程在施工单位自行质量检查评定的基础上，参与建设活动的有关单位共同对检验批、分项、分部、单位工程的质量进行抽样复验，同时根据相关标准以书面形式对工程质量达到合格与否做出确认。

8. 主控项目

建筑工程中对安全、节能、环境保护和主要使用功能起决定性作用的检验项目。主控项目是对检验批的基本质量起决定性影响的检验项目，主控项目和一般项目的区别是：对有允许偏差的项目，如果是主控项目，则其检测点的实测值必须在给定的允许偏差范围内，不允许超差。如果有允许偏差的项目是一般项目，允许有 20% 的检测点的实测值超出给定的允许偏差范围，但是最大偏差不得大于给定允许偏差值的 1.5 倍。监理单位应对主控项目全部进行检查，对一般项目可根据施工单位质量控制情况确定检查项目。

9. 一般项目

除主控项目以外的检验项目。

10. 抽样方案

根据检验项目的特性所确定的抽样数量和方法。

11. 计数检验

通过确定抽样样本中不合格的个体数量，对样本总体质量做出判定的检验方法。

12. 计量检验

以抽样样本的检测数量计算总体均值、特征值或推定值，并以此判断或评估总体质量的检验方法。

13. 错判概率

合格批被判为不合格批的概率，即合格批被拒收的概率，用 α 表示。

14. 漏判概率

不合格批被判为合格批的概率，即不合格批被误收的概率，用 β 表示。

15. 观感质量

通过观察和必要的测试所反映的工程外在质量和功能状态。

16. 返修

对施工质量不符合标准规定的部位采取整修等措施。

17. 返工

对工程质量不符合标准规定的部位采取更换、重新制作、重新施工等措施。

二、施工质量验收的基本规定

1. 施工现场质量管理应有相应的施工技术标准、健全的质量管理体系、施工质量检验制度和综合施工质量水平评定考核制度。

施工现场质量管理检查记录应由施工单位填写，总监理工程师进行检查，并做出检查结论。

建筑工程施工单位应建立必要的质量责任制度，并对建筑工程施工的质量管理体系提出较全面的要求，建筑工程的质量控制应为全过程的控制。施工单位应推行生产控制和合格控制的全过程质量控制，应有健全的生产控制和合格控制的质量管理体系。这里不仅包括原材料控制、工艺流程控制、施工操作控制、每道工序质量检查、各道相关工序之间的交接检验以及专业工种之间等中间交接环节的质量管理和控制要求，还应包括满足施工图设计和功能要求的抽样检验制度等。

施工单位通过内部的审核与管理者的评审，找出质量管理体系中存在的问题和薄弱环节，并制订改进的措施和跟踪检查落实等措施，使单位的质量管理体系不断得到健全和完善，是该施工单位不断提高建筑工程施工质量的保证。

同时，施工单位还应重视综合质量控制水平，从施工技术、管理制度、工程质量控制和工程质量等方面制订对施工企业综合质量控制水平的指标，以达到提高整体素质和经济效益。

2. 未实行监理的建筑工程，建设单位相关人员应履行《建筑工程施工质量验收统一标准》（GB 50300-2013）中涉及的监理职责。

3. 建筑工程施工质量的控制应符合下列规定：

（1）建筑工程采用的主要材料、成品、半成品、建筑构配件、器具和设备应进行现场验收。凡涉及安全、节能、环境保护和主要使用功能的重要材料、产品，应按各专业工程施工规范、验收规范和设计文件等规定进行复验，并经监理工程师检查认可；

（2）各施工工序应按施工技术标准进行质量控制，每道施工工序完成后，经施工单位自检符合规定后，才能进行下一道工序的施工。各专业工种之间的相关工序应进行交接检验，并记录；

（3）对于监理单位提出检查要求的重要工序，应经监理工程师检查认可，才能进行下一道工序的施工。

4.符合下列条件之一时，可按相关专业验收规范的规定适当调整抽样复验、试验数量，调整后的抽样复验、试验方案应由施工单位编制，并报监理单位审核确认。

（1）同一项目中由相同施工单位施工的多个单位工程，使用同一生产厂家的同品种、同规格、同批次的材料、构配件、设备；

（2）同一施工单位在现场加工的成品、半成品、构配件用于同一项目中的多个单位工程；

（3）在同一项目中，针对同一抽样对象已有检验成果可以重复利用。

5.当专业验收规范对工程中的验收项目未作出相应规定时，应由建设单位组织监理、设计、施工等相关单位制定专项验收要求，其涉及安全、节能、环境保护等项目的专项验收要求应由建设单位组织专家论证。

6.检验批的质量检验，应根据检验项目的特点在下列抽样方案中进行选择：

（1）计量、计数的抽样方案；

（2）一次、二次或多次抽样方案；

（3）根据生产连续性和生产控制稳定性情况，尚可采用调整型抽样方案；

（4）对重要的检验项目，当可采用简易快速的检验方法时，可选用全数检验方案；

（5）经实践检验有效的抽样方案。

7.检验批抽样样本应随机抽取，满足分布均匀、具有代表性的要求。

第二节　建筑工程施工质量验收的划分

一、施工质量验收层次划分的目的

工程施工质量验收涉及工程施工过程质量验收和竣工质量验收，是工程施工质量控制的重要环节。根据工程特点，按项目层次分解的原则合理划分工程施工质量验收层次，将有利于对工程施工质量进行过程控制和阶段质量验收，特别是不同专业工程的验收批的确定，将直接影响工程施工质量验收工作的科学性、经济性、实用性和可操作性。因此，对施工质量验收层次进行合理划分非常必要，这有利于工程施工质量的过程控制和最终把关，确保工程质量符合有关标准。

二、施工质量验收划分的层次

随着我国经济发展和施工技术的进步，工程建设规模不断扩大，技术复杂程度越来越高，出现了大量工程规模较大的单体工程和具有综合使用功能的综合性建筑物。由于大型单体工程可能在功能或结构上由若干个单体组成，且整个建设周期较长，可能出现已建成可使用的部分单体需先投入使用，或先将工程中一部分提前建成使用等情况，需要进行分段验收。再加上对规模特别大的工程进行一次验收也不方便，因此标准规定，可将此类工程划分为若干个子单位工程进行验收。同时，为了更加科学地评价工程施工质量和有利于对其进行验收，根据工程特点，按结构分解的原则将单位或子单位工程又划分为若干个分部工程。在分部工程中，按相近工作内容和系统又划分为若干个子分部工程。每个分部工程或子分部工程又可划分为若干个分项工程。每个分项工程又可划分为若干个检验批。检验批是工程施工质量验收的最小单位。

三、单位工程

根据《建筑工程施工质量验收统一标准》（GB 50300-2013）的规定，单位工程应按下列原则划分：

1. 具备独立施工条件并能形成独立使用功能的建筑物及构筑物为一个单位工程。如一个学校中的一栋教学楼，某城市的广播电视塔等；

2. 规模较大的单位工程，可将其能形成独立使用功能的部分划分为一个子单位工程。子单位工程的划分一般可根据工程的建筑设计分区、使用功能的显著差异、结构缝的设置等实际情况，在施工前由建设、监理、施工单位自行商定，并据此收集整理施工技术资料和验收；

3. 室外工程可根据专业类别和工程规模划分单位（子单位）工程。

四、分部工程

根据《建筑工程施工质量验收统一标准》（GB 50300-2013）的规定，分部工程应按下列原则划分：

1. 分部工程的划分应按专业性质、建筑部位确定。

一般工业与民用建筑工程的分部工程包括：地基与基础、主体结构、建筑装饰装修、建筑屋面、建筑给水排水及采暖、建筑电、智能建筑、通风与空调、电梯、建筑节能等十个分部工程。

公路工程的分部工程包括路基土石方工程、小桥涵工程、大型挡土墙、路面工程、桥梁基础及下部构造、桥梁上部构造预制和安装等。

2. 当分部工程较大或较复杂时，可按材料种类、施工特点、施工程序、专业系统及类别等划分为若干分部工程。如建筑装饰装修分部工程可分为地面、门窗、吊顶工程；建筑电气工程可划分为室外电气、电气照明安装、电气动力等子分部工程。

五、分项工程

根据《建筑工程施工质量验收统一标准》（GB 50300-2013）的规定，分项工程可按主要工种、材料、施工工艺、设备类别等进行划分。如钢筋混凝土结构工程中按主要工种钢筋工程、模板工程和混凝土工程等分项工程，按施工工艺分为现浇结构、预应力、装配式结构等分项工程。

六、检验批

根据《建筑工程施工质量验收统一标准》（GB 50300-2013）的规定，检验批可根据施工、质量控制和专业验收的需要，按工程量、楼层、施工段、变形缝等进行划分。

施工前，应由施工单位制定分项工程和检验批的划分方案，并由监理单位审核。对于相关专业验收规范未涵盖的分项工程和检验批，可由建设单位组织监理、施工等单位协商确定。

多层和高层建筑的分项工程可按楼层或施工段来划分检验批，单层建筑的分项工程可按变形缝等划分检验批；地基基础的分项工程一般划分为一个检验批，有地下层的基础工程可按不同地下层划分检验批；屋面工程的分项工程可按不同楼层屋面划分为不同的检验批；安装工程一般按一个设计系统或设备组别划分为一个检验批；室外工程一般划分为一个检验批；散水、台阶、明沟等含在地面检验批中；地基基础中的土方工程、基坑支护工程及混凝土结构工程中的模板工程，虽不构成建筑工程实体，但因其是建筑工程施工中不可或缺的重要环节和必要条件，是对质量形成过程的控制，其质量关系到建筑工程的质量和施工安全，因此应将其列入施工验收的内容。

第三节　建筑工程施工质量验收

建筑工程质量验收应划分为检验批、分项工程、分部（子分部）工程和单位（子单位）工程。《建筑工程施工质量验收统一标准》（GB 50300-2013）中仅给出了每个验收层次的验收合格标准，对于工程施工质量验收只设合格一个等级，若在施工质量验收合格后，希望评定更高的质量等级，可以按照另外制定的高于行业及国家标准的企业标准执行。

一、检验批

1. 检验批验收合格规定

（1）主控项目的质量经抽样检验均应合格；

（2）一般项目的质量经抽样检验合格；

（3）具有完整的施工操作依据、质量验收记录。

2. 检验批质量验收要求

（1）检验批验收，标准应明确

各专业施工质量验收规范中对各检验批中的主控项目和一般项目的验收标准都有具体的规定，但对有一些不明确的还须进一步查证，例如，规范中提出符合设计要求的仅土建部分就约有 300 处，这些要求应在施工图纸中去找，施工图中无规定的，应在开工前图纸会审时提出，要求设计单位书面答复并加以补充，供日后验收作为依据；另外，验收规范中提出按施工组织设计执行的条文就约有 30 处，因此，施工单位应按规范要求的内容编制施工组织设计，并报送监理审查签认，并作为日后验收的依据。

（2）检验批验收，施工单位自检合格是前提

《建筑工程施工质量验收统一标准》（GB 50300-2013））的强制条文规定：工程质量的验收均应在施工单位自行检查评定的基础上进行。《中华人民共和国建筑法》第 58 条规定：建筑施工企业对工程的施工质量负责。建筑工程验收中，经常发现，施工单位自检表数字与实际的工程中存在较大的差距，这都是施工单位不严格自检造成。有些工程施工单位将“自控”与“监理”验收合二为一，这都是不正确的，这实际是对工程质量的极端不负责任的表现。国家有关法律规定：“施工单位违反工程建设强制性标准的，责令改正，处工程合同价款 2% 以上 4% 以下的罚款。造成的损失，情节严重的，责令停业整顿，降低资质等级或吊销资质证书。

（3）检验批验收、报验是手续

《建设工程质量管理条例》中规定，未经监理工程师签字，建筑材料建筑构配件和设备不得在工程上使用或安装，施工单位不得进行下一道工序的施工。未经总监工程师签字，建设单位不拨付工程款，不进行竣工验收。《建设工程监理规范》（GB 50319-2013）规定，实行监理的工程，施工单位对工程质量检查验收实行报验制，并规定了报验表的格式。

通过报验，监理工程师可全面了解施工单位的施工记录、质量管理体系等一系列问题，便于发现问题，更好地控制检验批的质量，报验是施工单位要重视质量管理，对工程质量郑重其事，是质量管理中的必要程序。

（4）检验批验收，内容要全面，资料应完备

检验批验收，一定要仔细、慎重，对照规范、验收标准、设计图纸等一系列文件，应进行全面、细致地检查，对主控项目、一般项目中所有要求核查施工过程中的施工记录，隐蔽工程检查记录，材料、构配件、设备复验记录等，通过检验批验收，消除发现的不合格项，避免遗留质量隐患。

检验批质量验收资料应包括如下资料：

①检验批质量报验表；

②检验批质量验收记录表；

③隐蔽工程验收记录表；

④施工记录；

⑤材料、构配件、设备出厂合格证及进场复验单；

⑥验收结论及处理意见；

⑦检验批验收，不合格项要有处理记录，监理工程师签署验收意见。

（5）检验批验收，验收人员即主体要合格

检验批验收的记录，应由施工项目的专业质量检查员填写，监理工程师、施工方为专业质量检查员，只有他们才有权在检验批质量验收记录上签字。具有国家或省部级颁发监理工程师岗位证书的监理工程师，才算是合法的验收签字人。施工单位的专业质量检查员，应是专职管理人员，是经总监理工程师确认的质量保证体系中的固定人员，并应持证上岗。

3. 检验批质量验收记录

检验批质量验收记录应由施工项目专业质量检查员填写，专业监理工程师组织项目专业质量检查员、专业工长等进行验收。

二、分项工程

分项工程由一个或若干个检验批组成，分项工程的验收是在所包含检验批全部合格的基础上进行的。

1. 分项工程验收合格规定

（1）所含检验批的质量均应验收合格；

（2）所含检验批的质量验收记录应完整。

分项工程的验收在检验批的基础上进行。一般情况下，两者具有相同或相近的性质，只是批量的大小不同而已。因此，将有关的检验批汇集构成分项工程。分项工程合格质量的条件比较简单，只要构成分项工程的各检验批的验收资料文件完整，并且均已验收合格，则分项工程验收合格。

2. 分项工程质量验收要求

分项工程质量的验收是在检验批验收的基础上进行的，是一个统计过程，没有时也有一些直接的验收内容，所以，在验收分项工程时应注意：

（1）核对检验批的部位、区段是否全部覆盖分项工程的范围，是否有缺漏的部位没有验收到；

（2）一些在检验批中无法检验的项目，在分项工程中直接验收，如砖砌体工程中的全高垂直度、砂浆强度的评定等；

（3）检验批验收记录的内容及签字人是否正确、齐全、完整。

3. 分项工程质量验收记录

分项工程质量应由专业监理工程师组织施工单位项目专业技术负责人等进行验收。

三、分部（子分部）工程

1. 分部（子分部）工程质量验收合格规定

（1）所含分项工程的质量均应验收合格；

（2）质量控制资料应完整；

（3）有关安全、节能、环境保护和主要使用功能的抽样检验结果应符合相应规定；

（4）观感质量应符合要求。

2. 分部（子分部）工程质量验收要求

首先，分部工程所含各分项工程必须已验收合格且相应的质量控制资料齐全、完整，这是验收的基本条件。此外，由于各分项工程的性质不尽相同，因此，作为分部工程不能简单地组合而加以验收，尚须进行以下两方面的检查项目：

（1）涉及安全、节能、环境保护和主要使用功能等的抽样检验结果应符合相应规定，即涉及安全、节能、环境保护和主要使用功能的地基与基础、主体结构和设备安装等分部工程应进行有关见证检验或抽样检验。如建筑物垂直度、标高、全高测量记录，建筑物沉降观测测量记录，给水管道通水试验记录，暖气管道、散热器压力试验记录，照明全负荷试验记录等。总监理工程师应组织相关人员，检查各专业验收规范中规定检测的项目是否都进行了检测；查阅各项检测报告，核查有关检测方法、内容、程序、检测结果等是否符合有关标准规定；核查有关检测单位的资质，见证取样与送样人员资格，检测报告出具单位负责人的签署情况是否符合要求；

（2）观感质量验收，这类检查往往难以定量，只能以观察、触摸或简单量测的方式进行观感质量验收，并由验收人的主观判断，检查结果并不给出“合格”或“不合格”的结论，而是综合给出“好”“一般”“差”的质量评价结果。所谓“好”，是指在质量符合验收规范的基础上，能到达精致、流畅的要求，细部处理到位、精度控制好；所谓“一般”，是指观感质量检验能符合验收规范的要求；所谓“差”，是指勉强达到验收规范要求或有明显的缺陷，但不影响安全或使用功能的。评为“差”的项目能进行返修的应进行返修，不能返修的只要不影响结构安全和使用功能的可通过验收。有影响安全和使用功能的项目，不能评价，应返修后再进行二次评价。

3. 分部（子分部）工程质量验收记录

分部（子分部）工程完工后，由施工单位填写分部工程报验表，由总监理工程师组织施工单位项目负责人和有关的勘察、设计单位项目负责人等进行质量验收。

四、单位（子单位）工程

1. 单位子单位）工程质量验收合格的规定

（1）所含分部（子分部）工程的质量均应验收合格。施工单位应在验收前做好准备，将所有分部工程的质量验收记录表及相关资料，及时进行收集整理，在核查和整理过程中，应注意：

①核查各分部工程中所含的子分部工程是否齐全；

②核查各分部工程质量验收记录表及相关资料的质量评价是否完善；

③核查各分部工程质量验收记录表及相关资料的验收人员是否是规定的有相应资质的技术人员，并进行评价和签认。

（2）质量控制资料应完整。虽然质量控制资料在分部（子分部）工程质量验收时就已检查过，但某些资料由于受试验龄期的影响或受系统测试的需要等，难以在分部工程验收时到位，因此，在单位（子单位）工程质量验收时，应全面核查所有分部工程质量控制资料，确保所收集到的资料能充分地反映工程所采用的建筑材料、构配件和设备的质量技术性能，施工质量控制和技术管理状况，保证结构安全和使用功能的施工试验和抽样检测结果，以及工程参建各方质量验收的原始依据、客观记录、真实数据和见证取样等资料的准确性，确保工程结构安全和使用功能，满足设计要求。

（3）所含分部工程中有关安全、节能、环境保护和主要使用功能等的检验资料应完整。

（4）主要使用功能的抽查结果应符合相关专业质量验收规范的规定。有的主要使用功能抽查项目在相应分部（子分部）工程完成后即可进行，有的则需要等单位工程全部完成后才能进行检测。这些检测项目应在单位工程完工，施工单位向建设单位提交工程竣工验收报告之前，全部进行完毕，并将检测报告写好。至于在竣工验收时抽查什么项目，应在检查资料文件的基础上由参加验收的各方人员商定，并用计量、计数的方法抽样检验，检验结果应符合有关专业验收规范的要求。

使用功能的检查是对建筑工程和设备安装工程最终质量的综合检验，同时也是用户最为关心的内容，体现了过程控制的原则，也将减少工程投入使用后的质量投诉和纠纷。

（5）观感质量应符合要求。观感质量验收不仅仅是对工程外表质量进行检查，同时也是对部分使用功能和使用安全所作的一次全面检查。如门窗启闭是否灵活、关闭后是否严密；又如室内顶棚抹灰层的空鼓、楼梯踏步高差过大等。观感质量验收须由参加验收的各方人员共同进行，最后共同协商确定是否通过验收。

2. 单位（子单位）工程质量竣工验收报审表及竣工验收记录

验收记录由施工单位填写，验收结论由监理单位填写。综合验收结论由参加验收各方共同商定，由建设单位填写，并应对工程质量是否符合设计和规范要求及总体质量水平做出评价。

第四节 建筑工程施工质量验收的程序与组织

一、检验批及分项工程

检验批由专业监理工程师组织项目专业质量检验员等进行验收；分项工程由专业监理工程师组织项目专业技术负责人等进行验收。

检验批和分项工程是建筑工程施工质量基础，因此，所有检验批和分项工程均应由监理工程师或建设单位项目技术负责人组织验收。验收前，施工单位先填好“检验批和分项工程的验收记录（有关监理记录和结论不填）”，并由项目专业质量检查员和项目专业技术负责人分别在检验批合分项工程质量检验记录中相关栏目中签字，然后由监理工程师组织严格按规定程序进行验收。

二、分部工程

分部工程由若干个分项工程构成，分部工程验收是在其所含的分项工程验收的基础上进行的，分部工程应由总监理工程师（建设单位项目负责人）组织施工单位项目负责人和技术、质量负责人等进行验收；地基与基础、主体结构分部工程的勘察、设计单位工程项目负责人和施工单位技术、质量部门负责人也应参加相关分部工程验收。

验收前，施工单位应先对施工完成的分部工程进行自检，合格后填写分部工程报验表及分部工程质量验收记录，并报送项目监理机构申请验收。总监理工程师应组织相关人员进行检查、验收，对验收不合格的分部工程，应要求施工单位进行有效整改，自检合格后予以复查。对验收合格的分部工程，应签认分部工程报验表及验收记录。

三、单位（子单位）工程

单位工程质量验收也称质量竣工验收，是建筑工程投入使用前的最后一次验收，同时也是最重要的一次验收。参建各方责任主体和有关单位及人员，应加以重视，认真做好单位工程质量竣工验收，把好工程质量关。

1. 预验收

当单位（子单位）工程达到竣工验收条件后，施工单位应依据验收规范、设计图纸等组织有关人员进行自检，并在自查、自评工作完成后，填写工程竣工报验单，并将全部竣工资料报送项目监理机构，申请竣工验收。总监理工程师应组织各专业监理工程师对竣工资料及各专业工程的质量情况进行全面检查，对检查出的问题，应督促施工单位及时进行整改。对需要进行功能试验的项目（包括单机试车和无负荷试车），监理工程师应督促施工单位及时进行试验，并对重要项目进行监督、检查，必要时请建设单位和设计单位参加；监理工程师应认真审查试验报告单并督促施工单位搞好成品保护和现场清理。

经项目监理机构对竣工资料及实物全面检查、验收合格后，由总监理工程师签署工程竣工报验单，并向建设单位提出质量评估报告。

2. 正式验收

建设单位收到工程验收报告后，应由建设单位（项目）负责人组织施工（含分包单位）、设计、监理等单位（项目）负责人进行单位（子单位）工程验收。单位工程由分包单位施工时，分包单位对所承包的工程项目应按规定的程序检查评定，总包单位应派人参加。分包工程完成后，应将工程有关资料交总包单位。建设工程经验收合格的，方可交付使用。

《建设工程质量管理条例》规定，建设工程竣工验收应当具备下列条件：

（1）完成建设工程设计和合同约定的各项内容；

（2）有完整的技术档案和施工管理资料；

（3）有工程使用的主要建筑材料、建筑构配件和设备的进场试验报告；

（4）有勘察、设计、施工、工程监理等单位分别签署的质量合格文件；

（5）有施工单位签署的工程保修书。

在竣工验收时，对某些剩余工程和缺陷工程，在不影响交付的前提下，经建设单位、设计单位、施工单位和监理单位协商，施工单位应在竣工验收后的限定时间内完成。

参加验收各方对工程质量验收意见不一致时，可请当地建设行政主管部门或工程质量监督机构协调处理。在单位工程验收时，如有因季节影响需后期调试的项目，单位工程可先行验收。后期调试项目可约定具体时间另行验收。如一般空调制冷性能不能在冬季验收，采暖工程不能在夏季验收。

第十章　建筑工程施工进度管理

第一节　建筑工程项目进度计划的编制

一、建筑工程项目进度管理概述

1. 进度与进度管理的概念

（1）进度

进度通常是指工程项目实施结果的进展状况。工程项目进度是一个综合的概念，除工期外，还包括工程量、资源消耗等。进度的影响因素是多方面、综合性的，因而，进度管理的手段及方法也应该是多方面的。

（2）进度指标

按照一般的理解，工程进度既然是项目实施结果的进展状况，就应该以项目任务的完成情况，如工程的数量来表达。但由于工程项目对象系统通常是复杂的，常常很难选定一个恰当的、统一的指标来全面反映工程的进度。例如，对于一个小型的房屋建筑单位工程，它包括地基与基础、主体结构、建筑装饰、建筑屋面、建筑给水、排水及采暖等多个分部工程，而不同的工程活动的工程数量单位是不同的，很难用工程完成的数量来描述单位工程、分部工程的进度。

在现代工程项目管理中，人们赋予进度以结合性的含义，将工程项目任务、工期、成本有机地结合起来，由于每种工程项目在实施过程中都要消耗时间、劳动力、材料、成本等才能完成任务，而这些消耗指标是对所有工作都适用的消耗指标，因此，有必要形成一个综合性的指标体系，从而全面地反映项目的实施进展状况。综合性进度指标将使各个工程活动，分部、分项工程直至整个项目的进度描述更加准确、方便、快捷。目前，其中应用较多的是以下四种指标：

①持续时间。项目与工程活动的持续时间是进度的重要指标之一。人们常用实际工期与计划工期相比较来说明进度完成情况。例如，某工作计划工期为 30 天，该工作已进行 15 天，则工期已完成 50%。此时能说施工进度已达到 50% 吗？恐怕不能。因为工期与人们通常概念上的进度是不同的。对于一般工程来说，工程量等于工期与施工效率（速度）

的乘积，而工作速度在施工过程中是变化的，受很多因素的影响，如管理水平、环境变化等，又如工程受质量事故影响，时间过了一半，而工程量只完成了三分之一。一开始阶段施工效率低（投入资源少、工作配合不熟练）；中期效率最高（投入资源多，工作配合协调）；后期速度慢（工作面小，资源投入少），并且工程进展过程中会有各种外界的干扰或者不可预见因素所造成的停工，施工的实际效率与计划效率常常是不相同的。此时如果用工期的消耗来表示进度，往往会产生误导。只有在施工效率与计划效率完全相同时，工期消耗才能真正代表进度。通常，使用这一指标与完成的实物量、已完工程的价值量或者资源消耗等指标结合起来对项目进展状况进行分析。

②完成的实物量。可用完成的实物量表示进度。例如，设计工作按完成的资料量计量；混凝土工程按完成的体积计量；设备安装工程按完成的吨位计量；管线、道路工程用长度计量等。这个指标的主要优点是直观、简单明确、容易理解，适用于描述单一任务的专项工程，如道路、土方工程等。例如，某公路工程总工程量为 5000 m，已完成 500 m，则进度已达到 10%。该指标的统一性较差，不适合描述综合性、复杂工程的进度，如分部工程、分项工程的进度。

③已完工程的价值量。已完工程的价值量是指已完成的工作量与相应合同价格或预算价格的乘积。其将各种不同性质的工程量从价值形态上统一起来，可方便地将不同的分项工程统一起来，能够较好地反映由多种不同性质的工作所组成的复杂、综合性工程的进度状况。例如，人们经常说某工程已完成合同金额的 80% 等，这就是用已完工程的价值量来描述进度状况。它是人们很喜欢用的进度指标之一。

④资源消耗指标。常见的资源消耗指标有工时、机械台班、成本等。其有统一性和较好的可比性。各种项目均可用它们作为衡量进度的指标，以便于统一分析尺度。在实际应用中，常常将资源消耗指标与工期（持续时间）指标结合在一起使用，以此来对工程进展状况进行全面具体的分析。例如，将工期与成本指标结合起来分析进度是否实质性拖延及成本超支。在实际工程中，使用资源消耗指标来表示工程进度时应注意以下问题：

A. 投入资源数量与进度背离时会产生错误的结论。例如，某项活动计划需要 60 工时，现已用 30 工时，则工时消耗已达到 50%，如果计划劳动效率与实际劳动效率完全相同，则进度已达到 50%，如果计划劳动效率与实际劳动效率不相同，用工时消耗来表示进度就会产生误导。

B. 在实际工程中，计划工程量与实际工程量常常不同，例如，某工作计划工时为 60 工时，而在实际实施过程中，由于实际施工条件变化，施工难度增加，应该需要 80 工时，现已用掉 20 工时，进度达到 30%，而实际上只完成了 25%，因此，正确结果只能在计划正确，并按预定的效率施工时才能得到。

C. 用成本反映进度时，以下成本不计入：返工、窝工、停工增加的成本，材料及劳动力价格变动造成的成本变动。

3. 进度管理

工程项目进度管理是指根据进度目标的要求，对工程项目各阶段的工作内容、工作程序、持续时间和衔接关系编制计划，将该计划付诸实施，在实施的过程中，经常检查实际工作是否按计划要求进行，对出现的偏差分析原因，采取补救措施或调整、修改原计划直至工程竣工、交付使用。进度管理的最终目的是确保项目工期目标的实现。

工程项目进度管理是建筑工程项目管理的一项核心管理职能。由于建筑项目是在开放的环境中进行的，置身于特殊的法律环境之下，且生产过程中的人员、工具与设备的流动性，产品的单件性等都决定了进度管理的复杂性及动态性，因此，必须加强项目实施过程中的跟踪控制。进度控制与质量控制、投资控制是工程项目建设中并列的三大目标之一。它们之间有着密切的相互依赖和制约关系。通常，进度加快，需要增加投资，但工程能提前使用就可以提高投资效益；进度加快有可能影响工程质量，而质量控制严格则有可能影响进度，但如因质量的严格控制而不产生返工，又会加快进度。因此，项目管理者在实施进度管理工作中，要对三个目标全面、系统地加以考虑，正确处理好进度、质量和投资的关系，提高工程建设的综合效益。特别是对一些投资较大的工程，在采取进度控制措施时，要特别注意其对成本和质量的影响。

2. 建筑工程项目进度管理的方法和措施

建筑工程项目进度管理的方法主要有规划、控制和协调。规划是指确定施工项目总进度控制目标和分进度控制目标，并编制其进度计划；控制是指在施工项目实施的全过程中，比较施工实际进度与施工计划进度，出现偏差及时采取措施调整；协调是指协调与施工进度有关的单位、部门和工作队组之间的进度关系。

建筑工程项目进度管理采取的主要措施有组织措施、技术措施、合同措施和经济措施。

（1）组织措施

组织措施主要包括建立施工项目进度实施和控制的组织系统，订立进度控制工作制度，检查时间、方法，召开协调会议，落实各层次进度控制人员、具体任务和工作职责；确定施工项目进度目标，建立施工项目进度控制目标体系。

（2）技术措施

采取技术措施时应尽可能地采用先进施工技术、方法和新材料、新工艺、新技术，以保证进度目标的实现。落实施工方案，在发生问题时，及时地调整工作之间的逻辑关系，加快施工进度。

（3）合同措施

采取合同措施时以合同形式保证工期进度的实现，即保持总进度控制目标与合同总工期一致，分包合同的工期与总包合同的工期相一致，供货、供电、运输、构件加工等合同规定地提供服务时间与有关的进度控制目标一致。

（4）经济措施

经济措施是指落实进度目标的保证资金，签订并实施关于工期和进度的经济承包责任制，建立并实施关于工期和进度的奖惩制度。

3.建筑工程项目进度管理的基本原理

（1）动态控制原理

工程进度控制是一个不断变化的动态过程，在项目开始阶段，实际进度按照计划进度的规划进行运动，但由于外界因素的影响，实际进度的执行往往会与计划进度出现偏差，出现超前或滞后的现象。这时应通过分析偏差产生的原因，采取相应的改进措施，调整原来的计划，使二者在新的起点上重合，并发挥组织管理作用，使实际进度继续按照计划进行。在一段时间后，实际进度和计划进度又会出现新的偏差。因此，工程进度控制出现了一个动态的调整过程。

（2）系统原理

工程项目是一个大系统，其进度控制也是一个大系统，在进度控制中，计划进度的编制受到许多因素的影响，不能只考虑某一个因素或几个因素。进度控制组织和进度实施组织也具有系统性，因此，工程进度控制具有系统性，因此，应该综合考虑各种因素的影响。

（3）信息反馈原理

信息反馈是工程进度控制的重要环节，施工的实际进度通过信息反馈给基层进度控制工作人员，在分工的职责范围内，信息经过加工逐级反馈给上级主管部门，最后到达主控制室，主控制室整理统计各方面的信息，经过比较分析做出决策，调整进度计划。进度控制不断调整的过程实际上就是信息不断反馈的过程。

（4）弹性原理

工程进度计划工期长、影响因素多，因此，进度计划的编制就会留出余地，使计划进度具有弹性。进行进度控制时应利用这些弹性，缩短有关工作的时间，或改变工作之间的搭接关系使计划进度和实际进度相吻合。

（5）封闭循环原理

项目进度控制的全过程是一个计划、实施、检查、比较分析、确定调整措施、再计划的封闭的循环过程。

（6）网络计划技术原理

网络计划技术原理是工程进度控制的计划管理和分析计算的理论基础。在进度控制中，要利用网络计划技术原理编制进度计划，根据实际进度信息，比较和分析进度计划，又要利用网络计划的工期优化、工期与成本优化和资源优化的理论调整计划。

4.建筑工程项目进度管理的内容

（1）项目进度计划

工程项目进度计划包括项目的前期、设计、施工和使用前的准备等内容。项目进度计划的主要内容就是制订各级项目进度计划，包括进行总控制的项目总进度计划、进行中间控制的项目分阶段进度计划和进行详细控制的各子项进度计划，并对这些进度计划进行优化，以达到对这些项目进度计划的有效控制。

（2）项目进度实施

工程项目进度实施就是在资金、技术、合同、管理信息等方面进度保证措施落实的前提下，使项目进度按照计划实施。施工过程中存在各种干扰因素，其将使项目进度的实施结果偏离进度计划，项目进度实施的任务就是预测这些干扰因素，对其风险程度进行分析，并采取预控措施，以确保实际进度与计划进度相吻合。

（3）项目进度检查

工程项目进度检查的目的是了解和掌握建筑工程项目进度计划在实施过程中的变化趋势和偏差程度，其主要内容有跟踪检查、数据采集和偏差分析。

（4）项目进度调整

工程项目进度调整是整个项目进度控制中最困难、最关键的内容。其包括以下几个方面的内容：

A. 偏差分析。分析影响进度的各种因素和产生偏差的前因后果；

B. 动态调整。寻求进度调整的约束条件和可行方案；

C. 优化控制。调控的目标是使进度、费用变化最小，达到或接近进度计划的优化控制目标。

5. 建筑工程项目进度管理目标的制定

进度管理目标的制定应在项目分解的基础上进行。其包括项目进度总目标和分阶段目标，也可根据需要确定年、季、月、旬（周）目标，里程碑事件目标等。里程碑事件目标是指关键工作的开始时刻或完成时刻。

在确定施工进度管理目标时，必须全面细致地分析与建设工程进度有关的各种有利因素和不利因素，只有这样才能制订出一个科学、合理的进度管理目标。确定施工进度管理目标的主要依据有：建设工程总进度目标对施工工期的要求，工期定额、类似工程项目的实际进度，工程难易程度和工程条件的现实情况等。

在确定施工进度分解目标时，还应考虑以下几个方面的内容：

（1）对于大型建筑工程项目，应根据尽早提供可动用单元的原则，集中力量分期分批建设，以便尽早投入使用，尽快地发挥投资效益。这时，为保证每一动用单元能形成完整的生产能力，就要考虑这些动用单元交付使用时所必需的全部配套项目。因此，要处理好前期动用和后期建设的关系、每期工程中主体工程与辅助及附属工程之间的关系等；

（2）结合本工程的特点，参考同类建设工程的经验来确定施工进度目标，避免只按主观愿望盲目地确定进度目标，从而在实施过程中造成进度失控；

（3）合理安排土建与设备的综合施工。按照它们各自的特点，合理安排土建施工与设备基础、设备安装的先后顺序及搭接、交叉或平行作业，明确设备工程对土建工程的要求和土建工程为设备工程提供施工条件的内容及时间；

（4）做好资金供应能力、施工力量配备、物资（材料、构配件、设备）供应能力与施工进度的平衡工作，确保工程进度目标的要求，从而避免其落空；

（5）考虑外部协作条件的配合情况。其包括施工过程中及项目竣工所需的水、电、气、通信、道路及其他社会服务项目的满足程度和满足时间。它们必须与有关项目的进度目标相协调；

（6）考虑工程项目所在地区的地形、地质、水文、气象等方面的限制条件。

二、建筑工程项目进度的主要影响因素

建筑工程项目的特点决定了其在实施过程中，将受到诸多因素的影响，其中大多数都对施工进度产生影响。为了有效地控制项目进度，必须充分地认识和估计这些影响因素，以便事先采取措施，消除其影响，使施工尽可能地按进度计划进行。施工进度的主要影响因素有内部因素和外部因素；另外，还有一些不可预见因素的影响。

1. 内部因素

（1）技术性失误

项目施工单位采用技术措施不当，施工方法选择或施工顺序安排有误，施工中发生技术事故，缺乏应用新技术、新工艺、新材料、新设备的经验，不能保证工程质量等，都会影响施工进度。

（2）施工组织管理不利

对工程项目的特点和实现的条件判断失误、编制的施工进度计划不科学、贯彻进度计划不得力、流水施工组织不合理、劳动力和施工机具调配不当、施工平面布置及现场管理不严密、解决问题不及时等，都将影响项目施工进度计划的执行。

由此可见，提高项目经理部的管理水平和技术水平、提高施工作业层的素质是极为重要的。

2. 外部因素

影响项目施工进度实施的单位主要是施工单位，但是建设单位（或业主）、监理单位、设计单位、总承包单位、资金贷款单位、材料设备供应单位、运输单位、供水供电部门及政府的有关主管部门等，都可能给施工的某些方面造成困难而影响项目施工进度，例如，设计单位图纸供应不及时或有误，业主要求设计方案变更，材料和设备不能按期供应或质量、规格不符合要求，不能按期拨付工程款或在施工中资金短缺等。

3. 不可预见的因素

项目施工中所出现的意外事件，如战争、严重自然灾害、火灾、重大工程事故、工人罢工、企业倒闭、社会动乱等，都会影响项目施工进度。

三、建筑工程项目进度计划的编制

1. 建筑工程项目进度计划的表示方法

编制项目进度计划通常需要借助两种方式，即文字说明与各种进度计划图表。其中，

前者是用文字形式说明各时间阶段内应完成的项目建设任务，以及所要达到的项目进度要求；后者是指用图表形式来表达项目建设各项工作任务的具体时间顺序安排。根据图表形式的不同，项目进度计划的表达有横道图、斜线图、线型图、网络图等形式。

（1）用横道图表示项目进度计划

横道图有水平指示图表和垂直指示图表两种。在水平指示图表中，横坐标表示流水施工的持续时间，纵坐标表示开展流水施工的施工过程、专业工作队的名称、编号和数目，呈梯形分布的水平线表示流水施工的开展情况；在垂直指示图表中，横坐标表示流水施工的持续时间，纵坐标表示开展流水施工所划分的施工段编号，n 条斜线段表示各专业工作队或施工过程开展流水施工的情况。

横道图表示法的优点是表达方式较直观，使用方便，很容易看懂，绘图简单方便，计算工作量小；其缺点是工序之间的逻辑关系不易表达清楚，适用于手工编制，不便于用计算机编制。由于不能进行严格的时间参数计算，故其不能确定计划的关键工作、关键线路与时差，计划调整只能采用手工方式，工作量较大。这种计划难以适应大进度计划系统的需要。

（2）用网络图表示项目进度计划

网络图的表达方式有单代号网络图和双代号网络图两种。单代号网络图是指组织网络图的各项工作由节点表示，以箭线表示各项工作的相互制约关系，采用这种符号从左向右绘制而成的网络图；双代号网络图是指组成网络图的各项工作由节点表示，以箭线表示工作的名称，将工作的名称写在箭线上方，将工作的持续时间（小时、天、周）写在箭线下方，箭尾表示工作的开始，箭头表示工作的结束，采用这种符号从左向右绘制而成的网络图。

与横道图相比，网络图的优点是网络计划能明确表达各项工作之间的逻辑关系；通过网络时间参数的计算，可以找出关键线路和关键工作；通过网络时间参数的计算，可以明确各项工作的机动时间；网络计划可以利用电子计算机进行计算、优化和调整，其缺点是计算劳动力、资源消耗量时，与横道图相比较困难；不像横道计划那样直观明了，但这可以通过绘制时标网络计划得到弥补。

2. 建筑工程项目流水施工

（1）流水施工的组织方式与特点

流水施工是建筑工程中最为常见的施工组织形式，能有效地控制工程进度。

①流水施工的组织方式。

A. 将拟建施工项目中的施工对象分解为若干个施工过程，即划分为若干个工作性质相同的分部分项工程或工序；

B. 将施工项目在平面上划分为若干个劳动量大致相等的施工段；

C. 在竖向上划分成若干个施工层，并按照施工过程成立相应的专业工作队；

D. 各专业队按照一定的施工顺序依次完成各个施工对象的施工过程，同时，保证施工在时间和空间上连续、均衡和有节奏地进行，使相邻两专业队能最大限度地搭接作业。

②流水施工的特点。

A. 尽可能地利用工作面进行施工，工期比较短；

B. 各工作队实现了专业化施工，有利于提高技术水平和劳动生产率，也有利于提高工程质量；

C. 专业工作队能够连续施工，同时，相邻专业队的开工时间能够最大限度地搭接；

D. 单位时间内投入的劳动力、施工机具、材料等资源量较为均衡，有利于资源供应的组织；

E. 为施工现场的文明施工和科学管理创造了有利条件。

（2）流水施工的基本组织形式

流水施工按照流水节拍的特征可分为有节奏流水施工和无节奏流水施工。其中，有节奏流水施工又可分为等节奏流水施工与异节奏流水施工。

A. 等节奏流水施工是指在有节奏流水施工中，各施工过程的流水节拍都相等的流水施工。在流水组织中，每一个施工过程本身在各施工段中的作业时间（流水节拍）都相等，各个施工过程之间的流水节拍也相等，故等节奏流水施工的流水节拍是一个常数；

B. 异节奏流水施工是指在有节奏流水施工中，各施工过程的流水节拍各自相等而不同施工过程之间的流水节拍不尽相等的流水施工。在流水组织中，每一个施工过程本身在各施工段上的流水节拍都相等，但是不同施工过程之间的流水节拍不完全相等。在组织异节奏流水施工时，按每个施工过程流水节拍之间是某个常数的倍数，可以组织成倍节拍流水施工；

C. 无节奏流水施工是指在组织流水施工时，全部或部分施工过程在各个施工段上的流水节拍不相等的流水施工。这种施工是流水施工中最常见的一种。其特点是：各施工过程在各施工段上的作业时间（流水节拍）不全相等，且无规律；相邻施工过程的流水步距不尽相等；专业工作队数等于施工过程数；专业工作队能够在施工段上连续作业，但有的施工段之间可能有空闲时间。

（3）流水施工的基本参数

在组织施工项目流水施工时，用来表达流水施工在工艺流程、空间布置和时间安排等方面的状态参数，称为流水施工参数，其包括工艺参数、空间参数和时间参数。

①工艺参数。工艺参数是指在组织施工项目流水施工时，用来表达流水施工在施工工艺方面进展状态的参数，其包括施工过程和流水强度。施工过程是指在组织工程流水施工时，根据施工组织及计划安排需要，将计划任务划分成的子项。

A. 施工过程划分的粗细程度由实际需要而定，可以是单位工程，也可以是分部工程、分项工程或施工工序；

B. 根据其性质和特点不同，施工过程一般分为三类，即建造类施工过程、运输类施工过程和制备类施工过程；

C. 由于建造类施工过程占有施工对象的空间，直接影响工期的长短，因此，必须将其列入施工进度计划，其大多被作为主导施工过程或关键工作；

D. 施工过程的数目一般用 n 表示，它是流水施工的主要参数之一。

流水强度是指某施工过程（专业工作队）在单位时间内所完成的工作量，也称为流水能力或生产能力。流水强度可用下式计算：

$$V_i=\sum R_i S_i$$

式中 V_i——某施工过程（专业工作队）的流水强度；

R_i——投入该施工过程中的第 i 种资源量（施工机械台数或工人数）；

S_i——投入该施工过程中的第 i 种资源的产量定额；

$\sum$——投入该施工过程中各资源种类数之和。

②空间参数。空间参数是指在组织施工项目流水施工时，用来表达流水施工在空间布置上开展状态的参数，其包括工作面和施工段。

A. 工作面是指某专业工种的工人或某种施工机械进行施工的活动空间。工作面的大小，表明能够安排施工人数或机械台数的多少；每个作业的工人或每台施工机械所需的工作面的大小，取决于单位时间内其完成的工作量和安全施工的要求；工作面确定的合理与否，直接影响专业工作队的生产效率。

B. 施工段是指将施工对象在平面或空间上划分成若干个劳动量大致相等的施工段落，或称作流水段。施工段的数目一般用 m 表示，它是流水施工的主要参数之一。

③时间参数。时间参数是指在组织施工项目流水施工时，用来表达流水施工在时间安排上所处状态的参数，其包括流水节拍、流水步距和流水施工工期三个指标。

A. 流水节拍是指在组织施工项目流水施工时，某个专业工作队在一个施工段上的施工时间。影响流水节拍数值大小的因素主要有施工项目所采取的施工方案，各施工段投入的劳动力人数或机械台班、工作班次，各施工段工程量的多少。

B. 流水步距是指在组织施工项目流水施工时，相邻两个施工过程（或专业工作队）相继开始施工的最小时间间隔。流水步距一般应满足各施工过程按各自的流水速度施工，始终保持工艺的先后顺序；各施工过程的专业工作队投入施工后尽可能保持连续作业；相邻两个施工过程（或专业工作队）在满足连续施工的条件下，能最大限度地实现合理搭接等要求。

C. 流水施工工期是指从第一个专业工作队投入流水施工开始，到最后一个专业工作队完成流水施工为止的整个持续时间。由于一项建设工程往往包含许多流水组，故流水施工工期一般均不是整个工程的总工期。

第二节　建筑工程项目进度控制

一、建筑工程项目进度监测与调整的过程

1. 建筑工程项目进度控制的实施系统

建筑工程项目进度控制的实施系统是建设单位委托监理单位进行进度控制，监理单位根据建设监理合同分别对建设单位、设计单位、施工单位的进度控制实施监督，各单位都按本单位编制的各种进度计划实施，并接受监理单位的监督。各单位的进度控制实施又相互衔接和联系，进行合理而协调的运行，从而确保进度控制总目标的实现。

2. 建筑工程项目进度监测的系统过程

为了掌握项目的进度情况，在进度计划执行一段时间后就要检查实际进度是否按照计划进度顺利进行。在进度计划执行发生偏离时，编制调整后的施工进度计划，以保证进度控制总目标的实现。

在施工项目的实施过程中，为了进行施工进度控制，进度控制人员应经常性地、定期地跟踪检查施工实际进度情况，主要是收集施工项目进度材料，进行统计整理和对比分析，确定实际进度与计划进度之间的关系，其主要工作包括以下内容：

（1）进度计划执行中的跟踪检查

跟踪检查施工实际进度是分析施工进度、调整施工进度的前提。其目的是收集实际施工进度的有关数据。跟踪检查的时间、方式、内容和收集数据的质量，将直接影响控制工作的质量和效果。

应按统计周期的规定进行定期检查，并应根据需要进行不定期检查。进度计划的定期检查包括规定的年、季、月、旬、周、日检查。不定期检查是指根据需要由检查人（组织）确定的专题（项）检查，其检查内容应包括工程量的完成情况、工作时间的执行情况、资源使用和与进度的匹配情况、上次检查提出问题的整改情况以及检查者确定的其他检查内容。

跟踪检查的主要工作是定期收集反映实际项目进度的有关数据。其收集的方式：一是以报表的形式收集；二是进行现场实地检查。收集的数据质量要高，不完整或不正确的进度数据将导致不全面或不正确的决策。为了全面准确地了解进度计划的执行情况，管理人员还必须认真做好以下三个方面的工作：

①经常定期地收集进度报表资料。进度报表是反映实际进度的主要方式之一，执行单位要经常填写进度报表。管理人员根据进度报表数据了解工程的实际进度；

②现场检查进度计划的实际执行情况。加强进度检查工作，要掌握实际进度的第一手资料，使其数据更准确；

③定期召开现场会议。定期召开现场会议，可使管理人员与执行单位有关人员面对面了解实际进度情况，同时也可以协调有关方面的进度。

究竟多长时间进行一次进度检查，这是管理人员应当确定的问题。通常，进度控制的效果与收集信息资料的时间间隔有关，不进行定期的进度信息资料收集，就难以达到进度控制的效果。进度检查的时间间隔与工程项目的类型、规模、各相关单位有关条件等多方面因素有关，可视具体情况每月、每半月或每周进行一次，在特殊情况下，甚至可能每天进行一次。

（2）整理、统计和分析收集的数据

对收集到的施工项目实际进度数据，需要进行必要的整理，形成具有可比性的数据。一般可以按实物工程量、工作量和劳动消耗量以及累计百分比整理与统计实际收集的数据，以便与相应的计划进行对比。

将收集的资料整理和统计成与计划进度具有可比性的数据后，将施工项目实际进度与计划进度进行比较。通常采用的比较方法有横道图比较法、S 形曲线比较法、香蕉形曲线比较法、前锋线比较法。通过比较可得出实际进度与计划进度一致、超前和拖后三种情况。

（3）将实际进度与计划进度进行对比

将实际进度与计划进度进行对比是指将实际进度的数据与计划进度的数据进行比较。通常可以利用表格和图形进行比较，从而得出实际进度比计划进度拖后、超前还是与其一致。

当实际进度与计划进度进行比较，判断出现偏差时，首先应分析该偏差对后续工作和对总工期的影响程度，然后才能决定是否调整以及调整的方法与措施。其具体步骤如下：

①分析出现进度偏差的工作是否为关键工作。若出现偏差的工作为关键工作，则无论偏差大小，其都将影响后续工作按计划施工并使工程总工期拖后，必须采取相应措施调整后期施工计划，以确保计划工期；若出现偏差的工作为非关键工作，则需要进一步根据偏差值与总时差和自由时差进行比较分析，才能确定对后续工作和总工期的影响程度。

②分析进度偏差时间是否大于总时差。若某项工作的进度偏差时间大于该工作的总时差，则其将影响后续工作和总工期，因此必须采取措施进行调整；若进度偏差时间小于或等于该工作的总时差，则其不会影响工程总工期，但是否影响后续工作，需分析此偏差与自由时差的大小关系才能确定。

③分析进度偏差时间是否大于自由时差。若某项工作的进度偏差时间大于该工作的自由时差，说明此偏差必然对后续工作产生影响，应该如何调整，应根据后续工作的允许影响程度而定；若进度偏差时间小于或等于该工作的自由时差，则其对后续工作毫无影响，不必调整。

3. 建筑工程进度调整的系统过程

在项目进度监测过程中一旦发现实际进度与计划进度不符，即出现进度偏差时，进度控制人员必须认真分析产生偏差的原因及其对后续工作和总工期的影响，并采取合理的调整措施，以确保进度总目标的实现。

（1）分析产生进度偏差的原因

经过进度监测的系统过程，了解实际进度产生的偏差。为了调整进度，管理人员应深入现场进行检查，分析产生偏差的原因。

（2）分析偏差对后续工作和总工期的影响

在查明产生偏差的原因之后，做必要的调整之前，要分析偏差对后续工作和总工期的影响，确定是否应当调整。

（3）确定影响后续工作和总工期的限制条件

在分析了偏差对后续工作和总工期的影响后，需要采取一定的调整措施时，应当首先确定进度可调整的范围，其主要指关键工作、关键线路、后续工作的限制条件以及总工期允许变化的范围。其往往与签订的合同有关，要认真分析，尽量防止后续分包单位提出索赔。

（4）采取进度调整措施

采取进度调整措施，应以后续工作的总工期的限制条件为依据，对原进度计划进行调整，以保证按要求的进度实现目标。在对实施的进度计划分析的基础上，应确定调整原计划的措施，一般主要有以下几种：

①改变某些工作间的逻辑关系。若检查的实际施工进度产生的偏差影响了总工期，在工作之间的逻辑关系允许改变的条件下，可以改变关键线路和超过计划工期的非关键线路上的有关工作之间的逻辑关系，以达到缩短工期的目的。用这种方法调整的效果是很显著的。例如，把依次进行的有关工作改成平行的或相互搭接的，以及分成几个施工段进行流水施工等，都可以达到缩短工期的目的；

②缩短某些工作的持续时间。这种方法是不改变工作之间的逻辑关系，而是缩短某些工作的持续时间，使施工进度加快，并保证实现计划工期的方法。被压缩持续时间的工作是位于实际施工进度的拖延而引起总工期增长的关键线路和某些非关键线路上的工作。这种方法实际上就是采用网络计划优化的方法；

③资源供应的调整。如果资源供应发生异常（供应满足不了需要），应采用资源优化方法对计划进行调整或采取应急措施，使其对工期的影响最小化；

④增减工程量。增减工程量主要是指改变施工方案、施工方法，从而导致工程量的增加或减少；

⑤起止时间的改变。起止时间的改变应在相应工作时差范围内进行。每次调整必须重新计算时间参数，观察该项调整对整个施工计划的影响。调整时可采用的方法有：将工作在其最早开始时间和其最迟完成时间范围内移动、延长工作的持续时间、缩短工作的持续时间。

（5）实施调整后的进度计划

在项目的继续实施中，执行调整后的进度计划。此时管理人员要及时协调有关单位的关系，并采取相应的经济、组织与合同措施。

二、建筑工程项目进度计划实施的分析对比

1. 横道图比较法

用横道图编制实施进度计划，是人们常用的、很熟悉的方法。其简明、形象和直观，编制方法简单，使用方便。

横道图比较法是指将实施过程中检查实际进度收集的数据，经加工整理后直接用横道线平行绘于原计划的横道线处，同时进行实际进度与计划进度的比较。

工程项目中各项工作的进展不一定是匀速的。根据工程项目中各项工作的进展是否匀速，可以分别采用以下两种方法进行实际进度与计划进度的比较。

（1）匀速进展横道图比较法

匀速进展是指在工程项目中，每项工作在单位时间内完成的任务量都是相等的，即工作的进展速度是均匀的。此时每项工作累计完成的任务量与时间呈线性关系。完成的任务量可以用实物工程量、劳动消耗量或费用支出表示。为了便于比较，通常用上述物理量的百分比表示。

因此，匀速进度横道图比较法的比较步骤如下：

A. 编制横道图进度计划；

B. 在进度计划上标出检查日期；

C. 将检查收集的实际进度数据，按比例用涂黑的粗线标于计划进度线的下方；

D. 比较分析实际进度与计划进度。涂黑的粗线右端与检查日期重合，表明实际进度与计划进度一致；涂黑的粗线右端在检查日期左侧，表明实际进度拖后；涂黑的粗线右端在检查日期的右侧，表明实际进度超前。

需要注意的是，该方法仅适用于从开始到结束的整个工作过程，其进展速度均为固定不变的情况。如果工作的进展速度是变化的，则不能采用这种方法进行实际进度与计划进度的比较；否则，会得出错误的结论。

（2）非匀速进展横道图比较法

当工作在不同单位时间里的进展速度不相等时，累计完成的任务量与时间的关系就不可能是线性关系。若仍采用匀速进展横道图比较法，就不能反映实际进度与计划进度的对比情况，此时，应采用非匀速进展横道图比较法进行工作实际进度与计划进度的比较。非匀速进展横道图比较法在用涂黑粗线表示工作实际进度的同时，还要标出其对应时刻完成任务量的累计百分比，并将该百分比与其同时刻计划完成任务量的累计百分比相比，判断工作实际进度与计划进度之间的关系。

采用非匀速进展横道图比较法时，步骤如下：

A. 绘制横道图进度计划；

B. 在横道线上方标出各主要时间工作的计划完成任务量累计百分比；

C. 在横道线下方标出相应时间工作的实际完成任务量累计百分比；

D. 用涂黑粗线标出工作的实际进度，从开始之目标起，同时，反映出该工作在实施过程中的连续与间断情况；

E. 通过比较同一时刻实际完成任务量累计百分比和计划完成任务量累计百分比，判断工作实际进度与计划进度之间的关系。如果同一时刻横道线上方累计百分比大于横道线下方累计百分比，表明实际进度拖后，拖后的任务量为两者之差；如果同一时刻横道线上方累计百分比小于横道线下方累计百分比，表明实际进度超前，超前的任务量为两者之差；如果同一时刻横道线上、下方两个累计百分比相等，表明实际进度与计划进度一致。

横道图比较法虽有记录和比较简单、现象直观、易于掌握、使用方便等优点，但由于其以横道计划为基础，因此带有不可克服的局限性。在横道计划中，各项工作之间的逻辑关系表达不明确，关键工作和关键线路无法确定。一旦某些工作实际进度出现偏差，就难以预测其对后续工作和工作总工期的影响，也就难以确定相应的进度计划调整方法。因此，横道图比较法主要用于工程项目中某些工作实际进度与计划进度的局部比较。

2.S 形曲线比较法

S 形曲线比较法是以横坐标表示进度时间，以纵坐标表示累计完成任务量，绘制出一条按计划时间累计完成任务量的 S 形曲线，将工程项目的各检查时间实际完成的任务量绘在 S 形曲线图上，同时进行实际进度与计划进度的比较的一种方法。

从整个工程项目的施工全过程看，一般是开始和结束时，单位时间投入的资源量较少，中间阶段单位时间内投入的资源量较多，与其相关单位时间完成的任务量也呈同样的变化，如图 10-1（a）所示；而随时间进展累计完成的任务量，则应该呈 S 形变化，如图 10-2（b）所示。这种以 S 形曲线判断实际进度与计划进度关系的方法，称为 S 形曲线比较法。

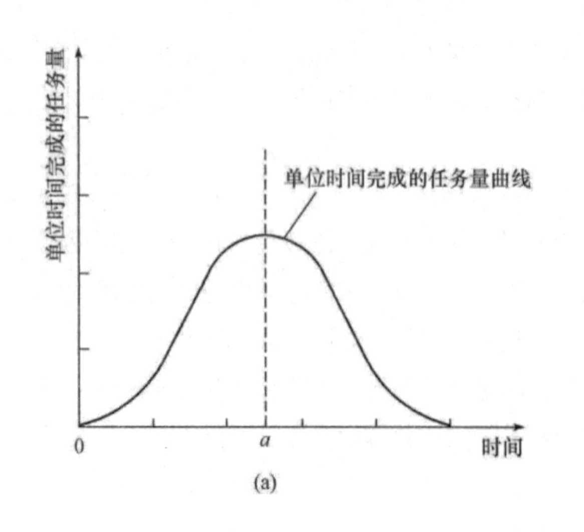

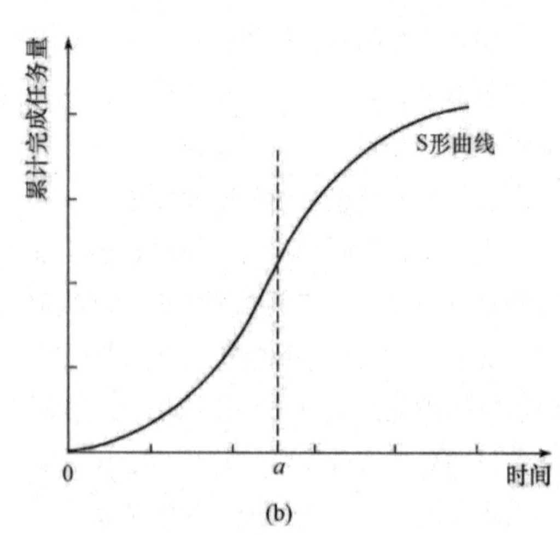

图 10–1　时间与完成任务量关系曲线

（a）单位时间完成的任务量；（b）累计完成任务量

S 形曲线比较法同横道图比较法一样，是通过图上直观对比进行施工实际进度与计划进度比较的方法。

在工程施工中，按规定的检查时间将检查时测得的施工实际进度的数据资料，经整理统计后绘制在计划进度 S 形曲线的同一个坐标图上，如图 10-2 所示。

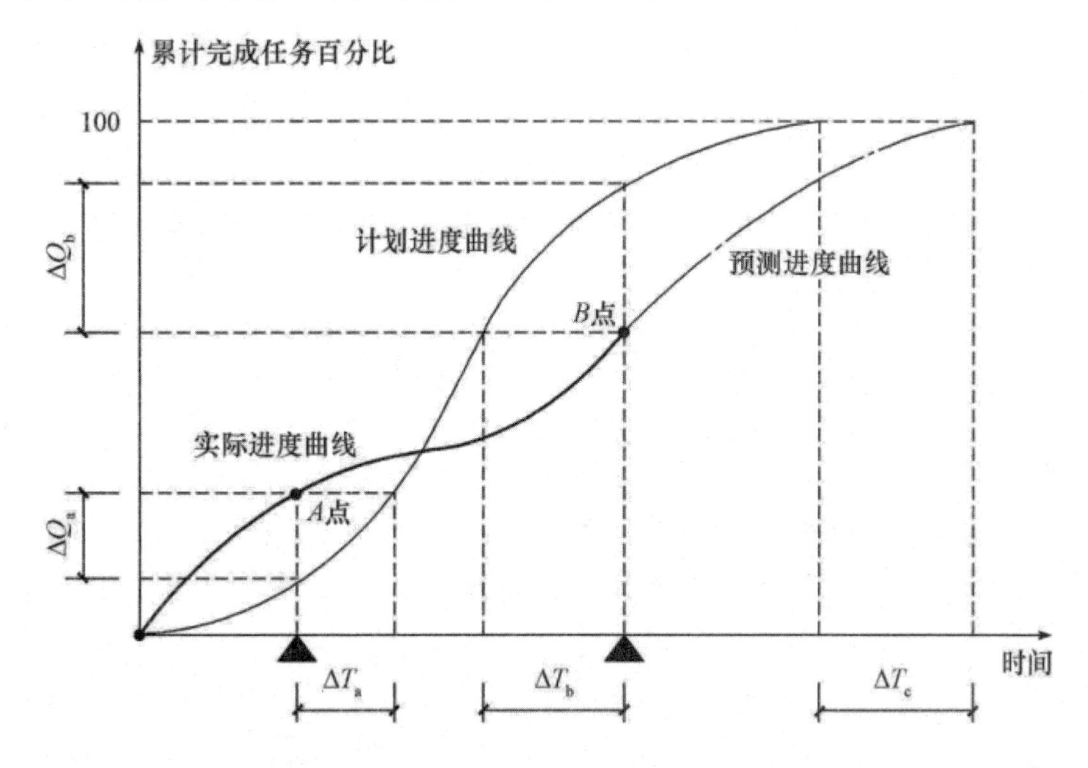

图 10–2S　形曲线的比较图

运用图 10-2 中的两条 S 形曲线，可以进行如下比较：

（1）工作实际进度与计划进度的关系。实际进度在计划进度 S 形曲线左侧（如 A 点），则表示此时刻实际进度已比计划进度超前；反之，则表示实际进度比计划进度拖后（如 B 点）；

（2）实际进度超前或拖后的时间。从图中可以得知实际进度比计划进度超前或拖后的具体时间，用 ΔT_a 和 ΔT_b 表示。

（3）工作量完成情况。由实际完成 S 形曲线上的一点与计划 S 形曲线相对应点的纵坐标可得此时已超额或拖欠的工作量的百分比差值，用 ΔQ_a 和 ΔQ_b 表示。

（4）后期工作进度预测。在实际进度偏离计划进度的情况下，如工作不调整，仍按原计划安排的速度进行（图中点画线所示），则总工期必将超前或拖延，从图中也可得知此时工期的预测变化值，用 ΔT_c 表示。

3.“香蕉”形曲线比较法

（1）“香蕉”形曲线的形成

“香蕉”形曲线是两条S形曲线组合成的闭合曲线。从S形曲线的绘制过程中可知，任一工程项目，从某一时间开始施工，根据其计划进度要求而确定的施工进展时间与相应的累计完成任务量的关系都可以绘制出一条计划进度的S形曲线。

因此，按任何一个工程项目的施工计划，都可以绘制出两种曲线：以最早开始时间安排进度而绘制的S形曲线，称为*ES*曲线；以最迟开始时间安排进度而绘制的S形曲线，称为*LS*曲线。

两条S形曲线都是从计划的开始时刻开始和完成时刻结束，因此两条曲线是闭合的，*ES*曲线在*LS*曲线的左上方，两条曲线之间的距离是中间段大，向两端逐渐变小，在端点处重合，形成一个形如“香蕉”的闭合曲线，故称为“香蕉”形曲线，如图10-3所示。

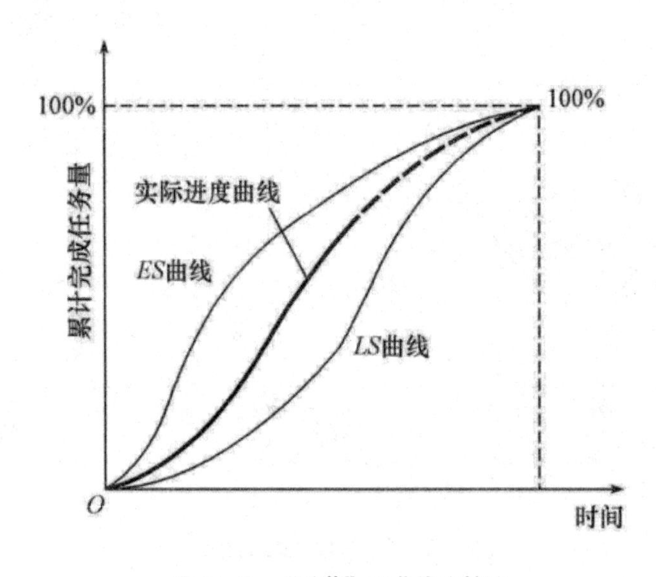

图10–3 “香蕉”形曲线比较法

（2）“香蕉”形曲线比较法的作用

A.“香蕉”形曲线主要是起控制作用。严格控制实际进度的变动范围，使实际进度的曲线处于“香蕉”形曲线范围内，就能保证按期完工；

B.确定是否调整后期进度计划。进行施工实际进度与计划进度的*ES*曲线和*LS*曲线的比较，以便确定是否应采取措施调整后期的施工进度计划；

C.预测后期工程发展趋势。确定在检查时的施工进展状态下，预测后期工程施工的ES曲线和*LS*曲线的发展趋势。

4.前锋线比较法

前锋线比较法是通过绘制某检查时刻工程项目实际进度前锋线，进行工程实际进度与计划进度比较的方法，其主要适用于时标网络计划。前锋线是指在原时标网络计划上，从检查时刻的时标点出发，用点画线依次将各项工作实际进展位置点连接而成的折线。前锋线比较法就是通过实际进度前锋线与原进度计划中各工作箭线交点的位置来判断工作与计划进度的偏差，进而判定该偏差对后续工作及总工期影响程度的一种方法。

前锋线比较法适用于时标网络计划，如图 10-4 所示。

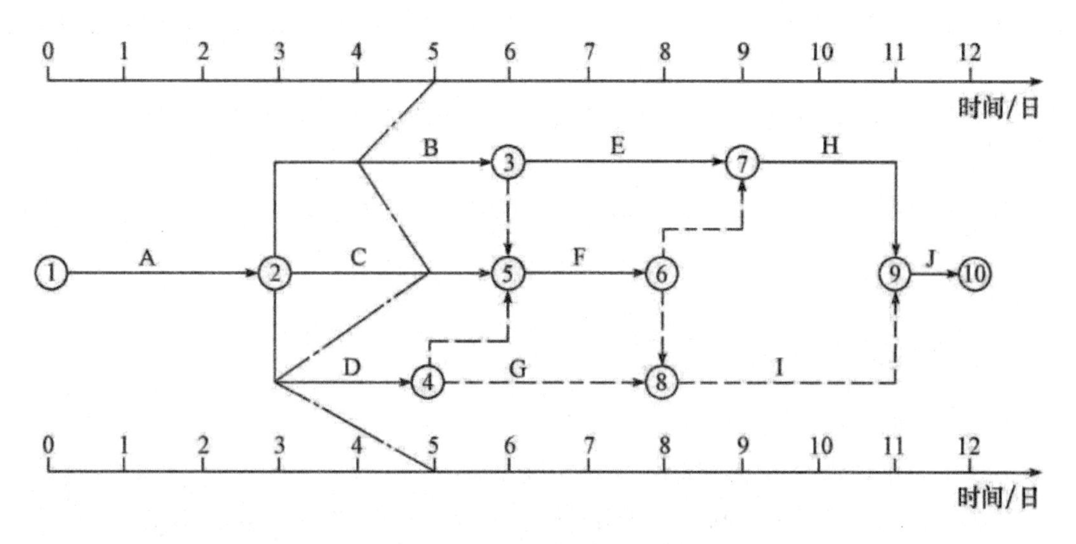

图 10–4　网络计划前锋线比较图

（1）前锋线的绘制

在时标网络计划中，从检查时刻的时标点出发，首先连接与其相邻的工作箭线的实际进度点，由此再去连接该箭线相邻工作箭线的实际进度点，依此类推，将检查时刻正在进行工作的点都依次连接起来，组成一条一般为折线的前锋线。

（2）前锋线的分析

①判定进度偏差。按前锋线与箭线交点的位置判定工程实际进度与计划进度的偏差；

②实际进度与计划进度有三种关系。前锋线明显地反映出检查日有关工作实际进度与计划进度的关系，即实际进度点与检查日时间相同，则该工作实际与计划进度一致；实际进度点位于检查日时间右侧，则该工作实际进度超前；实际进度点位于检查日时间左侧，则该工作实际进展拖后。

5. 列表比较法

当工程进度计划用非时标网络图表示时，可以采用列表比较法进行实际进度与计划进度的比较。这种方法是记录检查日期应该进行的工作名称及其已经完成作业的时间，然后列表计算有关时间参数，并根据工作总时差进行实际进度与计划进度的比较。

用列表比较法进行实际进度与计划进度的比较，其步骤如下：

（1）对于实际进度检查日期应该进行的工作，根据已经完成作业的时间，确定其尚需作业时间；

（2）根据原进度计划计算原计划时间与原计划任务实际完成最终时间的差距；

（3）计算工作尚有总时差，其值等于从工作检查日期到原计划最迟完成时间的尚余时间与该工作尚需作业时间之差；

（4）比较实际进度与计划进度，可能有以下几种情况：

①如果工作尚有总时差与原有总时差相等，说明该工作实际进度与计划进度一致；

②如果工作尚有总时差大于原有总时差，说明该工作实际进度超前，超前的时间为两者之差；

③如果工作尚有总时差小于原有总时差，且仍为非负值，说明该工作实际进度拖后，拖后的时间为两者之差，但不影响总工期；

④如果工作尚有总时差小于原有总时差，且为负值，说明该工作实际进度拖后，拖后的时间为两者之差，此时工作实际进度偏差将影响总工期。

三、建筑工程项目施工阶段的进度控制

1. 施工进度计划的动态检查

在施工进度计划的实施过程中，各种因素的影响，常常会打乱原始计划的安排而出现进度偏差。因此，进度控制人员必须对施工进度计划的执行情况进行动态检查，并分析进度偏差产生的原因，以便为施工进度计划的调整提供必要的信息，其主要工作包括以下内容。

（1）跟踪检查施工实际进度

为了对施工进度计划的完成情况进行统计、进度分析和为调整计划提供信息，应对施工进度计划依据其实施记录进行跟踪检查。

跟踪检查施工实际进度是分析施工进度、调整进度计划的前提，其目的是收集实际施工进度的有关数据。跟踪检查的时间、方式、内容和收集数据的质量，将直接影响进度控制工作的质量和效果。

检查的时间与施工项目的类型、规模，施工条件和对进度执行要求程度有关，其通常分两类：一类是日常检查；另一类是定期检查。日常检查是常驻现场的管理人员每日对施工情况进行检查，采用施工记录和施工日志的方法记载下来；定期检查一般与计划安排的周期和召开现场会议的周期一致，可视工程的情况，每月、每半月、每旬或每周检查一次。若施工中遇到天气、资源供应等不利因素的严重影响，检查的间隔时间可临时缩短。定期检查应在制度中规定。

在检查和收集资料时，一般采用进度报表方式或定期召开进度工作汇报会。为了保证汇报资料的准确性，进度控制的工作人员要经常地、定期地到现场勘察，准确地掌握施工项目的实际进度。

检查的内容主要包括在检查时间段内任务的开始时间、结束时间，已进行的时间，完成的实物量或工作量，劳动量消耗情况及主要存在的问题等。

（2）整理统计检查数据

对于收集到的施工实际进度数据，要进行必要的整理，并按计划控制的工作项目内容进行统计；要以相同的量和进度，形成与计划进度具有可比性的数据。其一般可以按实物

工程量、工作量和劳动消耗量以及累计百分比，整理和统计实际检查的数据，以便与相应的计划完成量进行对比分析。

（3）对比分析实际进度与计划进度

将收集的资料整理和统计成与计划进度具有可比性的数据后，将实际进度与计划进度进行比较分析。通常采用的比较方法有横道图比较法、S形曲线比较法、前锋线比较法、“香蕉”形曲线比较法、列表比较法等。通过比较得出实际进度与计划进度一致、超前及拖后三种情况，进而为决策提供依据。

（4）施工进度检查结果的处理

施工进度检查要建立报告制度，即将施工进度检查比较的结果、有关施工进度现状和发展趋势，以最简练的书面报告形式提供给有关主管人员和部门。

进度报告原则上由计划负责人或进度管理人员与其他项目管理人员（业务人员）协作编写。进度报告时间一般与进度检查时间相协调，一般每月报告一次，重要的、复杂的项目每旬或每周报告一次。进度控制报告根据报告的对象不同，一般分为以下三个级别：

①项目概要级的进度报告。它是以整个施工项目为对象描述进度计划执行情况的报告。它是报给项目经理、企业经理或业务部门以及监理单位或建设单位（业主）的；

②项目管理级的进度报告。它是以单位工程或项目分区为对象描述进度情况的报告，重点是报给项目经理和企业业务部门及监理单位；

③业务管理级的进度报告。它是以某个重点部位或某项重点问题为对象编写的报告，供项目管理者及各业务部门使用，以便采取应急措施。

进度报告的内容根据报告的级别和编制范围的不同有所差异，主要包括：项目实施情况、管理概况、进度概要，项目施工进度、形象进度及简要说明，施工图纸提供进度，材料、物资、构配件供应进度，劳务记录及预测；日历计划，建设单位（业主）、监理单位和施工主管部门对施工者的变更指令等。

2. 施工进度计划的调整

（1）分析进度偏差的影响

在工程项目实施过程中，通过实际进度与计划进度的比较，发现有进度偏差时，需要分析该偏差对后续工作及总工期的影响，从而采取相应的调整措施对原进度计划进行调整，以确保工期目标的顺利实现。进度偏差的大小及其所处的位置不同，其对后续工作和总工期的影响程度是不同的，分析时需要利用网络计划中工作总时差和自由时差的概念进行准确判断。

①分析出现进度偏差的工作是否为关键工作。如果出现进度偏差的工作位于关键线路上，即该工作为关键工作，则无论其偏差有多大，都将对后续工作和总工期产生影响，必须采取相应的调整措施；如果出现偏差的工作是非关键工作，则需要根据进度偏差值与总时差和自由时差的关系作进一步分析；

②分析进度偏差是否超过总时差。如果工作的进度偏差大于该工作的总时差，则此进

度偏差必将影响其后续工作和总工期，必须采取相应的调整措施；如果工作的进度偏差未超过该工作的总时差，则此进度偏差不影响总工期。至于其对后续工作的影响程度，还需要根据偏差值与其自由时差的关系作进一步分析；

③分析进度偏差是否超过自由时差。如果工作的进度偏差大于该工作的自由时差，则此进度偏差将对其后续工作产生影响，此时应根据后续工作的限制条件确定调整方法；如果工作的进度偏差未超过该工作的自由时差，则此进度偏差不影响后续工作，因此，原进度计划可以不做调整。

（2）施工项目进度计划的调整方法

通过检查分析，如果发现原有进度计划已不能适应实际情况，为了确保进度控制目标的实现或新的计划目标的确定，就必须对原有进度计划进行调整，以形成新的进度计划，作为进度控制的新依据。施工进度计划的调整方法主要有两种：一是改变某些工作间的逻辑关系，二是缩短某些工作的持续时间。在实际工作中，应根据具体情况选用上述方法进行施工进度计划的调整。

A. 改变某些工作间的逻辑关系。若检查的实际施工进度产生的偏差影响了总工期，在工作之间的逻辑关系允许改变的条件下，改变关键线路和超过计划工期的非关键线路上的有关工作之间的逻辑关系，以达到缩短工期的目的。用这种方法调整的效果是很显著的，例如，可以把依次进行的有关工作改变为平行或互相搭接施工，以及分成几个施工段进行流水施工等，都可以达到缩短工期的目的；

B. 压缩关键工作的持续时间。这种方法是不改变工作之间的先后顺序关系，通过缩短网络计划中关键线路上工作的持续时间来缩短工期。这时通常需要采取一定的措施来达到目的，其具体措施包括组织措施、技术措施、经济措施和其他配套措施。

组织措施就是增加工作面，组织更多的施工队伍；增加每天的施工时间（如采用“三班制”等）；增加劳动力和施工机械的数量等。技术措施就是改进施工工艺和施工技术，缩短工艺技术间歇时间；采用更先进的施工方法，以减少施工过程的数量；采用更先进的施工机械等。经济措施包括实行包干奖励、提高奖金数额、对所采取的技术措施给予相应的经济补偿等。其他配套措施有改善外部配合条件、改善劳动条件、实施强有力的调度等。

一般来说，不管采取何种措施，都会增加费用。因此，在调整施工进度计划时，应利用费用优化的原理选择费用增加量最小的关键工作作为压缩对象。

除分别采用上述两种方法来缩短工期外，有时由于工期拖延得太多，当采用某种方法进行调整，其可调整的幅度又受到限制时，还可以同时利用这两种方法对同一施工进度计划进行调整，以满足工期目标的要求。

3. 工程延期

在建筑工程施工过程中，其工期的延长可分为工程延误和工程延期两种。如果由于承包单位自身的原因，工程进度拖延，这称为工程延误；如果由于承包单位以外的原因，工程进度拖延，这称为工程延期。虽然它们都是使工期拖后，但由于性质不同，因而责任也就不同。如果属于工程延误，则由此造成的一切损失由承包单位承担，同时，业主还有权对承包单位进行误期违约罚款。如果属于工程延期，则承包单位不仅有权要求延长工期，而且还有权向业主提出赔偿费用的要求以弥补由此造成的额外损失。因此，对承包单位来说，及时向监理工程师申报工程延期是十分重要的。

（1）申报工程延期的条件

由于以下原因造成工期拖延，承包单位有权提出延长工期的申请，监理工程师应按合同规定，批准工程延期时间：

①监理工程师发出工程变更指令而导致工程量增加；

②合同所涉及的任何可能造成工程延期的原因，如延期交图、工程暂停、对合格工程的剥离检查及不利的外界条件等；

③异常恶劣的气候条件；

④由业主造成的任何延误、干扰或障碍，如未及时提供施工场地、未及时付款等；

⑤除承包单位自身外的其他任何原因。

（2）工程延期的审批程序

当工程延期事件发生后，承包单位应在合同规定的有效期内以书面形式通知监理工程师（即工程延期意向通知），以便于监理工程师尽早地了解所发生的事件，并及时做出一些减少延期损失的决定。随后，承包单位应在合同规定的有效期内（或监理工程师可能同意的合理期限内）向监理工程师提交详细的申述报告（延期理由及依据）。监理工程师收到该报告后应及时进行调查核实，准确地确定工程延期的时间。

当延期事件具有持续性，承包单位在合同规定的有效期内不能提交最终详细的申述报告时，应先向监理工程师提交阶段性的详情报告。监理工程师应在调查核实阶段性报告的基础上，尽快地做出延长工期的临时决定。临时决定延期的时间不宜太长，一般不超过最终批准的延期时间。

待延期事件结束后，承包单位应在合同规定的期限内向监理工程师提交最终的详情报告。监理工程师应复查详情报告的全部内容，然后确定该延期事件所需要的延期时间。

第三节　建筑工程项目物资供应的进度

建筑工程项目物资供应是指工程项目建设中所需各种材料、构配件、制品、各类施工机具和施工生产中使用的国内制造的大型设备、金属结构，以及国外引进的成套设备或单机设备等的供给。

一、建筑工程项目物资供应进度控制的概念

物资供应进度控制是物资管理的主要内容之一。项目物资供应进度控制是在一定的资

源（人力、物力、财力）条件下，在实现工程项目一次性特定目标的过程中对物资的需求进行的计划、组织、协调和控制。其中，计划是把工程建设所需的物资供给纳入计划，进行预测、预控，使供给有序地进行；组织是划清供给过程诸方的责任、权力和利益，通过一定的形式和制度，建立高效率的组织保证体系，确保物资供应计划的顺利实施；协调主要是针对供应的不同阶段、所涉及的不同单位和部门所进行有效的沟通和协调，使物资供应的整个过程均衡而有节奏地进行；控制是对物资供应过程的动态管理，使物资供应计划的实施始终处在动态的循环控制过程中，经常定期地将实际供应情况与计划进行对比，发现问题并及时进行调整，确保工程项目所需的物资按时供给，最终实现供应目标。

根据工程项目的特点，在物资供应进度控制中应注意以下几个问题：

1. 由于规划项目的特殊性和复杂性，使物资的供应存在一定的风险，因此要求编制周密的计划并采用科学的管理方法；

2. 由于工程项目具有局部的系统性和状态的局部性，因此，要求对物资的供应建立保证体系，并处理好物资供应与投资、质量、进度之间的关系；

3. 材料的供应涉及众多不同的单位和部门，因而使材料管理工作具有一定的复杂性，这就要求与有关的供应部门认真签订合同，明确供求双方的权利与义务，并加强各单位、各部门之间的协调。

二、建筑工程项目物资供应的特点

建筑工程项目在施工期间必须按计划逐步供应所需物资。建筑工程项目的特点是物资供应的数量大、品种多，材料和设备费用占整个工程的比例大，物资消耗不均匀，受内部和外部条件影响大以及物资供应市场情况复杂多变等。

三、建筑工程项目物资供应进度的目标

项目物资供应是一个复杂的系统过程，为了确保这个系统过程的顺利实施，必须首先确定这个系统的目标（包括系统的分目标），并以此目标制定不同时期和不同阶段的物资供应计划，用以指导实施。由此可见，物资供应目标的确定，是一项非常重要的工作，没有明确的目标，计划难以制定，控制工作便失去了意义。

物资供应的总目标就是按照需求适时、适地、按质、按量以及成套齐备地将物资提供给使用部门，以保证项目投资目标、进度目标和质量目标的实现。为了总目标的实现，还应确定相应的分目标。目标一经确定，应通过一定的形式落实到各有关的物资供应部门，并以此作为对其工作进行考核和评价的依据。

1. 物资供应与施工进度的关系

（1）物资供应滞后施工进度。在工程实施过程中，常遇到的问题就是由于物资的到货日期推迟而影响工程进度。在大多数情况下，引起到货日期推迟的因素是不可避免的，也

是难以控制的。但是，如果管理人员随时掌握物资供应的动态信息，并且能够及时地采取相应的补救措施，就可以避免到货日期推迟所造成的损失或者将损失降到最低；

（2）物资供应超前施工进度。确定物资供应进度目标时，应合理安排供应进度及到货日期。物资过早进场，将会给现场的物资管理带来不利，增加投资。

2. 物资供应目标和计划的影响因素

在确定目标和编制供应计划时，应着重考虑以下几个问题：

（1）确定能否按工程项目进度计划的需要及时供应材料，这是保证工程进度顺利实施的物质基础；

（2）资金是否能够得到保证；

（3）物资的供应是否超出了市场供应能力；

（4）物资可能的供应渠道和供应方式；

（5）物资的供应有无特殊要求；

（6）已建成的同类或相似项目的物资供应目标和实际计划；

（7）其他条件，如市场、气候、运输能力等。

四、建筑工程项目物资供应计划的编制

项目物资供应计划是对工程项目施工及安装所需物资的预测和安排，是指导和组织工程项目的物资采购、加工、储备、供货和使用的依据。其最根本的作用是保障项目的物资需要，保证按施工进度计划组织施工。

物资供应计划的一般编制程序可分为准备阶段和编制阶段。准备阶段主要是调查研究，收集有关资料，进行需求预测和采购决策；编制阶段主要是核算施工需要量、确定储备、优化平衡、审查评价和上报或交付执行。

在编制的准备阶段必须明确物资的供应方式。一般情况下，按供货渠道可分为国家计划供应和市场自行采购供应；按供应单位可分为建设单位采购供应、专门物资采购部门供应、施工单位自行采购或共同协作分别采购供应。

第十一章　建筑工程项目风险管理

第一节　风险管理概念

一、风险及风险管理

1. 建筑工程项目风险的概念及产生的原因

随着现代商品经济的不断发展，社会内部的政治、经济结构不断发生变化，部门行业及当事人之间的关系错综复杂，各种不确定、不稳定的因素急剧增加，这使各类产业的风险都越来越大。

（1）风险的概念

风险就是在给定情况下和特定时间内，可能发生的结果与预期目标之间的差异。风险要具备两个方面的条件：一是不确定性；二是产生损失后果。

与风险有关的概念包括以下内容：

①风险因素。风险因素是指能产生或增加损失概率和损失程度的条件或因素，可分为自然风险因素、道德风险因素、心理风险因素；

②风险事件。风险事件是造成损失的偶发事件，是造成损失的外在原因或直接原因；

③损失。损失是指经济价值的减少，包括直接损失和间接损失。

风险因素、风险事件、损失与风险之间的关系为风险因素→风险事件→损失→风险。

（2）建筑工程项目风险的概念

建筑工程项目的立项、各种分析、研究、设计和计划都是基于对将来情况（政治、经济、社会、自然等各方面）的预测，基于正常的、理想的技术、管理和组织。而在实际实施以及项目的运行过程中，这些因素都有可能发生变化，各个方面都存在着不确定性。这些变化会使原定的计划、方案受到干扰，使原定的目标不能实现。这些事先不能确定的内部和外部的干扰因素，称为建筑工程项目风险。

2. 建筑工程项目风险产生的原因

建筑工程项目风险产生的原因包括：项目外部环境难以预料、项目本身具有复杂性、人们的认识和预测能力具有局限性。

①对项目定位认识的不准确性。人们由于对组成项目各因素的认识不足，不能清楚地描述和说明项目的目的、内容、范围、组成、性质以及项目同环境之间的关系。风险的未来性使得这一原因成为最主要的原因；

②对基础数据获取的不准确性。由于缺少必要的信息、尺度或准则，项目变数数值具有不确定性。因此，在确定项目变数数值时，人们有时难以获取有关的准确数据，甚至难以确定采用何种计量尺度或准则；

③对项目的预测、分析与评价的不确定性，即人们无法确认事件的预期结果及其发生的概率；

④不可预测的突发事件。项目建设过程中可能会出现一些突发事件，而这些突发事件是人们无法预测的。

二、建筑工程项目风险管理

风险管理是为了达到一个组织的既定目标，而对组织所承担的各种风险进行管理的系统过程，其采取的方法应符合公众利益、人身安全、环境保护以及有关法规的要求。风险管理包括策划、组织、领导、协调和控制等方面的工作。风险管理者通过对风险的预测、分析、评价、控制等来实现风险管理。

1. 风险识别

建筑工程项目是一个复杂系统，因而影响它的风险因素很多，影响关系也是错综复杂的，有直接的、有间接的、也有隐含的、难以预料的，而且各个风险因素对项目决策产生的影响的严重程度也是不同的。风险预测就是通过调查、分解、讨论等提出这些可能存在的风险因素，对其性质进行鉴别和分类，并在众多的影响因素中抓住主要因素，揭示风险因素的本质。其是建设项目风险分析与评价的基础。

2. 风险分析

建筑工程项目风险预测解决了项目有无风险因素的问题。在建筑工程项目风险预测之后，就要对建筑工程项目风险进行分析。风险分析是对预测出来的风险进行测量，给定某一风险对建筑工程项目的影响程度，使风险分析定量化，将风险分析与估计建立在科学的基础之上。风险分析的对象是单个风险，而非项目整体风险。建筑工程项目风险分析是对建筑工程项目风险预测的深化研究；同时，又是风险评价的基础。

3. 风险评价

风险评价是指在建筑工程项目风险预测和风险分析的基础上，综合考虑建筑工程项目风险之间得相互影响、相互作用以及其对建筑工程项目的总体影响，针对项目的定量风险分析结果，与风险评价基准进行比较，给出项目具体风险因素对建筑工程项目影响的程度，如投资增加的数额、工期延误的天数等。

4. 风险控制对策的制定

风险控制对策就是对建筑工程项目风险预测、分析与评价的基本结果，在综合权衡的基础上，提出处置风险的意见和办法，以有效地消除和控制建筑工程项目风险。

5. 实施效果的检查

在项目实施过程中，要对各项风险控制对策的执行情况进行不断的检查，并评价各项风险控制对策的执行效果。

建筑工程项目风险管理就是通过采用科学的方法对建筑工程项目风险进行识别、评价并以此为基础采取相应的措施，有效地控制风险，可靠地实现建筑工程项目的总目标。风险管理的目的并不是消灭风险，在建筑工程项目中，大多数风险是不可能由项目管理者消灭或排除的，而是要建立风险管理系统，将风险管理作为建筑工程项目全过程的管理手段之一，在风险状态下，采取有效措施保证建筑工程项目正常实施，以保证建筑工程项目的正常状态，减少风险造成的损失。

三、建筑工程项目风险的特征

1. 风险存在的客观性和普遍性。风险作为损失发生的不确定性，是不以人的意志为转移并超越人们的主观意识而客观存在的，并且在项目的整个寿命周期内，风险是无处不在、无时不有的。所以，人们只能在有限的空间和时间内改变风险存在和发生的条件，降低其发生的频率，减少损失程度，但不能也不可能完全消除风险。

2. 某一具体风险发生的偶然性和大量风险发生的必然性。任何一种具体风险的发生都是诸多风险因素和其他因素共同作用的结果，是一种随机现象。个别风险事故的发生是偶然的、杂乱无章的，但通过对大量风险事故资料的观察和统计分析，可发现其呈现明显的运动规律。

3. 风险的可变性。风险的可变性是指在建筑工程项目的整个过程中，各种风险在质和量上的变化，随着项目的不断进行，有些风险将得到控制，有些风险会发生并得到处理；同时，在项目的每一阶段都可能产生新的风险。

4. 风险的多样性和多层次性。建筑工程项目周期长、规模大、涉及范围广、风险因素数量多且种类繁杂，整个寿命周期内面临的风险多种多样。大量风险因素之间错综复杂的关系、各风险因素与外界的影响又使风险显示出多层次性，这是建筑工程项目中风险的主要特点之一。

根据风险的特征，制定不同的风险管理对策，有利于建筑工程项目风险的管理与控制。

四、建筑工程项目风险的分类

1. 按风险的后果分类

按风险所造成的后果，可将风险分为纯风险和投机风险。纯风险是指只会造成损失而不会带来收益的风险；投机风险则是指既可能造成损失也可能创造额外收益的风险。

2. 按风险产生的原因分类

按风险产生的原因，可将风险分为政治风险、社会风险、经济风险、自然风险、技术风险等，其中，经济风险的界定可能会有一定的差异，例如，有的学者将金融风险作为独立的一类风险来考虑。另外，需要注意的是，除了自然风险和技术风险是相对独立的之外，政治风险、社会风险和经济风险之间存在一定的联系，有时表现为相互影响，有时表现为因果关系，难以截然分开。

五、建筑工程施工的风险分类

建筑工程施工的风险按构成风险的因素进行分类，可分为组织风险、经济与管理风险、工程环境风险和技术风险。

1. 组织风险

组织风险具体包括：承包商管理人员和一般技工的知识、经验和能力，施工机械操作人员的知识、经验和能力，损失控制和安全管理人员的知识、经验和能力等。

2. 经济与管理风险

经济与管理风险具体包括：工程资金供应条件、合同风险、现场与公用防火设施的可用性及数量、事故防范措施和计划、人身安全控制计划、信息安全控制计划等。

3. 工程环境风险

工程环境风险具体包括：自然灾害、岩土地质条件和水文地质条件、气象条件、引起火灾和爆炸的因素等。

4. 技术风险

技术风险具体包括：工程设计文件、工程施工方案、工程物资、工程机械等。

建筑工程项目风险管理的主要工作之一就是确定项目的风险类别，即确定有可能发生哪些风险。在不同的阶段，人们对风险的认识程度是不相同的，其经历了一个由浅入深、逐步细化的过程。风险分类可以采用结构化分析方法，即由总体到细节，由宏观到微观，层层分解。

第二节 施工项目风险识别

一、建筑工程项目风险因素预测的概念

建筑工程项目风险因素预测就是估计建筑工程项目风险形式，确定风险的来源、风险产生的条件，描述风险特征和确定哪些风险会对拟建项目产生影响。其目的就是识别出可能对建筑工程项目进展产生影响的风险因素、性质以及风险产生的条件。

二、建筑工程项目风险因素预测的原则

1. 多种方法综合预测原则

建筑工程项目在整个寿命周期内可能会遇到各种不同性质的风险因素，因此，采用一种预测方法是不科学的，应该把多种方法结合起来，并综合预测结果。

2. 社会化原则

风险因素预测必须考虑周围环境及一切与建筑工程项目有关并受其影响的单位、个人等对该建筑工程项目风险影响的要求。同时，风险因素预测还应充分考虑主要有关方面的各种法律、法规，使建筑工程项目风险因素预测具有合法性。

3. 适用性原则

风险因素预测是一个比较复杂的工作环节，其研究应该是面向应用的，应与实践经验相联系，应该可以建立一个标准的指标体系来进行预测。

三、建筑工程项目风险因素预测的方法

1. 德尔菲法

德尔菲法又称为专家调查法，它起源于 20 世纪 40 年代末，由美国的兰德公司（Rand-corporation）首先使用，首先很快就在世界上流行起来，目前，此方法已经在经济、社会、工程技术等领域广泛应用。

（1）德尔菲法的工作程序首先是由建筑工程项目负责人选定和该项目有关领域的专家，并与之建立直接的函询联系，通过函询进行调查，收集意见后加以综合整理，然后将整理后的意见通过匿名的方式返回专家再次征求意见，如此反复多次后，专家的意见将会逐渐趋于一致，可以将之作为最后预测和识别的依据；

（2）德尔菲法的重要环节就是函询调查表的制定。调查表制定的好坏，直接关系到预测结果的质量。在制定调查表时，应该以封闭型的问句为主，将问题的答案列出，由专家根据自己的经验和知识进行选择，在问卷的最后，往往加入几个开放型的问句，让专家发挥其自身的主观能动性，充分地表述自己的意见和看法。

2. 情景分析法

情景分析法实际上就是一种假设分析方法，它根据项目发展的趋势，预先设计出多种未来情景，对其整个过程做出自始至终的情景描述；与此同时，结合各种技术、经济和社会因素的影响，对项目的风险进行预测和识别。这种方法特别适合提醒决策者注意某种措施和政策可能引起的风险或不确定性的后果，建议进行风险监视的范围，确定某些关键因素对未来进程的影响，提醒人们注意某种技术的发展可能给人们带来的风险。

3. 面谈法

建筑工程项目主要负责人员通过和项目相关人员直接进行交流面谈，收集不同人员对

项目风险的认识和建议，了解项目进行过程中的各项活动，这将会有助于预测识别出那些在常规计划中容易被忽视的风险因素。

面谈之前项目有关人员应该进行相应的策划，准备一系列未解决的问题，并提前把这些问题送到面谈者手中，使其对面谈的内容有所准备。

4. 流程图法

流程图法是指将一项特定的生产或经营活动按步骤或阶段顺序，以若干个模块形式组成一个流程图系列，在每个模块中标示出各种潜在的风险因素，从而给风险管理者一个清晰的总体印象。

一般来说，对流程图中各步骤或阶段的划分比较容易，关键在于找出各步骤或阶段不同的风险因素。

第三节　施工项目风险评估

一、建筑工程项目风险分析与评价的原则

风险分析与评价是对风险的规律性进行研究和量化分析。风险评价的作用在于区分出不同风险的相对严重程度，以及根据预先确定的可接受的风险水平（风险度）做出相应的决策。建筑工程项目风险分析与评价要坚持以下几个原则：

1. 客观性原则

风险分析与评价应该本着客观、公正的态度，严格按照理论方法进行。

2. 同步性原则

风险分析与评价中应用的某些指标，应该与国家或者行业主管部门的标准保持一致。例如，在投资估算中，由于估算取值标准是由国家或者行业主管部门在某一时期统一制定的，随着社会的进步、经济社会的发展，科学技术生产力的提高，某些规范定额已经不能及时反映建筑工程项目的生产劳动消耗和物资市场供求关系的变化，而在建筑工程项目的实施过程中，物价和汇率等的大幅度变化，会引起项目投资的大幅度变化，从而使计划投资与实际投资相差很大，产生投资风险。因此，预测应该时刻与国家或者行业主管部门的标准保持一致。

3. 经济性原则

风险分析与评价应以风险最小且经济性最大为总目标，以最合理、最经济的方案为最终极评价标准。

4. 满意性原则

不管采用什么方法，投入多少资源，项目的不确定性是绝对的，而确定性是相对的。

因此，在风险分析与评价的过程中存在着一定的不确定性，只要能达到既定的满意要求就行。

二、建筑工程项目风险分析与评价的工作内容

1. 风险分析

风险分析是风险管理系统中的一个不可分割的部分，其实质就是找出所有可能的选择方案，并分析任一决策可能产生的各种结果。其可以使人们深入地了解项目没有按照计划实施时会发生何种情况。因此，风险分析必须包括风险产生的可能性和产生后果的大小两个方面。客观条件的变化是风险的重要成因。虽然客观状态不以人的意志为转移，但是人们可以认识和掌握其变化的规律，对相关的因素做出科学的估计和预测，这是风险分析的重要内容。风险分析的目标可分为损失发生前的目标和损失发生后的目标。

（1）损失发生前的目标：节约经营成本、减少忧虑心理、达到应尽的社会责任。

（2）损失发生后的目标：维持组织继续生存、使组织收益稳定、使组织继续发展。合同风险分析主要依靠以下几个方面的因素：

①对环境状况的了解程度。要精确地分析风险必须作详细的环境调查，占有第一手资料；

②对文件分析的全面程度、详细程度和正确性，当然同时又依赖于文件的完备程度；

③对对方意图了解的深度和准确性；

④对引起风险的各种因素的合理预测及预测的准确性。

2. 风险评价

风险评价的工作包括：利用已有数据资料（主要是类似项目有关风险的历史资料）和相关专业方法分析各种风险因素发生的概率；分析各种风险的损失量，包括可能发生的工期损失、费用损失，以及其对工程的质量、功能和使用效果等方面的影响；根据各种风险发生的概率和损失量，确定各种风险事件的风险量和风险等级。

在分析和评价风险时，最重要的是坚持实事求是的态度，切忌偏颇。遇到风险并不可怕，关键是能否在充分调查研究的基础上做出正确的分析和评价，从而找到避开和转移风险的措施和办法。

风险分析与评价是对风险的规律性进行研究和量化分析。对罗列出来的每一个风险必须进行风险损失量分析，这一工作对风险的预警有很大的作用。

三、建筑工程项目风险分析与评价的方法

1. 风险损失量及风险等级

（1）风险损失量

风险损失量指的是不确定的损失程度和损失发生的概率。若某个可能发生事件的可能

的损失程度和发生的概率都很大，则其风险损失量就很大。

（2）风险等级

在《建设工程项目管理规范》(GB/T 50326-2006)中规定的条文说明中风险等级评估表。

2. 敏感性分析法

敏感性分析法是研究建筑工程项目的主要因素（经营成本、投资、建设期等主要变量）发生变化时，导致建筑工程项目主要经济效益指标（内部收益率、净现值、投资回收期等）的预期值发生变动的敏感程度的一种分析方法。

通过敏感性分析，可以找出项目的敏感因素，并确定这些因素变化后，对评价指标的影响程度，了解项目建设过程中可能遇到的风险，从而为风险控制与管理打下坚实的基础；另外，还可以筛选出若干最为敏感的因素，有利于对它们集中力量进行研究，重点调查和收集资料，尽量降低因素的不确定性，进而减少项目的风险。

3. 决策树分析法

决策树分析法是常用的风险分析决策方法。该方法是一种用树形图来描述各方案在未来收益的计算、比较以及选择的方法，其决策是以期望值为标准的。未来可能会出现好几种不同的情况，人们目前无法确定最终会出现哪种情况，但是可以根据以前的资料来推断各种自然状态出现的概率。在这样的条件下，人们计算出的各种方案在未来的经济效果只是考虑到各种自然状态出现的概率的期望值，与未来的实际收益不会完全相等。

（1）决策树的绘制方法

①先画一个方框作为出发点，称为决策点；

②从决策点引出若干条直线，表示该决策点有若干可供选择的方案，在每条直线上标明方案名称，称为方案分枝；

③在方案分枝的末端画一圆圈，称为自然状态点或机会点；

④从状态点再引出若干直线，表示可能发生的各种自然状态，并标明出现的概率，称为状态分枝或概率分枝；

⑤在概率分枝的末端画一个小三角形，写上各方案中每种自然状态下的收益值或损失值，称为结果点。

以上各步骤构成的图形称为决策树。它以方框、圆圈为结点，并用直线把它们连接起来构成树枝状图形，把决策方案，自然状态及其概率、损益期望值系统地在图上反映出来，供决策者抉择。

（2）决策树法的解题步骤

①列出方案。通过对资料的整理和分析，提出决策要解决的问题，针对具体问题列出方案，并绘制成表格；

②根据方案绘制决策树。画决策树的过程，实质上是拟订各种抉择方案的过程；是对未来可能发生的各种事件进行周密思考、预测和预计的过程；是对决策问题一步一步深入探索的过程。决策树按从左到右的顺序绘制。

③计算各方案的期望值，其是按事件出现的概率计算出来的可能得到的损益值，并不是肯定能够得到的损益值，所以称为期望值。计算时从决策树最右端的结果点开始。

$$期望值=\sum（各种自然状态的概率\times收益值或损失值）$$

④方案选择，即抉择。在各决策点上比较各方案的损益期望值，以其中最大者为最佳方案。在被舍弃的方案分枝上画两杠表示剪枝。

第四节　施工项目风险的响应

一、建筑工程项目风险控制的概念

在整个建筑工程项目的进展过程中应收集和分析与风险有关的各种信息，预测可能发生的风险，对其进行监控并提出预警。

风险控制就是通过对风险识别、估计、评价、应对全过程的检测和控制，保证风险管理能达到预期的目标。其目的是核对风险管理措施的实际效果是否与预见的相同；寻找机会改善风险回避计划；获取反馈信息，以使将来的决策更符合实际。在风险监控过程中，及时发现那些新出现的以及随着时间推进而发生变化的风险，然后及时反馈，并根据其对项目的影响程度，重新进行风险规划、识别、估计、评价和应对。

二、建筑工程项目风险控制对策

1. 实施风险控制对策应遵循的原则

（1）主动性原则

对风险的发生要有预见性与先见性，项目的成败结果不是在结束时出现的，而是在开始时产生的，因此，要在风险发生之前采取主动措施来防范风险。

（2）“终身服务”原则

从建筑工程项目的立项到结束的全过程，都必须进行风险的研究与预测、过程控制以及风险评价。

（3）理智性原则

回避大的风险，选择相对小的或者适当的风险。对于可能明显导致亏损的拟建项目就应该放弃，而对于某些风险超过其承受能力，并且成功把握不大的拟建项目应该尽量回避。

2. 常用的风险控制对策

①加强项目的竞争力分析。竞争力分析是研究建筑工程项目在国内外市场竞争中获胜的可能性和获利能力。评价人员应站在战略的高度，首先分析建筑工程项目的外部环境，寻求建筑工程项目的生存机会以及存在的威胁；客观认识建筑工程项目的内部条件，了解

自身的优势和劣势，提高项目的竞争能力，从而降低项目的风险；

②科学筛选关键风险因素。建筑工程项目中的风险有一定的范围和规律性，这些风险必须在项目参加者（例如投资者、业主、项目管理者、承包商、供应商等）之间进行合理的分配、筛选，能最大限度地发挥各方风险控制的积极性，提高建筑工程项目的效益；

③确保资金运行顺畅。在建设过程中，资金成本、资金结构、利息率、经营成果等资金筹措风险因素是影响项目顺利进行的关键因素，当这些风险因素出现时，会出现资金链断裂、资源损失浪费、产品滞销等情况，造成项目投资时期停建、无法收尾。因此，投资者应该充分地考虑社会经济背景及自身经营状况，合理选择资金的构成方式来规避筹资风险，确保资金运行顺畅。

④充分了解行业信息，提高风险分析与评价的可靠度。借鉴不同案例中的基础数据和信息，为承担风险的各方提供可供借鉴的决策经验，提高风险分析与评价的可靠度；

⑤采用先进的技术方案。为减少风险产生的可能性，应该选择有弹性、抗风险能力强的技术方案；

⑥组建有效的风险管理团队。风险具有两面性，既是机遇又是挑战。这就要求风险管理人员加强监控，因势利导。一旦发生问题，要及时采取转移或缓解风险的措施。如果发现机遇，要把握时机，利用风险中蕴藏的机会来获得回报。

当然，风险应对策略远不止这些，应该不断地提高项目风险管理的应变能力，适时地采取行之有效的应对策略，以保证风险程度最低化。

任何人对自己承担的风险应有准备和对策，应有计划，应充分利用自己的技术、管理、组织的优势和经验，在分析与评价的基础上建立完善的风险应对管理制度，采取主动行动，合理地使用规避、减少、分散或转移等方法和技术对建筑工程项目所涉及的潜在风险因素进行有效的控制，妥善地处理风险因素对建筑工程项目造成的不利后果，以保证建筑工程项目安全、可靠地实现既定目标。

三、建筑工程项目实施中的风险控制

1. 风险监控和预警

风险监控和预警是项目控制的内容之一。在工程中不断地收集和分析各种信息，捕捉风险前奏的信号，例如，天气预测警报，各种市场行情、价格变动，政治形势和外交动态，各投资者企业状况报告。在工程中，通过工期和进度的跟踪、成本的跟踪分析、合同监督、各种质量监控报告、现场情况报告等手段，了解工程风险。

2. 及时采取措施控制风险的影响

其是指风险因素产生前为了消除或减少可能引起损失的各种因素，采取各种具体措施，也就是设法消除或减少各种风险因素，以降低风险发生的概率。

3. 在风险状态，保证工程顺利实施

不是所有的风险都可以采取措施进行控制，如地震、洪灾、台风等。风险控制只是在特定范围内及特定的角度上才有效，因此，避免了某种风险，又可能产生另一种新的风险。具体措施有控制工程施工，以保证完成预定目标，防止工程中断和成本超支；争取获得风险的赔偿，例如业主向保险单位、风险责任者提出索赔等。

四、建筑工程项目风险管理的措施

1. 建筑工程项目前期阶段的风险管理

在项目的设计筹划时期，必须考虑行业风险、市场风险、政策及法律法规变更风险，在此时期必须对项目的可行性进行技术论证，科学地确定项目目标，以及选择合适的建设场地；同时，认真审核建筑设计图，防止设计图纸不合理或变更而引起风险发生。

2. 建筑工程项目招投标阶段的风险管理

从业主的角度来看，此阶段可采取的风险管理措施有：委托信誉良好的项目咨询企业编制科学的工期及工程量清单，准确计算工程量，合理编制项目计划，清晰描述项目目标及工程内容，选择合适的合同计价方式，标示清楚招标的范围，规范招标过程，选择优质且声誉较好的承包商。

3. 建筑工程项目施工阶段的风险管理

加强对施工图纸的会审工作，尽量减少施工过程中的工程变更，加强对承包商资质的审查及监督，严格控制工程质量及工程进度，加强合同管理，对施工现场的工程异况进行严密的登记，以确保对现场的实时监控。

4. 建筑工程项目竣工阶段的风险管理

竣工阶段是工程项目的最终阶段，此时必须对项目工程进行验收及鉴定，此时风险管理工作的主要内容有：确定竣工资料的真实性及准确性、规范工程验收工作流程、认真核对项目投资及成本开销。

建立合理和稳定的管理组织是项目风险管理活动有效进行的重要保证。建筑工程项目风险管理的组织主要指为实现风险管理目标而建立的组织结构，即组织机构、管理体制和人员。项目风险的管理组织具体如何设立、采取何种方式、需要多大的规模，取决于多种因素。其中，决定性的因素是项目风险在时空上的分布特点。建筑工程项目风险存在于项目的每个阶段，因此，建筑工程项目的风险管理可分为项目前期、招标投标阶段、施工阶段及竣工阶段四个方面，即应在建筑工程项目的整个寿命周期内进行全过程的风险管理。

五、建筑工程项目风险的防范

1. 风险回避。通常，风险回避与签约前的谈判有关，也可应用于项目实施过程中所作的决策。对于现实风险或致命风险多采取这种方式。

2. 风险降低。风险降低又称为风险缓和，常采用三种措施：一是通过教育培训提高员工素质；二是对人员和财产提供保护措施；三是使项目实施时保持一致的系统。

3. 风险转移。风险转移就是将风险因素转移给第三方，例如保险转移。

4. 风险自留。一些损失小、重复性高的风险适合自留，并不是所有风险都可转移，或者说将某些风险转移是不经济的，在某些情况下，自留一部分风险也是合理的。

第五节 施工项目风险监控

一、概述

施工项目风险监控就是对风险的监视和控制，即跟踪已识别风险，监视剩余的风险和识别新的风险，对风险和风险因素的发展变化进行观察和把握；并在此基础上，针对风险采取技术作业和管理措施。在某一段时间内，风险监视和控制交替进行，即风险发现后需要马上采取控制措施，在某一风险因素消失后立即调整风险应对实施。因此，需要将风险监视和控制整合起来考虑。

风险监控是建立在项目风险的阶段性、渐进性和可控性基础上的管理工作。

二、施工项目风险监控时机

在识别和评价风险后，判断其是否对施工项目造成了或将造成不能接受的损失，如果是，判断是否有可行的措施规避或缓解之。在不同阶段，其监控时机也不尽相同。

在决策阶段，一般要做两种比较：一是把接受风险得到的直接收益和可能蒙受的直接损失进行比较；二是把接受风险得到的间接收益和可能蒙受的间接损失进行比较。综合两种比较结果，决定是否继续。当项目需要继续，而相对风险又比较大时，则需要对其进行实时监控。

在实施阶段，当发现施工项目风险对实现项目目标威胁较大，需采用规避/转移和缓解等应对措施时，一般也需要对其采取监控。采用多大的力度进行监控，取决于项目风险对项目目标的威胁程度，这一般需要适当的风险成本分析，采取合理的监控技术和措施。

三、施工项目风险监控的内容

施工项目的风险监控不能仅仅停留在关注风险的大小上，还要分析影响风险因素的发展和变化。具体风险监控的内容包括以下几点：

1. 风险应对措施是否按计划正在实施；

2. 风险应对措施是否如预期的有效，效果是否显著，或是否需要重新制订应对方案；

3. 对施工项目环境的预期分析，以及对项目整体的目标事先可能性的预期分析是否仍然成立；

4. 风险的发生情况与预期的状态是否吻合，并继续对风险的发展变化做出分析判断；

5. 识别风险哪些已发生，哪些正在发生，哪些有可能在后面发生；

6. 分析是否出现了新的风险因素和新的风险事件，其发展变化趋势如何。

四、施工项目风险监控的方法

1. 建立风险监控体系

施工项目风险监控体系的建立，包括制定项目风险监控方针、项目风险监控程序、项目风险监控责任制度、项目风险信息包干制度、项目风险预警制度和项目风险监控的沟通程序等。

2. 施工项目风险审核

项目风险审核是确定项目风险监控活动和有关结果是否符合项目风险应对计划的安排，以及这些安排是否有效的实施并达到预期的目标，并且有系统的检查。项目风险审核是开展项目风险监控的有效手段，同时也是作为改进项目风险监控活动的一种有效机制。

3. 进度、质量，成本和安全监控

在工程中通过对工期和进度的跟踪、成本的跟踪分析，利用合同监督、各种质量监控报告，安全监控报告和现场情况报告等手段，了解工程风险。

4. 附加风险响应计划

在项目实施工程中，如果出现了事前未预料的风险，或者该风险对项目目标的影响较大，而且原有风险应对措施又不足以应对时，为了控制风险，有必要编制附加风险应对计划。

5. 项目风险评价

风险的监控如何进行，需要通过风险评价来解决。项目风险评价按评价的阶段不同，可分为事前评价，事中评价、事后评价和跟踪评价；按风险管理内容不同，可分为设计风险评价、风险管理有效性评价，设备安全可靠性评价、行为风险可靠性评价、作业环境评价和项目筹资风险评价等；按评价方法不同，可分为定性评价、定量评价和综合评价。

五、施工过程中的风险控制

施工过程中的风险控制主要贯穿在施工项目的进度控制、成本控制、质量控制、合同控制、安全管理和现场管理等过程中。

1. 风险监测和预警。在工程中不断地收集和分析各种信息，捕捉风险前奏信号，例如天气预测警报。在工程中通过工期和进度的跟踪、成本的跟踪分析、合同监督、各种质量监控报告、安全报告和现场情况等手段，了解工程风险。在工程的实施状况报告中应包括风险状况报告，鼓励人们预测、确定未来的风险；

2. 风险一旦发生就应积极地按风险应对计划采取措施，及时控制风险的影响，降低损失，防止风险的蔓延；

3. 在风险发生时，实施风险应对措施，保证工程的顺利实施，其中包括控制工程施工，保证完成预定目标，防止工程中断或成本超支；迅速恢复生产，按原计划执行；尽可能修改计划、设计，按照工程中出现的新状态进行调整；争取获得风险的赔偿，如向业主，保险单位和风险责任者提出索赔等。

由于风险是不确定的，预先的分析和应对计划常常也不是很适应，所以在工程中风险的应对措施常常要靠即兴发挥，管理者的应变能力，经验、掌握工程和环境状况的信息量和对专业问题的理解程度。

第十二章　建筑工程项目信息管理

第一节　建筑工程项目信息管理概述

一、项目中的信息

建筑工程项目施工周期长，建设参与方多、分项工程数量多，施工工作量大，施工作业人员多。为便于工程项目施工管理和协调，在参与建设的各单位之间以及各单位内部均会产生大量的信息。其中，施工单位接收、产生和需要及时处理的信息量最大，随着项目施工的进展，其有关的信息量也将极快地增加，作为信息载体的资料就会繁如瀚海、难以计数。

1. 信息的种类

（1）项目基本状况的信息。主要是建筑工程项目的勘察、设计文件、项目手册、各种合同、项目管理规划文件和作业计划文件等；

（2）现场实际工程信息。如实际工期、成本，质量信息等，主要是各种报告，如日报、月报、专题报告、重大事件报告，以及设备，劳动力，材料使用报告及质量报告。这里的报告还包括问题的分析、计划和实际对比以及趋势预测的信息；

（3）各种指令，决策方面的信息；

（4）其他信息。外部进入项目的环境信息，如国家和行业的政策及法律、法规、市场情况、气候、外汇波动、政治动态等。

2. 信息的基本要求

信息必须充分，满足项目管理的需要，确保项目系统和管理系统的正常运行；同时，信息不能过多过滥，以免造成信息泛滥和污染。

一般来说，信息必须符合如下基本要求：

（1）专业对口。信息要根据专业的需要及时予以提供和流动。

（2）反映实际情况。信息必须符合目标，符合实际应用的需要，且实用有效。这是正确、有效地管理的前提。这里有如下两方面的含义：

①各种工程文件、报表、报告要实事求是，反映客观情况；

②各种计划、指令、决策的做出要以实际情况为基础。

（3）及时。只有及时提供信息，才能有及时的反馈，管理者才能及时地控制项目的实施过程；施工作业者才能及时地按照要求执行。

（4）简单明了、便于理解。信息应让使用者轻而易举地了解情况，分析问题，所以信息的表达形式应符合人们日常接收信息的习惯，而且对于不同的人，应有不同的表达形式。例如，对于不懂专业，不懂项目管理的业主，则应尽量地采用比较直观明了的表达形式，如模型、表格、图形、文字描述、视频等。

3. 信息的基本特征

项目管理过程中的信息数量大，形式多样。通常它们具有如下一些基本特征：

（1）信息载体

①纸张，如各种图纸、各种说明书、合同、报告、签证、信件、表格等；

②电子邮件、音像资料以及其他电子文件的载体，如磁盘、磁带、光盘、U 盘等；

③照片，X 光片等。

（2）选用信息载体的影响因素

①技术要求的影响：科学技术的发展，不断推出新的信息载体，不同的载体有不同的介质技术和信息存取技术要求；

②成本要求的影响：不同的信息载体有不同的运行成本。在符合管理要求的前提下，尽可能地降低信息系统运行成本，是信息系统设计的目标之一；

③信息系统运行速度要求，例如，气象、地震预防，国防、宇航之类的工程项目要求信息系统运行速度快，则必须采取相应的信息载体和处理、传输手段；

④特殊要求，例如合同、备忘录、工程项目变更指令、会谈纪要、报告、签证等必须采用书面形式，由双方或一方签署才有法律证明效力。

（3）信息的使用说明

①有效期：暂时有效，整个项目期有效，长时期有效等信息；

②用于决策和证明。决策即各种计划、批准文件，修改指令，运行执行指令等；证明即表示质量、安全、环保、进度、成本实际情况的各种信息；

③信息的权限：对参与工程项目施工的不同职能人员规定不同的信息修改权限和信息使用权限。通常须具体规定综合（全部）信息权限和某一方面（专业）的信息权限，以及修改权、使用权、查询权等。

（4）信息的存档方式

①文档组织形式：集中管理和分散管理；

②监督要求：封闭、公开；

③保存期：长期保存，非长期保存。

二、项目信息管理的任务

项目信息管理的任务主要包括如下几项：

1. 编制并实施项目手册中的信息和信息流管理计划；

2. 执行针对项目报告及各种资料的有关规定。例如资料的格式，内容、数据结构要求；

3. 建立项目管理信息系统流程，并严格遵照执行；

4. 文档管理工作。

三、现代信息科学带来的影响

现代信息技术发展迅猛，给项目信息管理带来了许多新的方便的方法和手段，特别是计算机联网、电子信箱、Internet 的使用，使得信息得以高度网络化流通。

现代信息科学的影响主要体现在以下几个方面：

1. 加快项目管理系统中信息反馈速度和系统的反应速度。现代信息技术加快了人们获得工程进展情况的信息、发现问题、做出决策的节奏；

2. 透明度增加。人们能够快速且精准地获得大量的信息，借此了解企业和项目的全貌；

3. 总目标容易贯彻。项目经理和企业管理者容易发现偏差，下层管理人员和执行人员也更快、更容易理解和领会上层的意图；

4. 信息的可靠性增加。通过直接查询和使用其他部门的信息，既可以减少信息的加工和处理工作，又能保证信息不失真；

5. 更大的信息容量。由于现代信息技术有更大的信息容量，人们使用信息的宽度和广度大大增加。例如，项目管理职能人员可以从互联网上直接查询最新的工程招标信息，原材料市场行情等信息；

6. 使项目风险管理的能力和水平大为提高。由于现代市场经济的特点，工程项目的风险较大。现代信息技术使人们能够迅速获得并及时有效地处理大量有关风险的信息，从而对风险进行有效的、迅速的预测、分析、防范和控制；

7. 现代信息技术在项目管理中应用的局限性。现代信息技术虽然加快了工程项目中信息的传输速度，但并不能解决心理和行为问题，甚至有时还可能起反作用。

（1）按照传统的组织原则，许多网络状的信息流通（例如对其他部门信息的查询）不能算作正式的沟通。而这种非正式沟通对项目管理有着非常大的影响，会削弱正式信息沟通方式的效用；

（2）在一些特殊情况下，这种信息沟通容易造成各个部门各行其是，造成总体协调的困难和行为的离散。

8. 容易造成信息污染。

由于现代通信技术的发展，人们可以获得的信息量大大增加，也大为方便。如果不对信息进行必要的筛选、合适的归类和合理的整理等，造成信息超负荷和信息消化不良，导致信息使用者很多时候被无用的、琐碎的信息包围，结果既浪费时间，又不易抓住重点。

如果项目中发现问题、危机或风险，随着信息的传递会蔓延开来，造成恐慌，各个方面可能各自采取措施，导致行为的离散，使项目管理者采取措施解决问题和风险的难度加大。通过非正式的沟通获得信息，会干扰基层对上层指令、方针、政策、意图的正确理解，进而导致执行上的不协调。由于现代通信技术的发展，人们忽视了面对面的沟通，而依赖计算机在办公室获取信息，减少获得软信息的可能性。

第二节　工程项目报告系统

一、工程项目中报告的种类

按时间可分为日报、周报、月报、年报。针对项目结构的报告，如工作包、单位工程、单项工程、整个项目报告。专门内容的报告，如质量报告，成本报告、工期报告。特殊情况的报告，如风险分析报告、总结报告，专题报告，特别事件报告等。除上述分类的报告外，还有状态报告、比较报告等。

二、报告的要求

为了让项目组织间顺利沟通，发挥作用，报告必须符合如下要求：

（1）与目标一致。报告的内容和描述，主要说明目标的完成程度和围绕目标存在的问题；

（2）符合特定的要求。这里包括相应层次的管理人员对项目信息需要了解的程度，以及各个职能人员对专业技术工作和管理工作的需要；

（3）规范化，系统化。即在管理信息系统中应完整地定义报告系统结构和内容，对报告的格式、数据结构进行标准化；确保报告的形式统一；

（4）处理简单化。内容清楚明了，易于理解，不会产生歧义；

（5）侧重点鲜明。报告通常包括概况说明和重大的差异说明，主要的活动和事件的说明。它的内容较多的是考虑实际效用，而较少考虑信息的完整性。

3. 报告系统

项目初期，建立项目的报告系统时，首先要解决以下两个问题：

（1）系统化。罗列项目过程中应有的各种报告，并系统化；

（2）标准化。确定各种报告的形式、结构，内容、数据、采撷和处理方式，并标准化。设计报告时事先应对各层次（包括上层系统组织和环境组织）的人列表提问：需要什么信息？从哪里获得？怎样传递？怎样标识它的内容？最终，建立报告目录表。

在编制工程计划时，就应当充分考虑需要的各种报告及其性质、范围和频次，可以在合同或项目手册中确定。

原始资料应一次性收集，以保证相同的信息，相同的来源。在将资料纳入报告前，应对相关信息进行可信度检查，并将计划值引入，以便对比。

原则上，报告从最底层开始，它的资料最基础的来源是工程活动，包括工期，质量、安全、人力、材料消耗、费用等情况的记录，以及试验验收检查记录。上层的报告应在此基础上，按照项目结构和组织结构层层归纳、浓缩，做出分析和比较，进而形成金字塔形的报告系统。

第三节　建筑工程项目管理信息系统

一、概述

在项目管理中，信息、信息流和信息处理各方面的总和称为项目管理信息系统。管理信息系统是将各种管理职能和管理组织沟通起来并协调一致的神经系统。建立管理信息系统，并使它顺利地运行，是项目管理者的责任，也是其完成项目管理任务的前提。作为一个信息中心，项目管理者既要与项目的其他参加者有信息交流，自己也要进行复杂的信息处理。不正常的管理信息系统常常会使项目管理者不能及时地获取有用的信息，同时也因为处理大量无效信息耗费了大量的时间和精力，使工作出现错误。

项目管理信息系统有一般信息系统所具有的特性。

项目管理信息系统必须经过专门的策划和设计，并在项目实施中控制其运行。

二、项目管理信息系统的建立过程

信息系统是在项目组织模式，项目管理流程和项目实施流程基础上建立的，它们之间既相互联系又相互影响。

建立项目管理信息系统时要明确以下几个问题：

1. 信息的需要

项目管理者和各职能部门为了决策、计划和控制需要哪些信息？以什么形式，何时、从什么渠道取得相应信息？

上层系统和周边组织在项目过程中需要哪些信息？

这是调查确定信息系统的输出。不同层次的管理者对信息的内容、精度、综合性有不同的要求，报告系统应合理解决这个问题。

管理者的信息需求是按照其在组织系统中的职责、权力、任务、目标策划的，即确定其完成工作、行使权力应需要的信息，以及其向其他方面提供的信息。

2. 信息的收集和加工

（1）信息的收集。在项目施工过程中，每天都会产生大量的原始资料，如记工单、领料单、任务单、图纸、报告、指令、信件等。因此，必须确定获得这些原始数据、资料的渠道，并具体落实到责任人，由责任人收集，整理、提供原始资料，并对其正确性和及时性负责。通常由专业班组的班组长、记工员、核算员、材料管理员、分包商等承担这类任务。

（2）信息的加工。原始资料面广量大，形式多样，必须经过加工才能使信息符合不同层次项目管理的要求。信息加工包括如下几种方法：

①一般的信息处理方法，如排序、分类、合并、插入，删除等；

②数学处理方法，如数学计算、数值分析、数理统计，图表化等；

③逻辑判断方法，包括评价原始资料的置信度、来源的可靠性、数值的准确性，将初始资料加工成项目诊断和风险分析等。

3. 编制索引和存储

为了查询、调用的方便，建立项目文档系统，将所有信息分类、编目。许多信息作为工程项目的历史资料和实施情况的证明，必须妥善保存。按不同的使用和储存要求，数据和资料应储存于一定的信息载体上，确保既安全可靠，又使用方便。

4. 信息的使用和传递渠道

信息的传递（流通）是信息系统灵活性和效率的表现。信息传递的特点是仅传输信息的内容，而保持信息结构不变。在项目管理中，要对信息的传递路径进行详细策划，按不同的要求选择快速的、误差小的、成本低的传输方式。

第四节　工程项目文档管理

一、文档管理的任务和基本要求

在实际工程中，许多信息由文档系统收集和供给。文档管理指的是对作为信息载体的资料进行有序的收集、加工、分解、编目，存档，并为项目的相关人员提供专用和常用信息的过程。文档系统是管理信息系统的基础，同时是管理信息系统有效运行的前提条件。

文档系统有如下要求：

（1）系统性。即包括项目施工过程中应进入信息系统运行的所有资料，事先要策划以确定各种资料种类并进行系统化；

（2）文档编码。各个文档应有唯一性标志，能够互相区别（通常通过编码实现）；

（3）落实专人负责文档管理的责任。通常文件和资料是集中处理、保存和提供的。在项目过程中文档有三种形式：

①企业保存的关于项目的资料。这类资料置于企业文档系统中，例如项目经理提交给企业的各种报告、报表；

②项目集中的文档。全项目的相关文件。这类文档必须置于专门的场所并由专门人员负责；

③各部门专用的文档。这类文档仅保存本部门专门的资料。

这些文档在内容上可能有重复。例如，一份重要的合同文件可能复制三份，部门保存一份、项目一份、企业一份。

（4）不失真。在文档处理过程中应确保内容清晰、实用、不失真。

2. 项目文件资料的特点

资料是数据或信息的载体。在项目实施过程中，资料上的数据有内容性数据和说明性数据两种。

（1）内容性数据。如施工图纸上的图、信件的正文等，它的内容丰富、形式多样，通常有一定的专业意义，其内容在项目过程中可能有变更；

（2）说明性数据。为了方便资料的编目、分解、存档、查询，对各种资料做出的说明和解释，并用一些特征加以区别。它的内容一般在项目管理中不改变，由文档管理者策划。例如图标、各种文件说明、文件的索引目录等。

通常，文档按内容性数据的性质分类，而具体的文档管理，如生成、编目、分解、存档等以说明性数据为基础。

在项目实施过程中，文档资料面广量大，形式多样。为了便于进行文档管理，首先须对其进行分类。通常的分类方法有如下几种：

①重要性：将文档分为“必须建立文档；值得建立文档；不必存档”三档；

②资料的提供者：分为“外部；内部”；

③登记责任：可对文档做出“必须登记、存档”或“不必登记”的规定；

④特征：分为“书信；报告；图纸等”；

⑤产生方式：分为“原件；复制”；

⑥内容范围：分为“单项资料；资料包（综合性资料），例如综合索赔报告、招标文件等”。

3. 文档系统的建立

（1）资料特征标识（编码）

有效的文档管理是以与用户友好和较强表达能力的资料特征（编码）为前提的。在项目施工前，就应进行专门研究，建立该项目的文档编码体系。一般来说，项目编码体系有如下要求：

①统一的、对所有资料适用的编码系统；

②能区分资料的种类和特征；

③能“随便扩展”；

④人工处理和计算机处理均有效。

（2）资料编码分类

一般来说，项目管理中的资料编码应包含如下几个部分：

①有效范围。说明资料的有效 / 使用范围，如属某子项目、功能或要素；

②资料种类。

A. 外部形态不同的资料，如图纸、书信、备忘录等。

B. 资料的特点，如技术性资料、商务性资料、行政性资料等。

③内容和对象。

资料的内容和对象是编码的重点。一般情况下，可考虑用项目结构分解的结果作为资料的内容和对象。这种编码方法不是万能的：因为项目结构分解是按功能，要素和活动进行的，有可能与资料说明的对象不一致，此时就需要专门设计文档结构。

④日期 / 序号。

相同有效范围、相同种类，相同对象的资料可通过日期或序号来区别，如对书信可用日期 / 序号来标识。

（3）索引系统

为了资料使用的方便，必须建立资料的索引系统，它类似于图书馆的书刊索引。

项目相关资料的索引一般可采用表格形式。在项目施工前，它就应被专门策划。表中的栏目应能反映资料的各种特征信息。不同类别的资料可以采用不同的索引表，如果需要查询或调用某种资料，即可按图索骥。

例如信件索引可以包括如下栏目：信件编码、来（回）信人，来（回）信日期、主要内容、文档号、备注等。策划时应考虑到来信和回信之间的对应关系，收到来信或回信后即可在索引表上登记，并将信件存入对应的文档中。

结语

随着城市化进程的快速发展，建筑工程行业呈现了新的发展状态。作为人们生活和居住的重要场所，建筑工程的施工质量对人们的生活和工作，有着非常重要的影响。想要提升建筑工程的建设质量，必须加强对建筑工程项目施工过程中的管理。现如今，在建筑工程项目管理中还存在一些问题，影响着建筑工程的建造质量。

现阶段，社会经济水平以及人们生活质量的上升，使得人们对建筑工程行业的发展提出了更高的要求。房屋建筑事业的发展和项目建设的不断增多，使得建筑工程项目管理中存在的问题越来越多。建筑企业想要提升自身的影响力，必须对建筑工程项目管理中存在的关键问题进行探讨，增强建筑工程的建设质量，促进建筑工程行业的经济发展。

作为人们居住和生活的场所，建筑工程的建设质量对人们的生命安全以及生活的稳定性有着重要的影响。房屋建筑一旦出现质量问题，不仅会给人们带来经济损失，也会影响到人们的生命安全，还会给建筑行业带来影响。在建筑工程项目的建设施工过程中，施工的各个环节都直接性地影响到房屋的质量，各个施工环节之间的联系比较密切，一旦一个施工环节出现问题，就会给下一个环节带来影响，继而给整座房屋的建设都带来不同程度的损害。因此，在建筑工程当中，必须加强项目管理工作。

总之，建筑行业对人们的生活和工作，以及社会经济的发展都有着至关重要的影响。建筑企业想要在社会上占据一定的影响力和地位，就要不断地结合时代的发展需求，加强对建筑工程建设施工过程的管理，加大各种施工管理技术的创新和研发，提高工作人员的安全管理意识，制定科学合理的材料管理方式，构建信息化管理的应用，以此来促进建筑工程建设质量的提升，为社会的稳定性发展以及人们的生活带来可靠的安全保障。

参考文献

[1] 白兵 . 项目管理在土木工程建筑施工中的应用 [J]. 建材发展导向 ,2021,19(04):97-99.

[2] 韩国明 .BIM 技术在别墅群建设项目施工中的应用 [J]. 四川水泥 ,2021(02):52-53.

[3] 齐国帅 . 建筑工程项目管理中的施工现场管控的优化研究 [J]. 四川水泥 ,2021(02):150-151.

[4] 邵昭 . 建筑工程管理的影响因素与对策研究 [J]. 四川水泥 ,2021(02):154-155.

[5] 贺俊红 . 基于项目管理在土木工程建筑施工中的应用探析 [J]. 四川水泥 ,2021(02):158-159.

[6] 胡玉芬 . 全过程工程造价在现代建筑经济管理中的运用浅析 [J]. 今日财富 ,2021(03):124-125.

[7] 田红茗 . 权变理论下提高建筑工程项目管理水平的策略 [J]. 太原城市职业技术学院学报 ,2021(01):197-199.

[8] 曾大金 . 高层建筑工程项目质量控制与安全管理策略研究 [J]. 低碳世界 ,2021,11(01):110-111.

[9] 罗晓君 . 房建工程施工管理中精细化管理的运用研究 [J]. 绿色环保建材 ,2021(01):127-128.

[10] 崔琦燕 . 浅谈建筑工程项目管理中 BIM 技术的融合与应用 [J]. 绿色环保建材 ,2021(01):139-140.

[11] 莫利萍 . 建筑工程项目预结算管理方法探讨 [J]. 纳税 ,2021,15(03):187-188.

[12] 陈宏鹤 . 项目管理法在建筑工程管理中的应用分析 [J]. 房地产世界 ,2021(02):71-73.

[13] 高猛 . 甲方在项目管理过程中的重要性研究 [J]. 房地产世界 ,2021(02):86-88.

[14] 王柳 . 简析项目管理在土木工程建筑施工中的应用 [J]. 大众标准化 ,2021(02):44-45.

[15] 谢彬 . 信息化管理技术在建筑工程项目中的应用 [J]. 黑龙江科学 ,2021,12(02):142-143.

[16] 汤能文 . 建筑工程管理信息化的应用研究 [J]. 中国建筑金属结构 ,2021(01):30-31.

[17] 李国军 , 李思彤 . 建筑工程项目建设全过程造价咨询管理现状及对策 [J]. 中国建筑装饰装修 ,2021(01):160-161.

[18] 杜安晶 . 建筑工程项目管理中材料成本控制探讨 [J]. 纳税 ,2021,15(02):163-164.

[19] 庞彪 . 基于工程项目管理的财务交底思路与研究 [J]. 财富生活 ,2021(02):177-178.

[20] 袁佳成 . 全过程投资控制的各阶段风险管理 [J]. 工程技术研究 ,2021,6(01):142-143.

[21] 邱翔 . 建筑工程项目施工管理中的常见问题及对策探究 [J]. 房地产世界 ,2021(01):82-84.

[22] 徐艳霞 . 建筑机电工程项目管理探讨 [J]. 房地产世界 ,2021(01):88-90.

[23] 方丝盈 . 基于供应链的建筑工程项目物资管理研究 [J]. 中国物流与采购 ,2021(01):60.

[24] 齐锡晶 , 何佳欣 , 刘乃畅 . 基于高质量发展的工程项目管理目标耦合关系分析 [J]. 建筑经济 ,2020,41(S2):163-169.

[25] 赵海 .EPC 工程总承包项目设计管理分析 [J]. 中国住宅设施 ,2020(12):83-84.

[26] 吕万华 . 加强房屋建筑工程项目管理的问题及策略 [J]. 低碳世界 ,2020,10(12):147-148.

[27] 吴汉斌 . 建筑工程项目管理中的施工现场管理与优化措施 [J]. 房地产世界 ,2020(24):97-99.

[28] 高枫 . 建筑工程项目管理中 BIM 技术的融合与应用 [J]. 中小企业管理与科技 (下旬刊),2020(12):178-179.

[29] 王正道 . 房建工程项目管理中的创新思路 [J]. 住宅与房地产 ,2020(36):122+130.

[30] 朱浦宁 . 装配式建筑的工程项目管理及发展问题研究 [J]. 住宅与房地产 ,2020(36):123+133.

[31] 张远 , 王佳 . 房屋建筑工程项目管理存在的问题及改进建议 [J]. 住宅与房地产 ,2020(36):125+135.

[32] 徐艺熙 , 李可用 . 建筑施工现场的管理与优化 [J]. 住宅与房地产 ,2020(36):132-133.

[33] 阴彦霖 . 基于建筑施工的管理优化措施研究——以潍坊市某工程项目为例 [J]. 工程技术研究 ,2020,5(24):148-149.

[34] 何云峰 . 建筑工程项目全过程跟踪审计的实施与管理 [J]. 大众标准化 ,2020(24):24-25.

[35] 杨小钰 . 建筑工程的安全技术措施分析 [J]. 电子技术 ,2020,49(12):56-57.

[36] 洪火龙 . 建筑工程项目管理的关键问题及应对措施分析 [J]. 中国建筑金属结构 ,2020(12):42-43.

[37] 杨维玲 . 关于建筑工程项目质量管理的研究 [J]. 城市建筑 ,2020,17(35):193-195.

[38] 郭智勇 . 浅谈建筑工程项目中现场施工管理 [J]. 散装水泥 ,2020(06):32-33+35.

[39] 耿超 . 建筑工程项目管理中的施工现场管理及优化 [J]. 中小企业管理与科技 (中旬刊),2020(12):38-39.

[40] 张瑞平 . 建筑工程项目管理现状及主要对策探析 [J]. 住宅与房地产 ,2020(35):81+83.

[41] 章树茂 . 建筑工程项目管理组织结构设计分析 [J]. 住宅与房地产 ,2020(35):82-83.

[42] 崔帅 . 加强建筑施工企业工程项目资产管理的思考 [J]. 财富生活 ,2020(24):176-177.

[43] 李斌 . 浅谈建设工程项目管理中信息化管理的应用 [J]. 绿色环保建材 ,2020(12):146-147.

[44] 董国灿 . 装配式建筑工程项目管理中存在的问题及对策分析 [J]. 房地产世界 ,2020(23):76-78.

[45] 许亚波 . 建筑施工企业工程项目成本管理与控制分析 [J]. 砖瓦 ,2020(12):123-124.